电网设备非金属材料
无损检测技术

国网浙江省电力有限公司电力科学研究院　组编

中国电力出版社
CHINA ELECTRIC POWER PRESS

内 容 提 要

本书共分为 10 章。第 1 章介绍了电网设备常用的非金属材料的分类和特点。第 2 章分别介绍了非金属材料常用无损检测技术，包括目视检测技术、超声波检测技术、射线检测技术、计算机层析技术（CT）、渗透检测技术、声振动检测技术、太赫兹无损检测技术和激光超声无损检测技术。第 3 章到第 10 章分别针对瓷质绝缘子、复合绝缘子、输电线路间隔棒橡胶元件、GIS 设备内部绝缘件、电缆、变压器绝缘纸板、水泥制品和涂料等进行了对应的无损检测技术介绍和案例分析。

本书可供电网设备金属检测相关专业工程师、技术人员及研究人员学习使用。

图书在版编目（CIP）数据

电网设备非金属材料无损检测技术/国网浙江省电力有限公司电力科学研究院组编. —北京：中国电力出版社，2024.7（2024.12重印）

ISBN 978-7-5198-8954-8

Ⅰ. ①电…　Ⅱ. ①国…　Ⅲ. ①电网－电力设备－非金属材料－无损检验　Ⅳ. ①TM242

中国国家版本馆 CIP 数据核字（2024）第 105383 号

出版发行：中国电力出版社
地　　址：北京市东城区北京站西街 19 号（邮政编码 100005）
网　　址：http://www.cepp.sgcc.com.cn
责任编辑：肖　敏（010-63412363）
责任校对：黄　蓓　马　宁
装帧设计：赵丽媛
责任印制：石　雷

印　　刷：北京天泽润科贸有限公司
版　　次：2024 年 7 月第一版
印　　次：2024 年 12 月北京第三次印刷
开　　本：787 毫米×1092 毫米　16 开本
印　　张：12.75
字　　数：268 千字
印　　数：2001—2500 册
定　　价：68.00 元

《电网设备非金属材料无损检测技术》

编 委 会

前　　言

在"双碳"目标指引下，以清洁能源为主体的新型电力系统建设进入高速发展阶段，其中风力发电、光伏发电等新能源装机容量不断提升，对电网的安全运行、控制、保护和建设等方面都提出了新的挑战。材料作为电气设备基础，其性能监督管理贯穿规划设计、设备制造、设备采购、设备验收、安装调试、运维检修和报废处理全生命周期。当前，金属材料监督已成为电网安全经济运行的重要技术支撑，也为电网技术更新迭代提供科学依据。随着电力系统新技术、新设备的应用，电力系统涉及的材料类型越来越多，特别是橡胶、陶瓷和玻璃等非金属材料的大规模应用，对材料监督工作提出了更高的要求，非金属材料性能测试的重要性也日益凸显，特别是非金属材料无损检测技术的开发应用，将显著提升电网运维检测效率，大大降低电气设备安全事故。国网浙江省电力有限公司电力科学研究院组织专家编写了《电网设备非金属材料无损检测技术》一书，旨在系统地介绍电网设备非金属材料的无损检测方法和技术，为电网工程师、技术人员以及相关研究人员提供全面的理论指导和实践应用。本书与《电网设备非金属材料性能测试技术》《电网设备非金属材料检测典型案例》同为电网非金属材料检测系列图书，填补了该领域的知识空白，提供了一个全面且系统的学习和参考资料。

本书共分为 10 章。第 1 章介绍了电网设备常用的非金属材料的分类和特点。第 2 章分别介绍了非金属材料常用无损检测技术，包括目视检测技术、超声波检测技术、射线检测技术、计算机层析技术（CT）、渗透检测技术、声振动检测技术、太赫兹无损检测技术和激光超声无损检测技术。第 3 章至第 10 章分别针对瓷质绝缘子、复合绝缘子、输电线路间隔棒橡胶元件、GIS 设备内部绝缘件、电缆、变压器绝缘纸板、水泥制品和涂料等进行了对应的无损检测技术介绍和案例分析。

参与或指导本书的专家分别来自国网浙江省电力有限公司电力科学研究院、国网浙江省电力有限公司、浙江省电力锅炉压力容器检验所有限公司、国网天津电力公司电力科学研究院、国网青海省电力公司电力科学研究院、国网甘肃省电力公司电力科学研究院、国网新疆电力有限公司电力科学研究院、中国电力科学研究院有限公司、国网智能电网研究院有限公司、西安热工院、国网福建省电力公司电力科学研究院、国网山东省电力公司电力科学研究院、国网河南省电力公司电力科学研究院、上海材料研究所有限公司、国网安徽省电力有限公司、河南平高电气股份有限公司、江苏方天电力技术有限公司、国网山西省电力公司电力科学研究院、国网上海市电力公司电力科学研究院、国网湖州供电公司、国网金华供电公司、国网杭州供电公司、国网宁波供电公司、安徽新力电业科技咨询有限责任公司、浙江省电力建设有限公司、大连理工大学、中国计量大学。

本书可供电网设备材料检测相关专业工程师、技术人员及研究人员学习使用。在编写过程中，作者结合了大量的实际案例和研究成果，以及国内外最新的研究进展和技术方法，兼具时效性和实用性。本书结构清晰，用语简明扼要，无论是初学者还是有一定经验的专业人士，都能快速理解和运用书中知识。同时，我们建议读者按照章节顺序阅读，通过将理论知识和实践案例相结合的方式，加深对无损检测技术在电网非金属材料中的应用和意义的理解。

感谢在本书编写过程中给予帮助和指导的所有人。正是他们的无私奉献，才使本书得以顺利完成。

由于作者水平有限，书中难免存在不妥或疏漏之处，恳请广大读者批评指正。希望本书能够对读者有所帮助，推动电网设备非金属材料无损检测技术的发展和应用。

编者

2024 年 3 月

目　　录

前言

第1章　电网设备常用非金属材料 ··· 1

　　1.1　陶瓷材料 ··· 1

　　1.2　玻璃材料 ··· 5

　　1.3　水泥材料 ·· 13

　　1.4　塑料材料 ·· 16

　　1.5　橡胶材料 ·· 23

第2章　非金属材料常用无损检测技术 ·· 29

　　2.1　目视检测技术 ·· 29

　　2.2　超声波检测技术 ·· 34

　　2.3　射线检测技术 ·· 44

　　2.4　计算机层析成像技术 ·· 56

　　2.5　渗透检测技术 ·· 65

　　2.6　声振动检测技术 ·· 71

　　2.7　太赫兹无损检测技术 ·· 81

　　2.8　激光超声无损检测技术 ·· 95

第3章　瓷质绝缘子无损检测技术 ·· 104

　　3.1　生产工艺 ·· 104

　　3.2　常见缺陷 ·· 105

　　3.3　检测技术 ·· 106

　　3.4　检测案例 ·· 110

第4章　复合绝缘子无损检测技术 ·· 114

　　4.1　生产工艺 ·· 117

　　4.2　常见缺陷 ·· 120

　　4.3　检测技术 ·· 123

　　4.4　检测案例 ·· 125

第5章　输电线路间隔棒橡胶元件无损检测技术 ····································· 132

　　5.1　生产工艺 ·· 133

　　5.2　常见缺陷 ·· 134

5.3 检测技术 ··· 135

第 6 章 GIS 设备内部绝缘件无损检测技术 ······················· 138

6.1 生产工艺 ··· 138

6.2 常见缺陷 ··· 140

6.3 检测技术 ··· 140

6.4 检测案例 ··· 146

第 7 章 电缆数字射线检测技术 ··· 148

7.1 电缆本体结构 ·· 148

7.2 射线检测工艺 ·· 150

7.3 检测案例 ··· 154

第 8 章 变压器绝缘纸板无损检测技术 ·································· 156

8.1 生产工艺 ··· 156

8.2 常见缺陷及检测技术 ··· 158

8.3 检测案例 ··· 159

第 9 章 水泥制品无损检测技术 ··· 161

9.1 混凝土电杆分类 ·· 161

9.2 混凝土电杆检测项目分类 ··· 162

9.3 水泥制品常见缺陷 ··· 166

9.4 水泥制品失效原因 ··· 167

9.5 水泥制品检测技术 ··· 169

9.6 失效案例 ··· 174

第 10 章 涂料无损检测技术 ·· 180

10.1 典型设备和工艺 ·· 180

10.2 常见缺陷 ·· 182

10.3 检测技术 ·· 187

10.4 检测案例 ·· 192

参考文献 ·· 194

第 1 章

电网设备常用非金属材料

电网设备常用非金属材料分类图如图 1-1 所示。

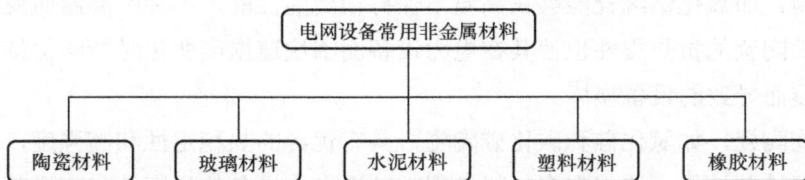

```
          电网设备常用非金属材料
   ┌───────┬───────┼───────┬───────┐
 陶瓷材料  玻璃材料  水泥材料  塑料材料  橡胶材料
```

图 1-1　电网设备常用非金属材料分类图

1.1　陶　瓷　材　料

陶瓷材料是一种非常重要的工程材料，广泛应用于各个领域。在众多陶瓷材料中，传统陶瓷材料是其中一种重要类型，在工业、航空航天、能源等领域有着广泛的应用。新型陶瓷材料主要被广泛应用于新能源、医疗、环保等领域。

不仅如此，陶瓷材料作为一种非金属材料，在电网设备中扮演着举足轻重的角色。它具有高硬度、高耐磨性、高熔点、优良的化学稳定性等特点，广泛应用于电力传输、变配电设备以及绝缘材料等领域。

1.1.1　陶瓷材料分类

陶瓷材料按照发展情况来看，一般来说可以分为传统陶瓷材料和新型陶瓷材料。传统陶瓷材料有氧化物陶瓷，如氧化铝、氧化锆，也有非氧化物材料，如氮化硅和碳化硅。新型陶瓷材料包括复合材料、纳米材料、生物陶瓷等。

1.1.1.1　传统陶瓷材料

电力系统，作为现代社会运转的基石，对于材料的性能要求极为严格，而氧化物陶瓷以其出色的化学稳定性和高熔点特性，在电力系统中占据了举足轻重的地位。

氧化铝陶瓷，又称刚玉陶瓷，是氧化物陶瓷中的佼佼者。氧化铝是一种非常重要的传统陶瓷材料。氧化铝具有良好的耐高温性能，广泛应用于航空航天、汽车、医疗等领域。此外，氧化铝还具有良好的耐腐蚀性能，因此也被广泛应用于化工、石油、海洋工程等领域。它的高硬度特性使得其在面对高压、高负荷的工作环境时能够保持出色的耐磨性，极大地延长了使用寿命。在电力系统中，高压开关的制造对材料的要求极高，氧化铝陶瓷因其高硬度和良好的绝缘性能，成为制造高压开关、变压器、熔断器等设备元件的理想材料。此外，氧化铝陶瓷的绝缘性能也使其在绝缘子的制造中发挥了关键作用，为电力系统的安全稳定运行提供了有力保障。

氧化锆也是一种非常重要的传统陶瓷材料。氧化锆具有良好的耐高温性能，广泛应用于航空航天、光学、电子等领域。氧化锆陶瓷则以其出色的耐高温性能和抗热震性，在电力设备的热隔离和高温环境中得到了广泛应用。在电力设备的运行过程中，一些部件会面临高温的考验，而氧化锆陶瓷能够在高温下保持稳定的性能，不会因高温而变形或熔化。此外，氧化锆陶瓷的抗热震性也使其在电力设备面临快速温度变化时能够保持稳定，有效防止了因热震而导致的设备损坏。

非氧化物陶瓷，如氮化硅和碳化硅陶瓷，具有优异的热稳定性和高强度，使其在极端环境下仍能保持其性能。这些陶瓷材料常用于制造电力设备的耐磨件和高温部件，如燃气轮机叶片、轴承等。综上所述，传统陶瓷材料主要包括氧化物、氮化物、硼化物等，如氧化铝、氧化锆、氮化硅等。这些材料具有较高的硬度、良好的耐磨性和抗氧化性，使得它们在工业、航空航天等领域有着广泛的应用。

1.1.1.2 新型陶瓷材料

新型陶瓷材料是当前材料科学领域的研究热点之一，由于其具有优异的力学性能、电性能、热性能等，因此被广泛应用于新能源、医疗、环保等领域。

新型陶瓷材料主要包括复合材料、纳米材料、生物陶瓷等。其中，复合材料是由两种或两种以上不同材料组合而成的新型材料，具有良好的力学性能和耐高温性能，因此被广泛应用于航空、航天等领域。纳米材料是一种由纳米尺度构成的材料，其具有优异的力学性能、电性能、热性能等，因此被广泛应用于电子、光学等领域。生物陶瓷是一种由生物材料制成的陶瓷材料，具有良好的生物相容性和生物降解性，因此被广泛应用于医疗、生物工程等领域。

在新能源领域，新型陶瓷材料被广泛应用于电池、燃料电池等领域。例如，锂离子电池中的正极材料通常采用高纯度的氧化物陶瓷，以提高电池的能量密度和寿命。在医疗领域，新型陶瓷材料被广泛应用于人工关节、支架等领域，以提高手术效果和患者康复率。在环保领域，新型陶瓷材料被广泛应用于过滤器、催化剂等领域，以提高环境保护效果。

虽然新型陶瓷材料具有优异的性能，但其在实际应用中也存在一些问题。例如，由于新型陶瓷材料通常具有较高的成本，因此其在实际应用中需要考虑成本效益问题。此外，新型陶瓷材料在制造过程中也存在一些问题，例如烧结过程中的收缩和裂纹等，这些问题需要得到解决。

尽管新型陶瓷材料在实际应用中也存在一些问题，但随着科学技术的不断进步，相信这些问题将得到解决，新型陶瓷材料的应用前景将更加广阔。

1.1.2　陶瓷材料的性能

1.1.2.1　耐高温性能

耐高温性能是陶瓷材料重要性能之一。该性能可使材料承受高温、高压和高热负荷等极端条件。陶瓷材料因其出色的耐高温性能，被广泛应用于电网设备中。

在高温环境下，材料的熔点越高，其稳定性和耐久性就越高。因此，陶瓷材料的高熔点使其能够在极端的高温环境下保持稳定性和耐久性，这对于电网设备来说是非常重要的。

在高温环境下，材料需要承受高温、高压和高热负荷等极端条件，而耐高温性能的陶瓷材料可以很好地承受这些条件。这种材料可以有效地防止热量的传递，从而保护电网设备免受高温的影响。

在高温环境下，材料还需要承受各种腐蚀性物质的侵蚀，而耐高温性能的陶瓷材料可以有效地防止这些腐蚀性物质的侵蚀，从而延长设备的寿命。

因此，耐高温性能的陶瓷材料不仅可以提高电网设备的稳定性和耐久性，还可以延长设备的寿命，提高电网设备的安全性。

1.1.2.2　耐腐蚀性能

耐腐蚀性能是陶瓷材料的重要性能之一，它可以在酸、碱、盐等腐蚀性介质中保持良好的性能。这种性能使得陶瓷材料在许多领域得到了广泛的应用，如电力、石油、化工、航空航天等。在电网设备中，由于其经常暴露在各种腐蚀性介质中，如酸、碱、盐等，因此需要使用具有良好耐腐蚀性能的材料。陶瓷材料具有优异的耐腐蚀性能，可以有效防止设备腐蚀，延长设备使用寿命，降低维护成本。

1.1.2.3　力学性能

陶瓷材料因其优异的力学性能，如高强度、高硬度等，而备受关注，广泛应用于航空航天、建筑等领域。

陶瓷材料具有极高的强度。在航空航天领域，由于其轻质、耐高温、耐腐蚀等特性，使得陶瓷材料成为理想的选择。例如，在飞机发动机的涡轮叶片、火箭发动机的喷嘴等部件，都需要使用具有高强度特性的陶瓷材料，以保证其高强度、耐高温、耐腐蚀、抗磨损等性能。

陶瓷材料具有很高的硬度。在建筑领域，陶瓷材料的硬度使其成为理想的选择。例如，在建筑物的外墙、地面、天花板等地方，使用具有高硬度的陶瓷材料，可以有效地保护建筑物免受外界环境的侵蚀，延长建筑物的使用寿命。

1.1.2.4　绝缘性能

陶瓷材料的高电阻率和低介电常数使其成为优异的绝缘材料。在电力系统中，陶瓷绝缘子能够有效地隔离电流，防止电气设备的短路和电击事故，保证了电力系统的安全运行。

1.1.3 陶瓷材料的制备

1.1.3.1 传统制备方法

在传统的陶瓷材料制备方法中，主要包括烧结、熔融和化学气相沉积等。这些方法在实际应用中具有工艺成熟、成本较低等优点，为我国电网设备的发展提供了有力的支持。

烧结是一种常见的陶瓷制备方法。烧结过程是将粉末状的陶瓷原料在高温下进行烧结，使其形成致密的固态结构。这种方法具有工艺简单、成本低廉等优点，因此在实际应用中得到了广泛的应用。烧结法制备的陶瓷材料具有良好的耐高温、耐腐蚀等性能，因此在电网设备中有着广泛的应用，如用于制造高温绝缘子、耐腐蚀的电极等。

熔融方法也是一种传统的陶瓷制备方法。在熔融过程中，陶瓷原料在高温下被熔化，然后通过浇注或沉积等方式制成所需的陶瓷制品。这种方法具有原料利用率高、制备工艺简单等优点，因此在实际应用中得到了广泛的应用。熔融法制备的陶瓷材料具有良好的绝缘性能和导热性能，因此在电网设备中有着广泛的应用，如用于制造开关设备、电容器等。

化学气相沉积（CVD）方法是一种新型的陶瓷制备方法。CVD 方法是在基板上通过化学反应将一层薄薄的陶瓷膜沉积在基板上，从而制成所需的陶瓷制品。这种方法具有制备过程简单、可制备高性能陶瓷等优点，因此在实际应用中得到了广泛的应用。CVD 法制备的陶瓷材料具有良好的导电性能、耐高温等性能，因此在电网设备中有着广泛的应用，如用于制造高性能的绝缘子、电容器等。

总的来说，传统的陶瓷制备方法如烧结、熔融和 CVD 等在实际应用中具有工艺成熟、成本较低等优点。然而，随着科技的发展，人们对于陶瓷材料的需求越来越高，传统的制备方法已经无法满足这一需求。因此，如何提高传统制备方法的效率、降低成本，以及开发新型制备方法，成为我国陶瓷材料领域需要重点关注的问题。

1.1.3.2 新型制备方法

新型制备方法是当前电工陶瓷材料研究的热点之一。传统的制备方法存在许多问题，例如制备周期长、成本高、材料性能不稳定等。因此，研究人员一直在寻找新的制备方法，以提高材料的制备效率和质量。

一种新型制备方法是溶胶-凝胶法制备。该方法是将金属盐和有机物溶液混合，通过水解反应得到凝胶，再将凝胶干燥和烧结得到所需的陶瓷材料。这种方法具有制备周期短、成本低、材料性能稳定等优点。另一种新型制备方法是微波烧结法。该方法利用微波辐射对材料进行加热，使材料在短时间内达到烧结温度，从而提高材料的制备效率和质量。微波烧结法具有加热速度快、烧结温度高、制备周期短等优点，因此被广泛应用于制备高温、高强度的陶瓷材料。还有一种新型制备方法是惰性气体保护烧结法。该方法是在高温惰性气体环境下进行烧结，可以有效地保护材料免受氧化、还原等化学反应的影响，从而提高材料的稳定性和性能。惰性气体保护烧结法具有烧结温度高、材料稳定性好等优点，因此被广泛应用于制备高纯度、高性能的陶瓷材料。

以上是新型制备方法在电网设备用陶瓷材料领域中的应用。这些新型制备方法具有制备周期短、成本低、材料性能稳定等优点，可以有效地解决传统制备方法存在的问题，为电网设备用陶瓷材料的研究和应用提供了新的思路和方法。

1.1.4　电网中的陶瓷材料

电网中的陶瓷材料如图 1-2 所示。

图 1-2　电网中的陶瓷套管

陶瓷材料在电网设备中的应用领域非常广泛，主要包括输电线路、变压器、开关设备等。在这些领域中，陶瓷材料都有着重要的应用价值。

在输电线路中，陶瓷材料被广泛应用于绝缘子、支架、接线盒等部件中。这些部件的主要作用是保证输电线路的安全运行。由于输电线路通常处于高电压、高温等恶劣环境下，因此需要使用具有优异绝缘性能的陶瓷材料来制作这些部件，以保证线路的安全运行。

在变电设备中，陶瓷材料被广泛应用于套管、绝缘子等部件中。这些部件的主要作用是保证变压器、隔离开关等的正常运行。陶瓷材料在电网设备中的应用还涉及其他方面，如电容器、互感器等。在这些应用领域中，陶瓷材料也有着重要的应用价值。

综上所述，陶瓷材料在电网设备中的应用领域非常广泛，主要包括输电线路、变电设备等。在这些领域中，陶瓷材料都有着重要的应用价值。

1.2　玻　璃　材　料

玻璃材料属于非晶态体系，能量上处于亚稳态，结构具有短程有序、长程无序的特点，是一种非平衡态系统。与晶体相比，玻璃材料不具有晶格、晶界、位错等结构特征，因此玻璃材料特殊的微观结构决定了其具有特殊的力学、光学、电学和化学性能，比如高强度、高硬度、耐磨性、耐腐蚀性、绝缘性等，在日用器皿、建筑工程、机械工业、国防军事、化工和电气等领域都具有极其广泛的应用，是一种重要的工程材料。

1.2.1　玻璃材料的分类

从广义上来说，玻璃这一名词包括了玻璃态、玻璃材料和玻璃制品等多种含义。玻璃态是指物质的一种状态；玻璃材料是指用作结构材料、功能材料或新材料的玻璃；玻璃制品是指玻璃容器、玻璃瓶罐等。对玻璃的定义应包括玻璃态、玻璃材料和玻璃制品三者的内涵和特征。

随着科技的发展，玻璃材料的定义也在不断丰富化。在日常生活中，为了方便使用，人们常在狭义上将玻璃定义为采用无机矿物为原料，经熔融、冷却、固化所产生的、具有无规则结构的非晶态物质；而在广义上，一般认为玻璃是呈现玻璃转变现象的非晶态固体（玻璃转变现象是指当物质由固体加热或由熔体冷却时，在相当于晶态物质熔点绝对温度的 $1/2 \sim 2/3$ 这一温度范围内出现热膨胀、比热等性能的突变）。

玻璃材料在日用器皿、建筑工程、机械工业、化工、电气、国防等方面都具有极其广泛的应用领域，是一种重要的工程材料。日常常见的玻璃制品如图 1-3 所示。本章将重点介绍玻璃材料的特性、分类、制备等。

图 1-3　日常的玻璃用品

通过不同的分类方式，玻璃材料可分成不同种类：按玻璃的用途和使用环境可分为日用玻璃、技术玻璃、建筑玻璃、玻璃纤维等；按玻璃的特性可分为平板玻璃、光学玻璃、电真空玻璃等。按照成分划分，玻璃材料可分为氧化物玻璃和非氧化物玻璃两类。玻璃的分类与电网设备相关的玻璃材料见表 1-1。

表 1-1　　　　　　　　　玻璃的分类与电网设备相关的玻璃材料

分类	玻璃材料	电网设备常用到的玻璃产品
氧化物玻璃	硅酸盐玻璃	玻璃绝缘子（如钢化玻璃）、玻璃纤维、玻璃钢等（主要以硅酸盐玻璃为主，常用作各类发电厂设备制造）
	硼酸盐玻璃	
	磷酸盐玻璃	
	锗酸盐玻璃	
	碲酸盐玻璃	
	铝酸盐玻璃	
非氧化物玻璃	硫系玻璃	—
	卤化物玻璃	
	硫卤玻璃	

1.2.1.1　非氧化物玻璃

相比较氧化物玻璃，非氧化物玻璃的种类和数量都较少，主要有硫系玻璃、卤化物玻璃及硫卤玻璃等。它们往往具有优良的光电性能，广泛应用于红外技术、光纤传感、信息与能量传输及切换等领域。

硫系玻璃是以周期表Ⅵ族中的元素 S、Se、Te 等为主并引入一定量的其他适宜元素所制造出来的玻璃，可通过气相沉积法、熔体淬冷法等方式制备。这类玻璃往往具有良好的近红外至中红外透过性能和良好的化学稳定性，热膨胀系数和折射率都较高，软化温度较低，本征吸收较大。除了硫族单质或两种硫族元素或化合物所形成的玻璃外，一般的硫族化合物玻璃系统主要有Ⅴ-Ⅵ族和Ⅳ-Ⅵ族两类。

对卤化物玻璃的研究是从 20 世纪 80 年代开始的，一般指负离子由ⅦA族元素，即氟、氯、溴、碘等元素组成的一类非晶态材料，其结构特点为通过Ⅶ族元素的联结作用，将结构单元连接成架状、层状或链状结构。这类玻璃在可见光到中远红外这段波长范围内性能优异、本征损耗很低，但是玻璃形成能力较差，玻璃转变温度低，化学稳定性也较差，与硫系玻璃具有互补性。

为了结合卤化物玻璃和硫族玻璃的优势，近年来还提出了硫卤玻璃。研究发现 $AseSe_1$-GeTe-AgI、$AseSe_1$-GeTe-CuI、$AseSe_1$-AsTe-CuI 和 $AseS_3$-Ag_2S-HgI_2 等四类三元系统的玻璃形成范围较大，玻璃的形成能力较好，具有广泛应用前景。

1.2.1.2　氧化物玻璃

根据玻璃成分中主要氧化物的种类，可将氧化物玻璃分为硅酸盐玻璃、硼酸盐玻璃、磷酸盐玻璃、锗酸盐玻璃、碲酸盐玻璃和铝酸盐玻璃等。

硅酸盐玻璃指基本成分主要是二氧化硅（SiO_2）的玻璃，其品种多，应用范围广。根据二氧化硅、碱金属以及碱土金属氧化物的含量不同，还可将其分为高硅氧玻璃、石英玻璃、钠钙玻璃、铅硅酸盐玻璃、铝硅酸盐玻璃、硼硅酸盐玻璃等。

硼酸盐玻璃是指以三氧化二硼为主要成分的玻璃，其熔融温度低，可抵抗钠蒸气的侵蚀。其中含稀土元素的硼酸盐玻璃折射率较高、色散低，是一种新型光学材料，但这类玻璃在制备中很容易产生分相现象。

磷酸盐玻璃是指以五氧化二磷为主要成分的玻璃，其折射率低、色散率低，具有较高的热膨胀系数、低的熔点和软化温度以及高电导率，常用于制造光学玻璃、透紫外线玻璃、吸热玻璃和耐氢氟酸玻璃等。但这类玻璃化学稳定性较差，日常生产中常加入各种氧化物以改善其化学稳定性。

锗酸盐玻璃是指以氧化锗为主要成分的玻璃，具有很高的红外透射性、化学稳定性好、机械强度较高、软化温度较高，但这种玻璃黏度较大，不易澄清，炼制困难，并由于锗稀少而价格高昂，其应用受到限制。

碲酸盐玻璃是指以二氧化碲为主要成分的玻璃。此类玻璃具有较高的折射率、较宽的红外透射范围、较低的熔化温度，因而被广泛应用于光通信元器件、红外光学材料以及非线性光学材料等。

铝酸盐玻璃是指以氧化铝为主要成分的玻璃。与含有氧化铝的硼酸盐玻璃不同，这种玻璃是以摩尔组成计且含有比氧化硼更多的氧化铝。此类玻璃其特征为陡峭的黏度，具有较高的退火点、应变点及离子迁移率。另外，碱土铝硅酸盐还具有紧密的结构，因此电阻率高而气体渗透率低。

1.2.2　玻璃的性能

玻璃态物质一般具有以下 5 个特性：

（1）呈各向同性。由于其结构近程有序、长程无序、质点排布无规则，但整体均匀分布的特点，因而其物理化学性能在各方向上都是相同的。但必须指出的是，当结构中存在内应力时，玻璃的均匀性就会被破坏，显示出各向异性，例如双折射现象。此外，由于表面和内部结构上的差异，玻璃的表面与内部的性质往往是不同的。

（2）由于玻璃态物质一般是由熔融体过冷得到，它不处于能量最低的稳定状态，而呈介稳态。从热力学上来说，玻璃态是不稳定的，有自发向晶体转变的趋势；但在动力学上，由于它在常温下黏度很大，状态相当稳定，因此玻璃不会真的转变成晶体。

（3）熔融态转变为玻璃态过程是渐变的、可逆的，在一定温度范围内完成，无固定熔点，这种渐变过程使玻璃材料具有较好的加工性能。

（4）玻璃的成分在一定范围内可以连续变化，相应的物理化学性质也会随成分发生连续的、逐渐的变化。

（5）玻璃态物质在熔融态冷却（或加热）过程中，其物理化学性质产生逐渐且连续的变化，并且这种变化是可逆的。

人们在日常生产生活中往往关注玻璃材料的以下几种基本性能：

（1）强度。玻璃抗拉强度较弱，抗压强度较强。

（2）硬度。玻璃的硬度比一般金属更高，其硬度仅次于金刚石、碳化硅等。

（3）光学特性。大部分玻璃材料都具有较高透明度，也可通过改变玻璃成分和工艺条件使其光学性能发生很大变化。

（4）电学性能。在一般情况下，常温时大部分玻璃材料都是电的不良导体，但当温度上升时，玻璃的导电性能迅速提升，熔融状态下成为良导体（目前导电玻璃材料已经问世，相信玻璃材料将在电学性能上有很大突破）。

（5）热性质。玻璃材料一般都是热的不良导体，承受不了剧烈的温度变化。

（6）化学稳定性。玻璃的化学性质一般比较稳定，耐酸腐蚀性较高，而耐碱腐蚀性较差。

1.2.3　玻璃的制备

玻璃材料的生产制造环节几乎决定了最终成品的质量高低。简单来说，玻璃的生产过程主要可分为 5 个步骤，其生产流程如图 1-4 所示。

下面将以钢化玻璃绝缘子的制造过程为例，简单描述其生产过程。

1.2.3.1　原料的预加工

玻璃原料一般可以分为主要原料与辅助原料两种。在一般玻璃中，其主要成分一般有氧化硅、氧化钠、氧化钙、氧化铝、氧化镁等，为了引入上述成分而使用的原料称为主要原料；辅助原料一般是为了使玻璃获得某种必要的性质或是为了加速玻璃熔制过程而引入的，一般生产中会用到的辅助原料有澄清剂、着色剂、脱色剂、乳浊剂、助溶剂等。原料的预加工有利于物料的流动与均匀混合，加快了原料的溶解，有利于物料的精选，提高了成品的质量。

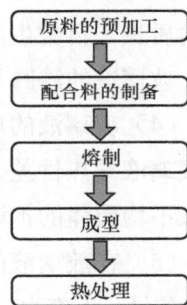

图 1-4　玻璃生产流程图

在钢化玻璃绝缘子的生产中，其原料主要包含石英砂、长石、石灰石、白云石、纯碱、碳酸钾等。其中，石英砂主要成分为二氧化硅，长石为富含钙、钠、钾的铝硅酸盐，白云石为富含镁、钙的碳酸盐；纯碱是玻璃熔制过程中生成硅酸盐的原料，同时也与碳酸钾一起为玻璃熔制时的澄清剂，用以去除气泡。

1.2.3.2　配合料的制备

在此步骤中，一般遵循根据原料块度、硬度、粉碎要求和设备性能等进行选择的原则。整个过程包括原料的破碎（粉碎）、筛分、配置、混合。影响整个配合材料制备过程的因素有：①原料的物理性质（如密度、颗粒组成等），一般来说不同原料之间的性质越接近，越容易混合；②加料顺序；③加水量；④加水方式；⑤混合时间，混合时间过长或过短都会有影响；⑥碎玻璃的影响。

1.2.3.3 熔制

在整个熔制过程中，按具体变化过程分类，可将熔制过程分为硅酸盐的形成、玻璃的形成、玻璃的澄清和均化以及玻璃液的冷却。

（1）在硅酸盐的形成阶段将产生氧化硅和硅酸盐的不透明烧结产物。一般该过程发生在900℃左右，且反应速度很快。影响该过程的因素有熔化温度、反应物的量、原料颗粒度、配合料的均匀度等。

（2）在玻璃的形成阶段中，发生的变化包括氧化硅的断键、溶解以及溶解后的氧化硅向熔体的扩散。一般该过程发生在1200℃左右，反应速度较快，最终结果是产生了不均匀、含有气泡的玻璃液。

（3）玻璃液的澄清指去除玻璃液中可见气泡的过程。气体一般是由于配合料水分的分解与蒸发、配合料中存在的孔隙、挥发组分的挥发、氧化物的氧化还原、耐火材料的孔隙等因素产生，以可见气泡或物理溶解、化学溶解等形式存在于玻璃液中，严重降低了玻璃液的质量。日常生产中可通过添加澄清剂、延长澄清时间、提高澄清温度、高压或真空冶炼、玻璃液的沸腾与搅拌等措施帮助澄清过程的进行。

（4）玻璃液的均化包括玻璃液成分与温度的均匀化。导致玻璃液不均的原因有很多，如玻璃液导热性差、耐火材料被侵蚀、配合材料不均匀、熔化过程不稳定等。生产中一般通过不均质体的扩散、玻璃液的对流均化、因气泡上升而引起的搅拌等使玻璃液均化。

（5）在玻璃液的冷却过程中，一般要求玻璃液冷却到适合成型的温度，且不破坏玻璃的均匀性、不产生二次气泡（二次气泡：均匀分布，直径小于0.1mm，数量多，不容易消除）。

由于钢化玻璃绝缘子产品自身特性，目前采用能进入制品内的腔的活动封口和高精度的吹头，保证制品的快速冷却，又尽量减少变形。

1.2.3.4 成型

玻璃的成型通常可分为冷成型和热塑成型。冷成型又可分为物理成型和化学成型。热塑成型可细分为浮法成型、压制成型、吹制成型、压延成型、拉制成型、浇铸成型、离心成型、喷吹成型等。

（1）浮法成型是常用的玻璃成型方式之一。它的优点在于成型时无需克服玻璃本身的重力；可以充分发挥玻璃表面张力的作用；玻璃带横向温度较为均匀；容易生产较薄或较厚的玻璃；成型过程中温度下降较慢、拉引速度快；可以较大限度避免玻璃结晶缺陷；容易实现切装机械化自动化等。

（2）压制成型是在模具中加入玻璃熔料加压成型。

（3）吹制成型是先将玻璃粘料压制成雏形型块，再将压缩气体吹入热熔状态的玻璃型块中，使之膨胀成为中空制品。吹制成型又可分为人工成形和机械成形。

（4）压延成型一般用于制造刻花玻璃、夹丝玻璃以及少量特殊用途的平面玻璃。压延法可分为间歇压延法、半连续压延法、连续压延法等，它们都是通过一定的方式进行辊压制备。

目前一般通过全自动液压成型机实现玻璃液压制成玻璃绝缘子的过程，如四冲头机构、多导向的水冷却单冲头上模机构、分度机构等。压制形状依靠模具进行控制，同时对压制一片绝缘子所用的玻璃液用量进行控制，以保证绝缘子产品一致性。

1.2.3.5　热处理

玻璃在成型过程中经受了剧烈的温度和形状变化，这种变化会在玻璃内部中留下热应力，降低玻璃制品的强度和热稳定性，但如果直接冷却很有可能引起玻璃在冷却、存放、运输、使用过程中的冷爆。为了消除这种现象，必须对成型后的玻璃进行一定的热处理，即退火（退火是指在某个温度范围内保温或缓慢降温一段时间，以使玻璃内的热应力消除或减少到允许范围）。完成此步骤后，根据实际情况有时还要进行玻璃材料性能的测试。

在钢化玻璃绝缘子的制备过程中，一般会同时进行绝缘子的钢化处理，即对玻璃件进行受控冷却，使之获得表面永久的预应力。钢化环节涉及的设备有均温处理炉、钢化机等。此外，还将对玻璃绝缘子进行胶装：采用具备钢脚定位辅助的装配机将绝缘子绝缘件、钢脚、钢帽进行胶装装配，该步骤需注意确保钢脚、绝缘件、钢帽三者的同轴度，同轴性不良也会导致过高的自爆率。钢化玻璃绝缘子的结构与实物如图 1-5 所示。

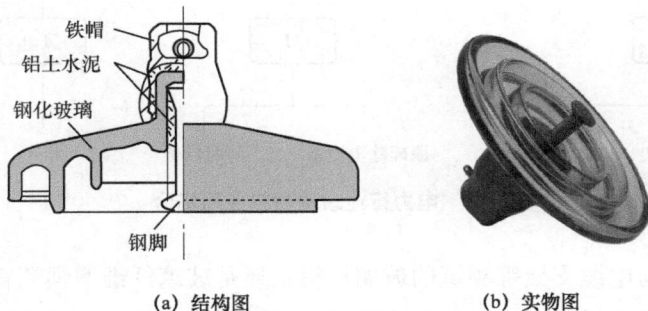

（a）结构图　　　　　　　　　（b）实物图

图 1-5　钢化玻璃绝缘子结构与实物图

为了进一步验证钢化玻璃绝缘子的性能是否符合实际生产要求，还会进行性能测试，如寿命周期测试、失效率测试、拉伸符合试验、冷热冲击试验（即采用硫化镍特种处理炉及特殊的硫化镍消除工艺，对玻璃件进行均质处理，硫化镍去除环节的好坏直接影响到钢化玻璃绝缘子运行后的重要指标，即自爆率）、测量绝缘子结构高度等，确保绝缘子符合相关标准要求。

1.2.3.6　缺陷

在生产过程中，玻璃容易出现气泡、条纹、节瘤和结石等缺陷。

气泡可分为一次气泡、二次气泡、耐火材料气泡、铁器引起的气泡、外界空气气泡等。条纹与节瘤一般指玻璃中存在的、与玻璃主体成分、性能不同的部分，前者往往是条状、纤维状，后者往往是块状、片状、颗粒状。结石一般可分为配合料结石、耐火材料结石、析晶结石等。

在日常生产中，常通过优化玻璃配方、提高配合材料质量、改进作业制度、使用优质耐火材料等方式减少缺陷的产生。

而玻璃材料在电力系统运行过程中也会因外部环境影响或老化而可能产生一系列缺陷，如微裂纹，由此可以看出钢化玻璃的在使用方面的优越性。

1.2.4 电网设备中的玻璃材料

随着玻璃材料的种类与功能日益丰富化，电力行业中玻璃材料的使用率也开始逐渐增加，应用场合如图 1-6 所示。目前，在电网设备中，使用玻璃材料最多领域的主要是防雨罩、电缆支架、绝缘子等，其使用种类主要以硅酸盐玻璃为主。另外，在火电厂等电力场所中所用到的脱硫除尘设备、防腐处理设备；风力发电厂的风电叶片；核电站中的输水管路等也常使用玻璃材料（如玻璃钢）作为主要的制造原料。

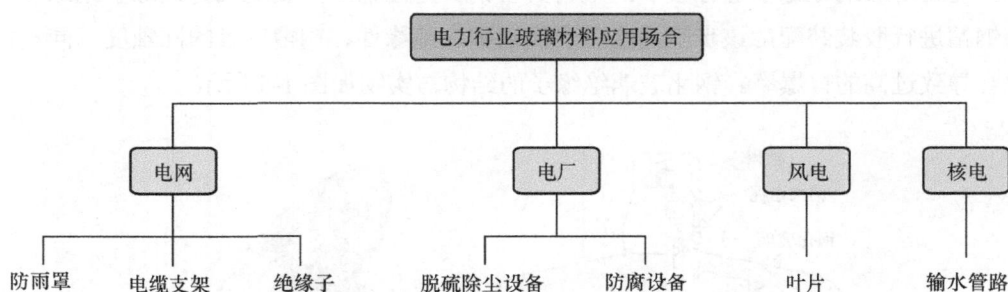

图 1-6 电力行业玻璃材料应用场合

应用于防雨罩与电缆支架等领域的玻璃材料主要是玻璃纤维增强塑料复合材料。这种材料一般是用玻璃纤维增强不饱和聚酯、环氧树脂与酚醛树脂作为基体，以玻璃纤维或其制品作增强材料的增强塑料，也称为玻璃钢。这种材料电性能优良（是优良的绝缘材料，高频下仍能保持良好的介电性）、耐腐蚀、热传导性能佳、轻质高强，在电力行业应用前景广泛。

绝缘子按其使用原料可分为瓷绝缘子、玻璃绝缘子及复合材料绝缘子。相比瓷绝缘子和复合材料绝缘子，玻璃绝缘子具有更加优良的介电性能、老化速度缓慢、机械性能较好、耐温差、容易维护、零值自爆等优点，因而在电力设备运行过程中被广泛使用。目前使用最广泛的是钢化玻璃绝缘子，用于高压和超高压交、直流输电线路中绝缘和悬挂导线。

在火电厂中，由于玻璃材料不易老化、高强度等优点，常将玻璃材料应用于除尘脱硫装置、循环水系统、防腐烟道。在风力发电厂中则将其应用于风力机叶片中；在核电厂中则主要应用于输送淡水、冷却水、生活污水或用于护栏等。

1.3 水 泥 材 料

水泥是一种细磨材料,与水混合形成塑性浆体后,能在空气中水化硬化, 并能在水中继续硬化保持强度和体积稳定性的无机水硬性胶凝材料。依据 GB/T 4131—2014《水泥的命名原则和术语》中 2.1 规定,水泥按其用途及性能分为通用水泥和特种水泥,如图 1-7 所示,通用水泥指一般土木建筑工程通常采用的水泥;而特种水泥是指具有特殊性能或用途的水泥。水泥按其主要水硬性物质名称又可分为硅酸盐水泥、铝酸盐水泥、硫铝酸盐水泥、铁铝酸盐水泥、氟铝酸盐水泥 5 类,如图 1-8 所示。

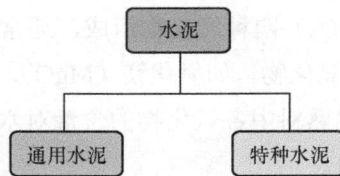

图 1-7　按照用途和性能分类

图 1-8　按照水硬性分类

水泥是最重要的建筑材料之一,素有"建筑工业的粮食"之称,它和木材、钢材构成物资流通中三大材料。在国民经济中的地位日益提高。从资源、材性及能耗分析,水泥是各国基建工程中主要的建筑材料。同时水泥制品在代替钢材、木材等方面,也显示其在技术经济上的优越性。

1.3.1　水泥基础知识

1.3.1.1　硅酸盐水泥的主要组成

凡以适当成分的生料,烧至部分熔融,所得以硅酸钙为主要成分的硅酸盐水泥熟料,加入适量石膏,磨细制成的水硬胶凝材料,称为硅酸盐水泥,硅酸盐水泥生产过程分为制备生料(配制与磨细)、煅烧熟料(生料经高温作用使之部分熔融形成熟料)、磨细水泥(熟料与适量石膏共同磨细), 此过程又称为"二磨一烧"。

(1)煅烧熟料用的生料中含有多种化学成分,其中氧化钙(CaO)含量为 64%~67%、二氧化硅(SiO_2)为 21%~24%、三氧化二铝(Al_2O_3)为 4%~7%及三氧化二铁(Fe_2O_3)为 2%~4%。由于自然界中很难找到符合要求的单矿原料,因此煅烧熟料时,一般都采用几种原料进行配制，使其符合指定的化学成分。制备生料用的原料主要有石灰质原料和黏土石灰质原料，主要提供 CaO，它可以采用石灰石、白垩、石灰质凝灰岩等。黏土质原料主要提供 SiO_2、Al_2O_3 及少量 Fe_2O_3，它可以采用黏土、黏土质页岩、黄土等。如果所选用两种原料，按一定比例组合还不能满足形成熟料矿物的化学组成的要求时，则要加入第三甚至第四种原料加以调整，例如生料中 Fe_2O_3 含量不足时，可以加入黄铁矿或含铁高的黏土等；如生料中 SiO_2 含量不足时，可以加入硅藻土、蛋白土、山灰、硅质矿渣等；如生料中 Al_2O_3 含量不足时，可以加入铁矾土废料或高铝的黏土等。此外，为了改善煅烧条件，常常加入少量的矿化剂（如萤石等），原料按比例要求拌和和磨细。

（2）硅酸盐水泥熟料的化学成分主要由氧化钙（CaO）、二氧化硅（SiO_2）、三氧化二铝（Al_2O_3）和三氧化二铁（Fe_2O_3）四种氧化物组成，通常这四种氧化物总含量在熟料中占 95%以上，其余的 5%为少量氧化物，如氧化镁（MgO）、硫酐（SO_3）、氧化钛（TiO_2）、氧化磷（P_2O_5）以及碱等。水泥熟料中各氧化物的含量对水泥性质有极大影响。从氧化物的含量可以大致推断水泥的性质。

在硅酸盐水泥熟料中各种氧化物并不是以单独的氧化物混合而成，而是在高温煅烧时以两种或两种以上的氧化物反应生成化合物（称之为矿物）存在。这些矿物是由多种晶体及玻璃体组成的集合体，其晶粒细小，通常为 30～60nm。因此，水泥熟料是一种多矿组成的结晶细小的人造岩石。硅酸盐水泥的性质在很大程度上取决于熟料矿物组成。根据岩相分析、X 射线分析以及其他分析方法，确定硅酸盐水泥熟料中含有硅酸三钙（$3CaO \cdot SiO_2$，简写为 C3S）、硅酸二钙（$2CaO \cdot SiO_2$，简写为 C2S）、铝酸钙（主要两种：$3CaO \cdot Al_2O_3$，简写为 C3A）、铁铝酸钙（C4AF）、玻璃体、方镁石等。

综上所述，硅酸盐水泥熟料的矿物组成是很复杂的。它是一种多矿物及玻璃体组成的集合体，但对水泥性能以及熟料煅烧起主要作用的是 C3S、C2S、C3A 及 C4AF 等四种矿物组成。水泥质量好坏的主要表征是水泥强度，所以了解熟料主要矿物的强度，对掌握和改进水泥性能，具有很重要的现实意义。

1.3.1.2 硅酸盐水泥的凝结硬化

水泥与适量水拌和后，成为可塑的水泥浆，水泥浆会逐渐变稠，失去塑性，但尚不具有强度，此过程称之为水泥的初凝；开始具有强度时称为终凝；凝结后强度继续增大，并逐渐发展成为坚硬的水泥石，这一过程称为水泥的硬化。凝结（初凝与终凝）和硬化是人为划分的，实质上是一个连续的、复杂的物理化学过程。

1.3.1.3 硅酸盐水泥的主要技术指标

硅酸盐水泥的主要技术指标包括密度和堆积密度、细度、标准稠度用水量、凝结时间、体积安定性、强度与标号。

水泥强度是水泥性能的重要指标，也是评定水泥标号的依据。水泥强度决定于熟料矿物组成、水泥细度、石膏掺量、用水量、水化龄期、养护工艺及强度的试验方法等。按照

GB 175—2007《通用硅酸盐水泥》，硅酸盐水泥分 42.5、42.5R、52.5、52.5R、62.5、62.5R 共 6 个等级。

1.3.2　混凝土基本知识

1.3.2.1　混凝土组成

由水泥、粗细集料（砂、石等）加水拌和，经水化硬化而成的水泥基复合材料称为水泥混凝土，简称混凝土。

混凝土组成材料中，水和水泥组成为水泥浆体，而砂子和石子分别为细集料和粗集料。一般情况下，细集料的外观体积应该能填满粗集料的空隙，以组成较为密集的堆聚体。砂、石等集料也称为分散相或粒子相；水泥浆体包裹集料表面并填充集料间的空隙，具有润滑和胶凝作用，在混凝土中呈连续分布，也称连续相或基体，它把分散相牢固地胶结成一个整体，使两相物质共同抵抗外力作用和环境介质对混凝土的侵蚀作用。

1.3.2.2　混凝土发展

现代混凝土自 1824 年诞生了波特兰水泥以后才得到迅速应用和发展。在近 200 年的发展过程中混凝土材料经历了几次重大变革，如 1848 年在法国出现的钢筋混凝土，由于钢筋的增强作用，弥补了混凝土抗拉强度和抗折强度低的不足；1928 年在法国出现预应力钢筋混凝土，这是混凝土技术的一次飞跃。预应力混凝土不仅可以有效防止开裂，还能降低构件自重。因此，混凝土开始用于大跨、高层、抗震、防裂等技术要求高的工程中；1987 年以来，混凝土外加剂的出现，使有机材料与无机材料相结合，克服了普通混凝土存在的许多缺陷，尤其是高效减水剂出现，使混凝土应用技术又前进一大步。混凝土用量之所以如此庞大，发展如此迅速，是因为它具有其他建筑材料不能相比的优越性。首先是混凝土是一种原料丰富、价格低廉的材料，如水泥单位质量的能耗只是钢材的 1/5、铝合金 1/25，甚至比红砖还低 35%；其次具有生产工艺简单、抗压强度高、经久耐用以及使用维修方便等优点。但混凝土也有一些缺点，如抗裂性差，抗拉强度、抗冲击强度均较钢材低。

1.3.2.3　混凝土在电网中的应用

（1）钢筋混凝土电杆。用于架空输电线路的水泥制品，按配筋方法有普通钢筋混凝土电杆和预应力混凝土电杆两种；按横截面外形有环形、矩形、工字形和双肢形等几种；钢筋混凝土电杆一般为圆锥形，长度分别为 6、6.5、7、7.5、8、8.5、9、10、11、12m 和 15m 等 11 种，除上述通用的整体电杆外，还有一种两节杆（等径电杆），由基本杆和接杆连接而成。钢筋混凝土电杆的混凝土强度等级为 40MPa，钢筋为冷拔钢丝或高强钢丝。采用钢模先张、离心成型和蒸汽养护等工艺制造。选用电杆时，一方面根据工程设计，线路架设高度选择长度，另一方面以架空线质量，计算弯矩大小选择电杆。

（2）输电线路基础。铁塔基础类型较多，根据铁塔类型、地形地质、承受的外负荷及施工条件的不同，常采用现浇混凝土基础、预制钢筋混凝土基础、灌注桩基础等，这些基础均离不开混凝土。在 GB 50164—2011《混凝土质量控制标准》规定的质量控制要求下，电网基建工程杆塔基础质量必须加以控制，由于施加在基础结构上的荷载来自多方面（如杆塔自重、各种设备的重量、风力振动），且存在外加于结构上或约束于结构中使其变形的因素（如外界温度变化，受力不均、材料收缩徐变），电力线路杆塔钢筋混凝土基础的施工质量若不严格控制，就容易出现问题。

1.4 塑料材料

塑料材料作为三大高分子合成材料之一（其余两项为合成橡胶和合成纤维），具有电气绝缘性能优良、质量轻、物理化学性质稳定、易加工成型及成本低廉等特点，目前已在电网设备部件中广泛应用，如电线或电缆用绝缘材料、低压电能计量箱外壳、电容器介质薄膜等。

1.4.1 塑料材料部件功能

1.4.1.1 基本概念

（1）树脂。树脂是一种粒状固体有机聚合物，由多种化学物质组合而成。树脂在常温下的物质形态为固态、半固态或假固态；在受热后，普遍具有转化或熔融范围。转化时，在外力的作用下，通常具有流动性。从广义上讲，凡是可作为塑料基体的聚合物都可以称之为树脂。

树脂一般分为天然树脂和合成树脂两大类。

天然树脂是指自然界中动物或者植物体内分泌的有机物，比如树胶、松香、虫胶以及天然橡胶胶乳等。

合成树脂是指利用自然界中的煤、天然气以及石油等物质，在一定的条件下，通过人工聚合制成的高分子有机化合物。合成树脂是塑料的主要组成成分，在塑料中的质量占比可达 40%～100%。

（2）塑料。塑料是一种以树脂为主要成分的高分子有机材料，通常含有添加剂或助剂等辅助成分。塑料在一定的外部条件下（温度和外力）可塑造成一定的形状，当外力解除后、温度降至室温时可以保持既定形状。从广义上讲，凡是能压塑成型的物质都可以称之为塑料。

为使塑料达到某种加工或者使用性能，以满足实际生产要求，需要加入相应的添加剂或者助剂，例如填充材料、增塑剂、稳定剂、润滑剂、着色剂、阻燃剂、防静电剂、发泡剂、固化剂等。

（3）改性。塑料改性是指通过物理或化学方法改变塑料材料物质形态或性质的方法。

改性方法有填充改性法、增强改性法、聚合物合金改性法等。

填充改性是指在聚合物中添加其他不同组成和结构的无机或有机物（添加剂），以改变其力学性能、加工性能、使用性能或降低成本的方法。

增强改性是指在聚合物中加入纤维状增强材料以改进其力学性能的方法。

聚合物合金改性是将两种或两种以上不同种类（或种类相同而分子量不同或分子量分布不同）的聚合物，按一定比例，在一定的温度和外力作用下，混合形成具有特定性能聚合共混物的方法，也称为共混改性，得到的塑料制品也称为塑料合金，是一种高性能、功能化、专用化的塑料材料。塑料合金主要有两个大类：一是通用塑料合金，如使用聚烯烃为原料的塑料合金等；二是工程塑料合金，广义上指工程塑料共混物，如 PC/ABS 合金等。

1.4.1.2　塑料的特点

塑料材料有多种优点，例如密度低（一般介于 $0.9\sim2.3\text{g/cm}^3$），可以极大程度地减轻成品质量，易成型、易着色，绝缘、隔热、耐水性能优良，不生锈、不腐蚀、耐酸、耐碱及减振消声等。

但是塑料材料的缺点也很明显，例如耐热、导热性能差，热膨胀系数大，多数塑料制品不能在 100℃ 以上环境中应用，强度和刚性无法与金属材料相比，易燃、易老化等。

1.4.1.3　塑料的降解

塑料在挤压、加热成型、储存及使用过程中，受到高温、应力、光、氧、水或酸碱杂质及霉菌等外界因素的作用，会产生相对分子质量降低或大分子结构改变等化学变化，造成性能降低、材质劣化，这种现象称为降解，也可以称为老化。

塑料制品在日常使用过程中，长时间与空气中的氧接触，化学键中较弱部位在高温环境的作用下会形成不稳定的过氧结构，过氧结构极易分解产生游离基，恶性循环加剧降解，这种现象称为氧化降解。

氧化降解速度与塑料的受热温度、时间及环境含氧量有关。一般受热温度越高、受热时间越长、含氧量越高，降解速度越快。

目前，可以通过热空气、氙弧灯、臭氧等老化试验，模拟工况条件，测试塑料材料制成的设备部件耐受外界因素的能力。

1.4.2　塑料材料分类

塑料有很多种类，目前没有特别明确的分类界限，常见的分类方法有以下几种。

1.4.2.1　按照用途分类

如图 1-9 所示，可分为通用塑料、工程塑料、特种工程塑料。

```
                        塑料
                      （按用途分）

        ┌──────────────────┼──────────────────────────┐
     通用材料              工程材料                    特种材料

   聚乙烯（PE）          聚酰胺（PA）                有氟塑料

   聚丙烯（PP）          聚碳酸酯（PC）              硅树脂

   聚氯乙烯（PVC）    丙烯腈-丁二烯-苯乙烯共聚物（ABS）  聚醚亚胺

   聚苯乙烯（PS）        聚甲醛（POM）              聚醚醚酮
```

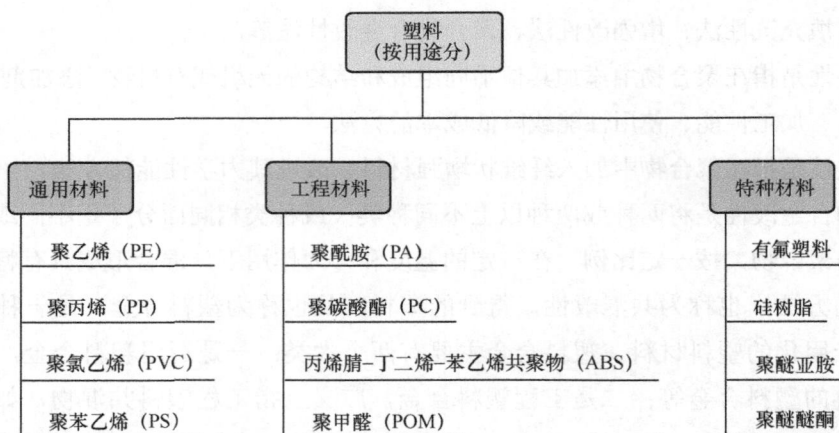

图 1-9 按照用途分类

（1）通用塑料。通用塑料一般是指产量较大、用途较广、成型性较好且价格较低廉的常用塑料。例如聚乙烯（PE）、聚丙烯（PP）、聚氯乙烯（PVC）、聚苯乙烯（PS）等。通用塑料的生产量和使用量可占全部塑料的80%以上。

（2）工程塑料。工程塑料一般是指强度优良，在高、低温等特殊环境中仍能保持良好力学、化学、电气及热学等性能指标的塑料。在某种程度上，工程塑料可替代传统的金属材料，作为工程结构材料使用，例如聚酰胺（PA）、聚碳酸酯（PC）、丙烯腈-丁二烯-苯乙烯共聚物（ABS）、聚甲醛（POM）等。

改性工程塑料是以基础工程塑料为基料，通过加入改性单体与之反应而制成的塑料，或是在基体树脂中添加一些改性剂所制成的塑料。其品种大致可分为工程塑料混合金和工程塑料复合材料两大类别。

随着对高性能、多功能塑料制品需求的不断增加，改性工程塑料的应用不断扩展。例如氯化聚乙烯、改性聚丙烯、改性聚氯乙烯、PC/ABS 合金等。目前，工程塑料或者改性工程塑料已广泛应用于电网设备部件中。

（3）特种工程塑料。特种工程塑料是指除具有一般工程塑料的特性以外，还具有更高的综合性能、可长期在 150℃ 以上使用的塑料，具有特殊的功能和用途。例如有氟塑料、硅树脂、聚醚亚胺、聚醚醚酮等。特种工程塑料除单独使用外，可以和通用塑料、工程塑料共混改性制造塑料合金，还可以与金属或无机非金属纤维进行增强复合制造高级复合材料。

1.4.2.2 按照物理化学性能分类

如图 1-10 所示，可分为热塑性塑料和热固性塑料。

```
                    ┌─────────────────┐
                    │       塑料       │
                    │ (按物理化学性能分类) │
                    └─────────────────┘
              ┌──────────────┴──────────────┐
     ┌─────────────┐              ┌─────────────┐
     │   热塑性塑料   │              │   热固性塑料   │
     └─────────────┘              └─────────────┘
        聚乙烯（PE）                   酚醛树脂

        聚丙烯（PP）                   环氧树脂

        聚氯乙烯（PVC）                 氨基塑料

        聚苯乙烯（PS）                 三聚氰胺

        聚酰胺（PA）

        聚碳酸酯（PC）

   丙烯腈-丁二烯-苯乙烯共聚物（ABS）

        聚甲醛（POM）
```

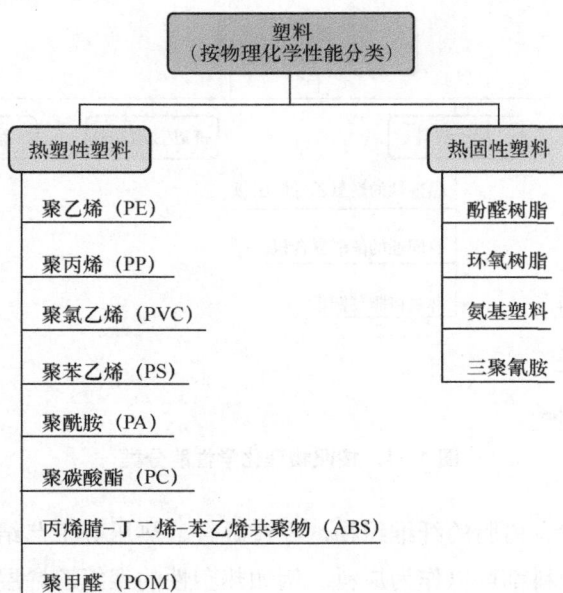

图 1-10　按照物理化学性能分类

（1）热塑性塑料。以热塑性树脂为主要成分，加入一定比例的添加剂配制而成的塑料，在加工的过程中，一般只产生物理变化，即在特定温度范围内能反复地加热软化和冷却硬化。

主要优点是加工性能优良，成型工艺简单、便捷，可以连续生产，产品的适应性强，具有良好的综合性能和较高的机械强度。

常用的热塑性塑料有聚乙烯（PE）、聚丙烯（PP）、聚氯乙烯（PVC）、聚苯乙烯（PS）、聚酰胺（PA）、聚碳酸酯（PC）、丙烯腈-丁二烯-苯乙烯共聚物（ABS）、聚甲醛（POM）等。电网设备部件用的塑料材料大部分为热塑性塑料。

（2）热固性塑料。以热固性树脂为主要成分，加入一定比例的添加剂配制而成的塑料，在加工的过程中，不只产生物理变化，还会产生化学变化，受热开始时被软化而具有一定的可塑性，但随着进一步加热，树脂会硬化定型，再加热也不会变软或改变形状。热固性塑料一般不可以重复再塑制，只能粉碎后当作填料使用。

主要优点是耐热、耐磨、耐腐蚀性能优良，有较高的机械强度、受压不易变形，电气及尺寸稳定性能良好。

常用的热固性塑料有酚醛树脂、环氧树脂、氨基塑料、三聚氰胺等。

1.4.2.3　按照塑料成型方法分类

如图 1-11 所示，可分为模压塑料、层压塑料、挤塑/注射塑料、浇铸塑料等。

（1）模压塑料。供模压用的热固性树脂混合料。例如酚醛塑料、环氧树脂、不饱和树脂、聚亚胺树脂、三聚氰胺树脂等。

```
                        塑料
                   （按成型方法分类）

    模压塑料          层压塑料         挤塑/注射塑料        浇铸塑料

     酚醛塑料      热塑性的聚氯乙烯层压板                    MC尼龙塑料

     环氧树脂      热固性的酚醛复合板

     不饱和树脂    环氧树脂复铜板

     聚亚胺树脂

     三聚氰胺树脂
```

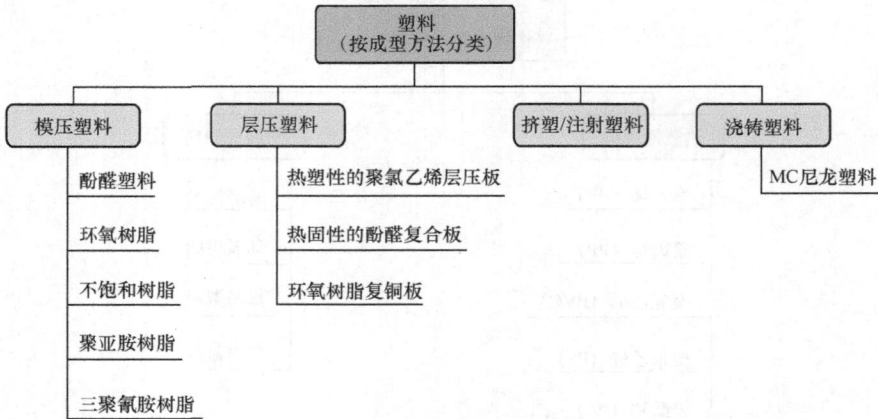

图 1-11　按照物理化学性能分类

（2）层压塑料。掺有树脂的纤维织物，经过叠合、热压等工艺结合而成的整体材料。热塑性塑料与热固性塑料都可以作为原料。例如热塑性的聚氯乙烯层压板及热固性的酚醛复合板、环氧树脂复铜板等。

（3）挤塑/注射塑料。在料筒温度下熔融、流动，在模具中迅速成型的热塑性塑料。

（4）浇铸塑料。在无压或稍加压力的情况下，倾注于模具中能硬化成一定形状制品的液态树脂混合料，例如 MC 尼龙塑料等。

1.4.2.4　按塑料半成品或成品分类

如图 1-12 所示，可分为模塑粉、增强塑料、泡沫塑料和薄膜。

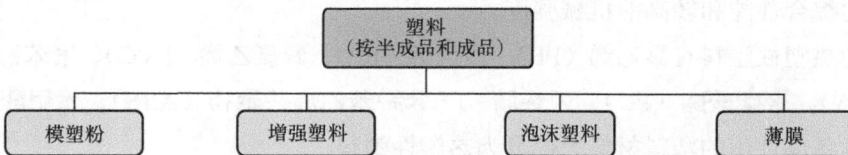

```
                        塑料
                   （按半成品和成品）

    模塑粉          增强塑料          泡沫塑料            薄膜
```

图 1-12　按照塑料半成品或成品分类

（1）模塑粉。粉状热固性树脂和各类添加剂经充分混合、滚压、粉碎制成的塑料。例如酚醛树脂粉、电玉粉等。

（2）增强塑料。加入一定量（质量占比 10%～50%）填充增强材料，增加机械强度和提高某项功能的塑料。

（3）泡沫塑料。在成型过程中添加发泡剂，使塑料整体内含有无数微孔的塑料。

（4）薄膜。一般是指厚度在 0.25mm 以下的平整、柔软的塑料制品。

1.4.3　塑料材料部件应用场景

塑料材料在各行各业应用广泛，例如包装材料、日常用品、农用材料、建筑材料、机械制品、汽车配件、医学材料以及电网材料等。电网设备部件中，塑料材料一般作为绝缘材料使用。

由于各种塑料材料结构不同，性能差异较大，在选择种类时，应主要考虑电气性能（如绝缘性能、介电性能等）。除此之外，还应考虑力学性能、耐热性能、耐老化性能、耐低温性能、阻燃性能以及化学稳定性能等。

下面主要介绍几种在电网设备部件中常用的塑料材料。

1.4.3.1　聚乙烯塑料

聚乙烯树脂由乙烯单体聚合而成。聚乙烯塑料是以聚乙烯树脂作为基料，加入各类所需添加剂制成的塑料。聚乙烯的缩写代号是 PE（polyethylene）。

聚乙烯可用多种工艺方法生产，结构和特性种类多样。目前，应用较多的品种有高密度聚乙烯（HDPE）、低密度聚乙烯（LDPE）、线型低密度聚乙烯（LLDPE）等，还有一些特殊性能品种，例如超高分子量聚乙烯（UHMWPE）、高分子量高密度聚乙烯（HMWHDPE）、低分子量聚乙烯（LMWPE）、极低密度聚乙烯（VLDPE）、氯化聚乙烯（CPE）和交联聚乙烯（VPE）等。

聚乙烯塑料制品的力学、电气性能良好，化学性能稳定且易于成型，改性后可用制造于电缆料、电缆管材等。

例如在聚乙烯树脂中加入纳米蛭石粉、硅烷偶联剂等添加剂，可制成抗菌电缆 PE 管；在低密度聚乙烯树脂中加入坡缕石黏土交联剂、活性炭污泥、抗氧化剂等添加剂，可制成阻燃交联 LDPE 电线电缆材料；在高密度聚乙烯树脂中加入甲基硅酸季戊四醇酯、三聚氰胺等添加剂，可制成无卤阻燃改性 HDPE 电缆材料等。

1.4.3.2　聚丙烯塑料

聚丙烯树脂由丙烯单体聚合而成。聚丙烯塑料是以聚丙烯树脂作为基料，加入各类所需添加剂制成的塑料。聚丙烯的缩写代号是 PP（polypropylene）。

丙烯在聚合时，使用不同品种的催化剂，会生产出不同结构的聚丙烯分子。按照 CH3 排列方式的不同（无序排列分布或有序排列分布），可以形成等规聚丙烯（IPP）、间规聚丙烯（SPP）和无规聚丙烯（APP）3 种不同的立体结构。目前，3 种聚丙烯中，等规聚丙烯应用量最大。

聚丙烯塑料制品原料来源方便，价格低廉，质量轻，耐热性能和电气绝缘性能优良，耐电压和耐电弧性能好，改性后可用于制造电缆料、电缆管材等。

例如在聚丙烯中加入茂金属催化剂，促进聚丙烯聚合，可制成茂金属聚丙烯（mPP），其介电强度高、力学性能和耐热性能优良，目前已在电缆保护套管中大量应用，如图 1-13 所示。

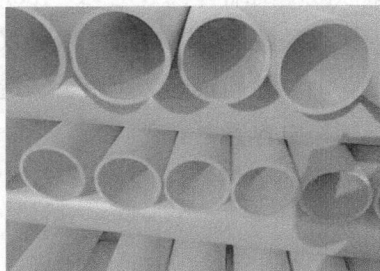

图 1-13　茂金属聚丙烯（mPP）电缆保护套管

1.4.3.3 聚氯乙烯塑料

聚氯乙烯树脂由氯乙烯单体聚合而成。聚氯乙烯塑料是以聚氯乙烯树脂作为基料，加入各种所需添加剂制成的塑料。聚氯乙烯的缩写代号是 PVC（polyvinyl chloride）。

使用不同种类或数量的树脂和添加剂，可以制造出不同性能（如密度、透明度等）的聚氯乙烯塑料制品。主要包括高聚合度聚氯乙烯、氯化聚氯乙烯（CPVC）、聚偏氯乙烯（PVDC）、交联聚氯乙烯（XLPVC）等。

聚氯乙烯塑料制品易着色，阻燃、自熄、电气绝缘性能优良，耐水性、化学稳定性好，改性后可用于制造电线电缆绝缘层、保护套管等。

例如在聚氯乙烯中加入氧化锑、无机阻燃剂、铅盐复合稳定剂等添加剂，可制成低烟低卤阻燃聚氯乙烯电缆材料；在聚氯乙烯的基础上再次氯化，提高塑料中的氯含量，制成氯化聚氯乙烯（CPVC）塑料制品，又称为过氯乙烯（PVCC），可以进一步提高热变形温度、阻燃性、高温绝缘等性能，目前已在电缆保护套管中大量应用，如图 1-14 所示。

图 1-14　氯化聚氯乙烯（CPVC）电缆保护套管

1.4.3.4 聚酰胺

聚酰胺是大分子主链重复单元中含有酰胺基团的高聚物的总称，俗称尼龙（Nylon）。聚酰胺可以由内酰胺开环聚合制成，也可以由二元胺与二元酸缩聚制成。聚酰胺的缩写代号是 PA（Polyamide）。

聚酰胺耐低温性能、电气绝缘性能好，阻燃性好、有自熄性，易加工，力学性能优良，改性后可用于制造线圈绕线柱、高压断路器连接杆、各种接线柱及插座、继电器外壳等电网设备部件。

1.4.3.5 聚碳酸酯

聚碳酸酯是分子主链中含有碳酸酯的高分子化合物的总称。按照组成的不同，可以分为脂肪族、脂肪－芳香族或芳香族 3 个大类，目前应用最广泛的是芳香族双酚 A 型聚碳酸酯。聚碳酸酯的缩写代号是 PC（polycarbonate）。

纯聚碳酸酯透光率高（可达到 80%～90%）、阻燃性能及电气绝缘性能良好、耐化学性能稳定、力学性能较好，可用于制造非金属低压计量箱的透明观察窗，聚碳酸酯薄膜还可以用于制作电容器电容介质。

1.4.3.6 丙烯腈–丁二烯–苯乙烯共聚物

丙烯腈–丁乙烯–苯乙烯共聚物（ABS）类树脂是指由丙烯腈（A）、丁二烯（B）、苯乙烯（S）组成的三元共聚物及其改性树脂。丙烯腈–丁乙烯–苯乙烯塑料是以丙烯腈–丁乙烯–苯乙烯类树脂作为基料制成的塑料。丙烯腈–丁乙烯–苯乙烯塑料的缩写代号是 ABS （acrylonitrile butadiene styrene）。

ABS 塑料中不同结构单元具有不同性能。当丙烯腈（A）含量增加时，硬度、拉伸强度以及耐热等性能均有所提高，但高频绝缘性能会下降；当丁二烯（B）含量增加时，韧性、抗冲击性、耐磨性及伸长率均有所提高，但硬度、拉伸强度等性能会有所下降；当苯乙烯（S）含量增加时，透光率、着色性和绝缘等性能均会有所提高，硬度好，但材质会变脆。一般情况下，丙烯腈的含量介于 23%～41%，丁二烯的含量介于 10%～30%，苯乙烯的含量介于 29%～60%。

ABS 塑料可通过改性提高阻燃、耐热、耐候等性能，也可以与其他塑料共聚制成合金，例如 PC/ABS 合金、ABS/聚酯合金等。PC/ABS 合金具有良好的耐热、阻燃、力学及电气绝缘性能，目前已在电网设备中大量应用，可以用来制作开关、插头、插座、低压电能计量箱外壳等，如图 1-15 所示。

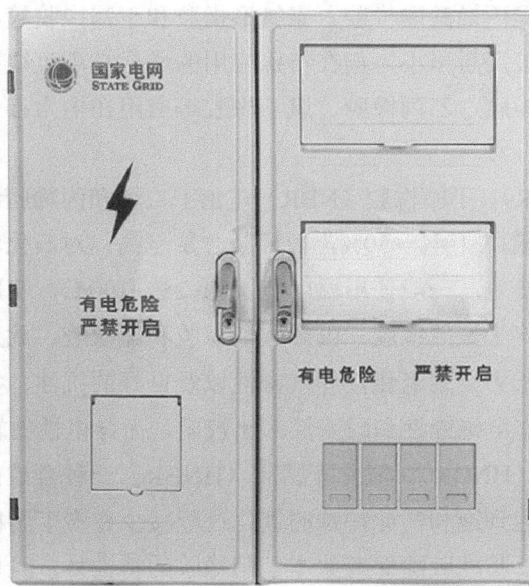

图 1-15　PC/ABS 合金低压电能计量箱

1.5　橡 胶 材 料

1.5.1　概述

由于电力行业特殊的工作运行环境，对橡胶制品的性能有更高的要求，在运行周期达到一定年限后，橡胶部件会逐渐出现变软发黏（变硬）、物理性能骤降和密封界面发生严重擦伤等不利情况，随着橡胶制品老化的加剧，最终导致大型电力设备损伤甚至无法正常运行。据统计，2020～2022 年，安徽省变压器、断路器和组合电器三大类设备的缺陷中，密封圈失效为主要责任原因的占 20%以上，已成为影响变电设备安全稳定运行的一根重要因素。密封失效轻则浪费油料、提高生产成本、无人机体和环境，重则让潮气和空气进入设备造成设备绝缘性能下降，酿成设备事故引起爆炸、失火甚至危害人类安全，因此橡胶材料在电力设备中的作用越来越受到重视。

1.5.2 橡胶的分类

合成橡胶一般可分为通用合成橡胶和特种合成橡胶两类。通用橡胶指部分或全部代替天然橡胶使用的胶种，如丁苯橡胶、顺丁橡胶、异戊橡胶等，主要用于制造轮胎和一般工业橡胶制品。通用橡胶的需求量大，是合成橡胶的主要品种。特种橡胶是指具有耐高温、耐油、耐臭氧、耐老化和高气密性等特点的橡胶，常用的有硅橡胶、氟橡胶、聚硫橡胶、氯醇橡胶、丁腈橡胶、聚丙烯酸酯橡胶、聚氨酯橡胶和丁基橡胶等，主要用于要求某种特性的特殊场合。特种橡胶用量虽小，但在特殊应用的场合是不可缺少的。其中丁腈橡胶、氟橡胶、硅橡胶、丁基橡胶、乙丙橡胶、氯丁橡胶等应用在电力行业的各类设备，支撑着电力设备的安全运行。

（1）丁腈橡胶（NBR）。丁腈橡胶（NBR）是由丁二烯和丙烯腈经乳液共聚而成的聚合物，丙烯腈（ACN）含量由 18%～50%，丙烯腈含量越高，对石化油品碳氢燃料油之抵抗性越好，但低温性能则变差，一般使用温度范围为−25～100℃，丁腈橡胶以其优异的耐油性而著称，其耐油性仅次于聚硫橡胶、丙烯酸酯橡胶和氟橡胶，此外丁腈橡胶还具有良好的耐磨性、压缩性、伸长力、耐老化性和气密性以及良好的抗油、抗水、抗溶剂及抗高压油的特性，但耐臭氧性、电绝缘性和耐寒性都比较差，而导电性比较好。

（2）氢化丁腈橡胶（HNBR）。氢化丁腈胶（HNBR）一种合成的聚合物，经由氢化反应使丁腈橡胶的碳氢链达到饱和，此特殊的氢化过程减少许多丁腈橡胶（NBR）聚合物主链上的双键，因此氢化丁腈橡胶除保有原本丁腈橡胶的特性外，且比丁腈橡胶具备更高度的耐热、耐臭、氧老化、耐热、耐化学的性质与机械特质。氢化丁腈橡胶像丁腈橡胶一样，丙烯腈（ACN）的含量增加，抗石油基油和燃油的效果就增强，但其低温性能则降低。丙烯腈的含量通常介于 18%～50%。氢化丁腈橡胶填补了丁腈橡胶和氟橡胶在许多领域应用上的不足。经氢化后其耐温性、耐候性比一般丁腈橡胶提高很多。一般使用温度范围为−25～150℃。其优点表现为优异的耐热、耐油性，超越丁腈橡胶五倍的耐燃油性及耐臭氧性，且其耐磨性佳。缺点和丁腈橡胶一样，氢化丁腈橡胶不耐极性溶剂。目前氢化丁腈橡胶已大量取代丁腈橡胶，使用于较高温度的环境。

（3）丁基橡胶（IIR）。丁基橡胶（IIR）为异丁烯与少量异戊二烯聚合而成，因甲基的立体障碍分子的运动比其他聚合物小，故气体透过性较少，对热、日光、臭氧之抵抗性大，电器绝缘性佳；对极性溶剂抵抗大，一般使用温度范围为−54～110℃。优点：对大部分一般气体具有不渗透性，对阳光及臭气具有良好的抵抗性，可暴露于动物或植物油或是可气化的化学物中。缺点：不建议与石油溶剂，胶煤油和芳氢同时使用。

（4）三元乙丙橡胶（EPDM）。乙丙胶 EPDM 由乙烯及丙烯共聚合而成，可大量充油和填充炭黑，制品价格较低。乙丙橡胶无法硫磺加硫，为解决此问题，在 EP 主链上导入少量有双链之第三成分而可加硫即成 EPDM，一般使用温度为−50～150℃。对极性溶剂如醇、酮等抵抗性极佳优点化学稳定性好，耐磨性、弹性、耐油性和丁苯橡胶接近，耐热性、耐老化性、耐臭氧性、电绝缘性能、耐高温蒸气，对气体具有良好的不渗透性均非常优秀，因此用途十分广泛。

（5）硅橡胶。硅橡胶是指主链由硅和氧原子交替构成，硅原子上通常连有两个有机基团的橡胶。普通的硅橡胶主要由含甲基和少量乙烯基的硅氧链节组成。苯基的引入可提高硅橡胶的耐高、低温性能，三氟丙基及氰基的引入则可提高硅橡胶的耐温及耐油性能。硅橡胶耐低温性能良好，一般在−55℃下仍能工作。引入苯基后，可达−73℃。硅橡胶的耐热性能也很突出，在 180℃下可长期工作，稍高于 200℃也能承受数周或更长时间仍有弹性，瞬时可耐 300℃以上的高温。硅橡胶的透气性好，氧气透过率在合成聚合物中是最高的。具有优异的耐气候性和耐臭氧性以及良好的绝缘性。缺点是强度低、抗撕裂性能差、耐磨性能也差。硅橡胶主要用于航空工业、电气工业、食品工业及医疗工业等方面。

硅橡胶分热硫化型（高温硫化硅胶 HTV）、室温硫化型（RTV），其中室温硫化型又分缩聚反应型和加成反应型。高温硅橡胶主要用于制造各种硅橡胶制品，而室温硅橡胶则主要是作为粘接剂、灌封材料或模具使用。

（6）氟橡胶。氟橡胶是特种合成弹性体，其主链或侧链的碳原子上含有电负性极强的氟原子，由于 C-F 键能大（485kJ/mol），且氟原子共价半径为 0.64Å，相当于 C-C 键长的一半。因此氟原子可以把 C-C 主链很好地隐藏起来，保证了 C-C 链的稳定性，使其具有其他橡胶不可比拟的优异性能，如耐油、耐化学药品特性、良好的物理机械性能和耐候性等，在所有合成橡胶中其综合性能较好，俗称"橡胶王"。主要用于制作耐高温、耐油、耐介质的橡胶制品，如各种密封件、隔膜、胶管、胶布等，也可以用作电线外皮，防腐衬里。在航天、航空、汽车、石油和电气线路护套等领域得到了广泛应用，是国防尖端工业中无法替代的关键材料。

各类橡胶优缺点及应用场合见表 1-2。

表 1-2　　　　　　　　　　　　　各类橡胶优缺点及应用场合

橡胶种类	优点	缺点	应用场合
丁腈橡胶	优异的耐油性，良好的耐磨性、压缩性、伸长力、耐老化性和气密性，良好的抗水、抗溶剂及抗高压油的特性、导电性	耐臭氧性、电绝缘性和耐寒性都比较差、不耐极性溶剂	用于石油系液压油、汽油、水、硅油等流体介质中使用的橡胶零件，特别是密封零件

续表

橡胶种类	优点	缺点	应用场合
氢化丁腈橡胶	优异的耐热、耐油性，超越丁腈橡胶五倍的耐燃油性及耐臭氧性，且其耐磨性佳	不耐极性溶剂	目前氢化丁腈橡胶已大量取代丁腈橡胶，使用于较高温度的环境
丁基橡胶	绝缘性佳、对极性溶剂抵抗大，对大部分一般气体具有不渗透性，对阳光及臭气具有良好的抵抗性，可暴露于动物或植物油或是可气化的化学物中	不耐石油溶剂、胶煤油和芳烃	用于汽车内胎、皮包等
三元乙丙橡胶	对极性溶剂如醇、酮等抵抗性极佳、化学稳定性好，耐磨性、弹性、耐油性和丁苯橡胶接近，耐热性、耐老化性、耐臭氧性、电绝缘性能、耐高温蒸气好，对气体具有良好的不渗透性均非常优秀	不建议食品用途、不建议暴露于芳香烃	应用十分广泛，如高温蒸汽箱密封件、散热器密封件
氟橡胶	具有其他橡胶不可比拟的优异性能，如耐油、耐化学药品特性、良好的物理机械性能和耐候性等，在所有合成橡胶中其综合性能较好，俗称"橡胶王"	价格较高	主要用于制作耐高温、耐油、耐介质的橡胶制品，如各种密封件、隔膜、胶管、胶布等，也可以用作电线外皮，防腐衬里
硅橡胶	具有优异的耐气候性和耐臭氧性以及良好的绝缘性。苯基硅橡胶的耐高、低温性能较好，三氟丙基及氰基硅橡胶的耐温及耐油性能较好	强度低，抗撕裂性能差，耐磨性能也差	航空工业、电气工业、食品工业及医疗工业等方面

1.5.3 橡胶在电力系统中的应用

橡胶在电力系统中存在广泛应用，主要应用于几个方面：

（1）密封。橡胶作为一类有机高分子化合物，具有较高的体积弹性和较低的形状弹性，以及优良的机械强度、化学稳定性和耐候性，是理想的密封材料（见图1-16）。根据应用环境及服役工况的不同，密封构件所用橡胶基体的类型也存在很大的差异。常用于密封材料的特种橡胶基体主要包括硅橡胶、丁腈橡胶、氯丁橡胶、氟橡胶、聚氨酯橡胶及三元乙丙橡胶等。根据密封介质、密封结构的不同，橡胶密封构件常以O形圈、垫圈、波纹管及密封胶桶等多种结构形式出现，这不仅体现橡胶密封材料在应用范围上的广泛性，也体现橡胶材料在密封领域存在的重要性。O形和矩形橡胶密封圈是最常用的密封形式被广

图1-16 密封圈

泛用于电网和电厂的各类油充气电气设备中，如高压开关密封、变压器油密封（隔膜、胶囊、法兰等）、电解电容器密封、机构箱密封和端子箱密封等电网设备，以及电厂的液压系统、旋转系统、燃油系统等设备。

丁腈橡胶是机械油封中重要的密封材料，广泛应用于液体油料及油蒸汽的动、静密封。工业中常用的丁腈橡胶是由丙烯腈与丁二烯共聚合而成的二元共聚物。工业应用中，通常根据丁腈橡胶基体结合丙烯腈量的差异可将其分为极高腈 NBR、高腈 NBR、中高腈 NBR、中腈 NBR 及低腈 NBR，主要应用于耐油制品，例如油封及 O 形橡胶密封圈等各种密封制品。适用于石油液压油、水、硅油、汽油、润滑油、甘醇液压油等，作为密封件的主要原料而广泛应用于电力行业。目前，高压电力变压器中的多数连接密封件均为 NBR 制品。由于 NBR 的分子链中含有不饱和碳—碳双键，在服役过程中有发生溶胀现象和氧化反应的可能，影响其力学性能导致密封性能下降，引发气体、液体介质的渗漏等问题，严重影响设备安全运行。

氟橡胶具有良好的物理机械性能及高度的化学稳定性，能在 200℃之下长期使用，250℃之下短期使用，优良的耐介质性能，对有机溶剂、无机酸、氧化剂作用的稳定性优良，尤其耐酸性优异；有极好的耐气候、耐臭氧性能，在大气暴露数年后，物理机械性能变化甚微，对微生物的作用也较稳定。如 1 号氟橡胶主要用于耐热、耐油、耐酸的橡胶制品。是电力系统耐变压器油密封件的良好材料。

除了氟橡胶、丁腈橡胶外，其他橡胶基体依据自身特性在电力系统中也具有广泛的应用价值，如三元乙丙橡胶对臭氧老化、高温蒸汽、酸碱腐蚀及自然老化等条件都具有良好的耐受性，多用于电力设备非耐油的密封垫／圈；氯丁橡胶以其优良的气密性及耐腐蚀特性而广泛应用于真空密封结构；聚氨酯橡胶耐油、耐磨及耐溶胀性能良好，是液压系统密封材料的重要选择。

（2）绝缘。因为绝缘橡胶制品具有高弹性和不容易导电性，使其越来越多地替代传统的陶瓷、玻璃、木材、纯水等绝缘材料，被广泛应用于磁电场、电器、电路有关场合的电绝缘防护。

目前，在典型电缆方面，乙丙橡胶正在代替传统的 NR、IIR、CR 等橡胶，不断地扩大在电线电缆方面的应用。其中主要应用于低、中、高电线电缆绝缘层，还应用于变压器零件、绝缘垫、电器及电能表零件等。同时，在用于超高压引线、接线方面是其他橡胶不能代替的。另外，高压输电线路易于发生电晕放电现象，产生臭氧、氮的氧化物等有害物质。臭氧是橡胶龟裂的主要因素，要求阻尼橡胶有很好的耐臭氧老化性能。因此常用的阻尼橡胶件原材料主要为三元乙丙橡胶（EPDM）和丁基橡胶并用胶，其硫化胶具有良好的阻尼性能、物理性能和耐臭氧老化性能。

在电力领域丁基橡胶常用作防护服装和防护用品。尽管许多塑料材料都具有良好的隔离防护性能，但只有弹性材料才可能兼顾低渗透性和舒适性服装所必需的柔韧性。由于丁基橡胶对液体和气体的低渗透性，因此被广泛地用于防护服、保护罩、防毒面具、手套、橡胶套鞋和长筒靴。3M、陶氏等世界500强外资企业在阻尼减振降噪有所突破，开发出新型降噪、阻燃约束阻尼结构的丁基橡胶材料，在20℃和300～500Hz具有良好的降噪性能，适用于电力变压器的新型降噪阻尼片，并通过变压器箱体贴片技术在变压器声源处降噪，从而实现变电站作业区噪声的降低。

硅橡胶在电缆附件领域的应用，电缆线路中的各种终端头、中间连接头统称为电缆附件。电缆附件是连接电缆与设备以实现电能传输的必需装置。硅橡胶在电缆附件中的应用发展经历了热收缩型、预制型和冷缩型3个阶段。目前市售的硅橡胶电缆附件基本都是冷缩型的。10～35kV 线网的可分离屏蔽式电缆附件用硅橡胶（见图 1-17），不仅具有较高的绝缘电阻，且在−50～180℃下连续使用 20 年以上不丧失弹性，还具有良好的导热性、憎水性和优异的力学性能。热老化特性是超高压电缆附件用硅橡胶运行可靠性的重要影响因素。

图 1-17　可分离屏蔽式电缆附件

目前，输变电设备的外绝缘材料主要有陶瓷、三元乙丙橡胶、环氧树脂和硅橡胶等。由于硅橡胶在抗裂化、憎水性、防污性、耐漏电起痕和耐电蚀损性等方面具有突出优点，已逐渐取代其他材料，成为复合绝缘子制备的首选绝缘材料。最新研究发现，添加少量硅氧烷低聚物可赋予复合绝缘子用硅橡胶稳定而持久的憎水迁移性，当配搭不同聚合度的硅氧烷低聚物使用时，硅橡胶除具有较好的憎水迁移性外，憎水持久性和耐老化能力也大大提高，样品在老化 2500h 和 5000h 后的憎水性迁移性基本未发生明显变化。

（3）防污闪。环境污染加重使输变电线路的绝缘性下降，易引发污闪事故，带来严重损失。当前防止污闪的措施之一是涂覆 RTV 硅橡胶涂料。然而，RTV 硅橡胶涂料在使用过程中长期遭受风吹、日晒、雨淋、放电烧蚀等侵蚀，会出现龟裂、剥落、电蚀损、憎水性能下降等现象，到一定程度后会因失效而引发污闪。为进一步提高 RTV 硅橡胶涂料的性能，人们对防污闪涂料用硅橡胶的性能及影响因素进行了大量研究。研究发现二氧化硅含量越高的硅橡胶热导率越大，耐电痕和耐电弧烧蚀性越强；通过在配方中加入纳米级气相法白炭黑和无机物、有机物并用的复合阻燃剂，可显著提高涂料的憎水性、耐油性、阻燃性及自洁性。氟原子的加入，使涂料具有较低的表面能冰在其表面附着力小，可在自然力作用下脱落，起到防覆冰的作用。

（4）减震降噪。电气设备的功率越来越大，振动和噪声的危害随之越来越突出。振动和噪声不仅影响产品质量和操作精度，缩短产品寿命，危及安全性，而且污染环境。橡胶作为高分子材料，具有良好的弹性和阻尼特性，可有效地隔离振动和振动源并缓和振动体的振动，是电力系统中应用最广泛的减震材料。

第2章

非金属材料常用无损检测技术

2.1　目视检测技术

目视检测是观察、分析和评价被检工件状况的一种无损检测方法，它是指使用人的眼睛或采用某种辅助工具对被检工件进行检测，适用于检测工件表面裂纹、气孔、鼓包、变形、重皮、腐蚀等缺陷。

2.1.1　目视检测技术分类

目视检测主要用于观察材料、零件、部件、设备和焊接接头等的表面状态、配合面的对准、变形或泄露迹象等，此外目视检测还可以用于确定复合材料表面下的状态。当前主要分为以下两大类：

（1）直接目视检测。直接目视检测是在检测人员的眼睛与检测区之间有连续不间断的光路，可以不借助任何设备，也可以借助镜子、透镜、内窥镜或光导纤维进行检测。

1）直接目视检测通常用于局部检测。当眼睛距离被检工件表面 600mm 以内，并且眼睛与被检工件表面不小于 30°视角时适用于直接目视检测。可以使用镜子改善视角，还可以借助放大镜、内窥镜、光导纤维等设备协助检测。

2）直接目视检测也可用在大于 600mm 距离的一般目视检测中。

3）接受检测的特定工件、部件、容器或其区域，若需要，应使用辅助照明设备进行照明。一般目视检测最低光照度应达到 160lx，局部目视检测最低光照度应达到 500lx。

4）为使检测效力最大化，应考虑以下照明要求：①使用相对于观察点的最佳光线方向；②避免炫目的光；③优化光源的色温度；④使用与表面光反射性相适应的照度级。

（2）间接目视检测。间接目视检测是在检测人员的眼睛与检测区之间有不连续的、间断的光路，包括使用摄影术、视频系统、自动系统或机器人进行的检测。

1）无法使用直接目视检测时，可使用间接目视检测。间接目视检测使用视觉辅助设备，如内窥镜和光导纤维连接到照相机或其他合适的仪器。

2）间接目视检测系统是否适合完成指定的任务应经过验证。

2.1.2 目视检测优缺点

2.1.2.1 优点

（1）有较高的裂纹检出率。目视检测是指对各种物品检测时采用肉眼观察或光学仪器观察的方式，这种方式能够减少检测物品的准备时间，而且还能够省略一部分检测工序，从而保证检测过程的方便快捷。

（2）能够应用到小空间。采用一般表面缺陷的检测方法如磁粉或渗透的方式对较小型容器或者集装箱等物品内表面进行检测，很容易出现检测失误，并对物品造成一定的损失。为了解决这些问题，一般情况下都是应用目视检测技术，借助内窥镜或者反光镜等仪器。现如今，人们越来越重视电网设备的安全性，所以为了提高电网设备安全性，目视检测技术越来越被应用到各种小空间的设备检验工作中。

（3）操作快捷方便。利用目视检测技术只需要相关工作人员通过肉眼进行观察即可，并且对物品进行检查时根本不会受到位置的限制，可以进行全面检查。在检查完成后，还可以迅速得出检测结果，而且一般情况下不需要特殊仪器的辅助，所以这样的检测方式不但简单、高效，而且还能为企业节省很多的资金成本。

2.1.2.2 缺点

（1）表面处理要求高。被检物体表面有时候会被污染物所掩藏或覆盖，造成不可避免的干扰，导致在检测过程中不能及时准确地发现缺陷，因此需要对物体表面进行适当的处理，比如说清洗、打磨等，以达到检测要求。但注意不能盲目或过度处理，某些缺陷部位有水渍或者其他溢出物，是所需辨别缺陷的信息，不能盲目去除；对于材质较软的，过大力度的打磨很可能会使开口的缺陷被封口，以造成漏检。

（2）检测人员通常缺乏系统的培训。通常人们认为目视检测很简单，凭眼睛看有就是有，没有就是没有，其实不然，并不是只要视力好、观察环境好就能发现缺陷。目视检测只有通过专业的目视检测培训，才能准确把握检测方法和检测要求，才能熟练掌握宏观缺陷的信息特征，才能对摄入眼睛的缺陷加以捕捉和辨认。

2.1.3 电网检测的应用情况

变压器是变电站中最为核心的部件设备，起到将不同电压等级间对电能进行转换的作用。当前在对变压器进行检修过程中，应用较多的目视检测技术为内窥镜检查，主要应用在以下几种场景中：

（1）油箱部件的检查和清理。变压器的油箱内部是不允许出现任何异物，否则在变压器运行过程中异物会随着油流移动，阻塞相应管道，引发变压器喷油或重瓦斯保护动作。另外导体异物还会破坏绕组绝缘引发匝间短路甚至变压器爆炸。往常对油箱中异物的检查与清理只能在变压器油排空的情况下进行，对变压器吊罩、吊芯或检修工作人员从变压器手孔中进入进行检查，费时费力。采用工业内窥镜对变压器油箱进行检查只需将油排至顶盖手孔下方即可。将油位排至手孔下方后，工业内窥镜由手孔中伸入主变压器内部，可以检查油箱中有无异物，配合磁铁等工具对异物进行清理；同时也可以检查绕组绝缘等情况。

（2）变压器绕组的检查。检查变压器绕组时可以在现场将内窥镜探头伸入变压器绕组之间或绕组与铁芯之间进行观察拍照，可以检查出变压器绕组是否有变形，绕组变形的形状、严重程度和具体部位；也可以检查绕组的绝缘有无破损、老化等情况。

（3）固定式开关柜柜内结构的检查。由于固定式开关柜手车无法方便移出，对柜内接头、接地开关、拉杆等结构的检查十分困难，采用工业内窥镜后困难迎刃而解。工业内窥镜也可以从母线桥散热孔中检查母线外观情况，同时对穿墙套管内的母线外观检查可以在地面进行，减少了攀爬到母线桥上的高空作业风险。

2.1.4 检测基本原理

目视检测的物理基本原理是：光线引起的视觉刺激，在检测过程中往往会根据缺陷的一些特征来进行识别，当不连续缺陷与周边形成对比时，缺陷将会变得十分明显，如反射率的不同、颜色差异或变色等。

2.1.5 检测设备的组成

2.1.5.1 直接目视检测设备组成

直接目视检测设备器材主要有照明光源、反光镜和低倍放大镜。

（1）照明光源。直接目视检测的区域应有足够的照明条件，被检测表面至少需要 500 lx 光照强度，对于必须仔细观察或发现异常情况并需要做进一步观察和检测的区域，则至少要有 1000 lx 的光照强度。光源可以是自然光源（日光），也可以是人工光源。不同的光源其光谱能量的分布是不同的，在选择光源时必须考虑检测的要求，采用类似日光的光源或黄绿色是合适的，如为了使彩色还原良好应采用光色丰富的日光，如强光白炽灯。

其中最佳照明等级主要取决于如下因素：

1）工件、眼睛和光源的相对位置，例如被检表面是否容易接近。

2）表面的特性和光反射性。

3）照明方向，即直射或斜射。

4）光学系统的聚光能力和光损失。

工件的相对位置理想状态是：被检表面或物体可以在光下倾斜，以便能从不同角度、在不同照明强度下进行检测。相反，若工件本身不可移动，眼睛和光源需要变换位置。

照明方向正如光照度，照明方向应受光反射性和检测目的支配。照明应扩展至视场外围，光照度从中心到外围区域的变化不应超过 3:1。

（2）低倍放大镜。低倍放大镜主要用于克服人眼极限条件，使人眼看清工件各部分的细节。

其类型主要有以下几种：

1）所有类型放大镜的透镜框架或支架上均装有一个照明器。支架可以是一个定距件、三脚架、支柱或其他支撑物。

2）"读数放大镜"型放大镜，A型，通常应为手持式。A型和B型可以是手持袖珍式放大镜。

3）双系统放大镜，C.1型，通常装在一个支架上，但当被检表面难以接近时，也可以从支架上卸下来使用。C.2型是装在支架上的。

4）C.1型和D型可用于双目观察，可扩大视场和焦深。D型的使用仅限于小物体。

低倍放大镜的放大率以线性放大率（μ）来表示。若合适，A型和B型放大镜应在透镜框架上具有永久额定放大率。线性放大率是所观测物体的线性尺寸的表观尺寸的增加，由下式表示：

$$\mu = \frac{v}{u} = 1 + \frac{D}{f}$$

式中　v——图像到透镜的距离，mm；

　　　u——物体到透镜的距离，mm；

　　　D——标准或矫正的清晰图像的距离，mm；

　　　f——透镜的焦距，mm。

2.1.5.2　间接目视检测设备组成

间接目视检测的设备器材主要有照明光源、反光镜、望远镜、内窥镜、光导纤维、照相机、视频系统、自动系统、机器人以及其他适合的目视辅助器材。

以在电网中应用较多的内窥镜为例，工业内窥镜可用于高温、有毒、核辐射及人眼无法直接观察到的场所的检查和观察，主要用于汽车、航空发动机、管道、机械零件等，可在不需拆卸或破坏组装及设备停止运行的情况下实现无损检测，广泛应用于航空、汽车、船舶、电气、化学、电力、煤气、原子能、土木建筑等现代核心工业的各个部门。工业内窥镜还可与照相机、摄像机或电子计算机耦接，组成照相、摄像和图像处理系统，从而进行视场目标的监视、记录、储存和图像分析。其适用范围如下：

（1）焊缝表面缺陷检查焊缝表面裂纹、未焊透及焊漏等焊接质量。

（2）内腔检查。检查表面裂纹、起皮、拉线、划痕、凹坑、凸起、斑点、腐蚀等缺陷。

（3）状态检查。当某些产品（如涡轮泵、发动机等）工作后，按技术要求规定的项目进行内窥检测。

（4）装配检查。当有要求和需要时，使用三维工业视频内窥镜对装配质量进行检查；装配或某一工序完成后，检查各零部件装配位置是否符合图样或技术条件的要求，是否存在装配缺陷。

（5）多余物检查。检查产品内腔残余内屑、外来物等多余物。

工业内窥镜由于它的特殊设计，可以不破坏被检测物体的表面，即可简便、准确地观察物体内部表面结构或工作状态。当前主流的有以下几种：

（1）直杆内窥镜。直杆内窥镜（见图 2-1）利用一组自聚焦体型透镜来传送图像，利用光导纤维来实现光源的传送，在自聚焦棒喇透镜的两端增加一个物镜和一个目镜，可通过目镜直接观察，外层为不锈钢管。

直杆内窥镜用于工件表面与观察者之间有直通道的场合，直接对正（不需要拐弯）插入深度较浅的位置，例如狭窄直径的孔洞及笔直的管道内部，不需要拐弯的铸模件小孔，液压装置及喷嘴内部，飞机发动机叶片，枪管、炮管等。在目镜上接上摄像头，就可在监视器上显示图像。

（2）柔性光纤内窥镜。柔性光纤内窥镜（见图 2-2）由物镜部、弯曲部、柔软部以及操作部和目镜光束、导像束和用以操纵头部角度的钢丝等均装在镜筒中，其工作原理如图 2-3 所示。

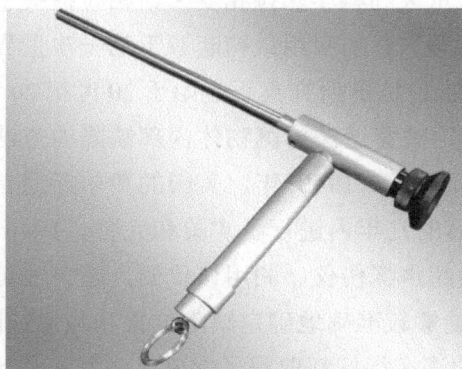

图 2-1　直杆内窥镜　　　　图 2-2　柔性光纤内窥镜

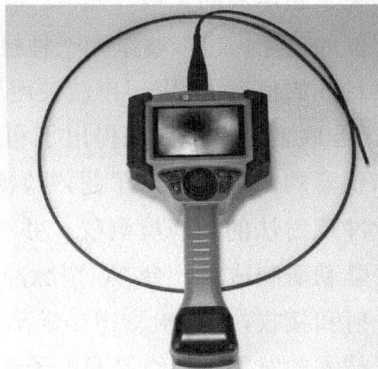

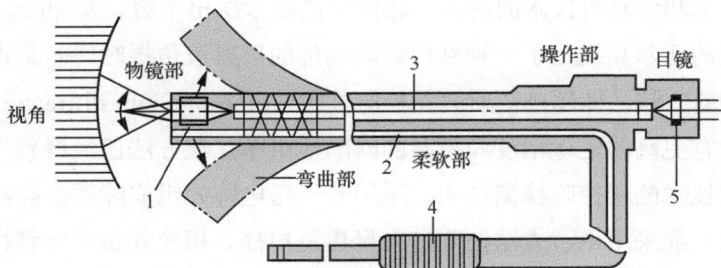

图 2-3　柔性光纤内窥镜工作原理

1—物镜；2—导光束；3—导像束；4—光导管连接器；5—目镜镜片

常用柔性光纤内窥镜的型号及性能参数见表 2-1。

表 2-1 　　　　　　　　　　常用柔性光纤内窥镜的型号及性能参数

型号	导向方向	插入管	视向	工作长度（m）	视野
F2D	2 方向	PVC	0°	0.5/1.0/1.5/2.0	60°
F3D	2 方向	不锈钢	0°	0.5/1.0/1.2	60°
F4D	2 方向	不锈钢	0°/90°	1.0/1.5	60°
F5D	2 方向	不锈钢	0°/90°	1.0/1.5/1.8	60°

2.2　超声波检测技术

2.2.1　发展历程

利用声音来测定固体结构的完整性可以追溯到人类用陶瓷和金属制造物体的年代。在现实生活中，也有很多种利用声响来检测物体好坏的例子，例如通过手拍西瓜来挑选西瓜的"隔皮猜瓜"法；敲瓷碗，看是否裂了等。

最早关于超声波的记载，是 18 世纪末意大利科学家拉扎罗·斯帕拉捷关于蝙蝠用声音来定位的论述。超声波作为一种检测手段，它的应用最初起源于第一次世界大战期间对水下目标的侦察。利用超声波被用于无损检测的研究真正起始于 20 世纪 20 年代末，1929 年，苏联索科洛夫首先提出了利用超声波穿透法检测物体内部缺陷的方法。脉冲反射法和仪器的出现，翻开了超声检测的新篇章。1940 年，美国的费尔斯通首次介绍了基于脉冲反射法的超声检测仪，并在其后的几年内进行了实验和完善。1946 年，英国的斯普隆勒研制成第一台 A 型脉冲反射超声探伤仪。利用该仪器，超声波可从物体的一面发射和接收，能够检测出小缺陷，并能够较准确地确定缺陷位置和测量缺陷尺寸。随着电子技术的发展，制约仪器电子性能的许多指标都取得了突破性进展。从此，脉冲反射技术开始获得大量的工业应用，直到目前仍是通用性好、使用广泛的检测方法之一。

随着电子技术和计算机技术的进步，超声检测技术层出不穷。20 世纪 70 年代末，英国哈韦尔试验室的西尔克提出了一种利用缺陷端部的衍射波传播时间差来进行缺陷检测与定量的无损检测新方法，即超声衍射时差检测技术（time of flight diffraction，TOFD），相对脉冲反射技术有更高的定量精度和更高的缺陷检出率，该方法已经得到广泛的应用。起源于相控阵雷达技术的相控阵检测技术，采用若干压电阵元组成阵列换能器，实现声束的相控发射与接收，能采用电子方法控阵声束聚焦及扫描。相控阵超声检测技术的研究在最近几年已经成为热点，并逐步走向应用。另外一种得到广泛应用的无损检测方法是超声导波技术。相对于常规超声检测，由于导波的独特性质，导波技术可以实现以点扫描代替线扫描，检测效率大大提高。还有一些新技术，如电磁超声检测、超声三维成像等，也已经开始显示出强大的生命力。

展望未来，随着超声检测技术日新月异，无损检测（nondestructive testing，NDT）也将过渡到无损评价（nondestructive evaluation，NDE）阶段。前一个阶段仅仅指的是检测出设备的缺陷，当发现缺陷后，按照安全设计理念，该设备将被停止服役，而不管该缺陷在服役过程中是否发生变化。发展到 NDE 阶段后，检测缺陷已经满足不了要求。NDE 指的是获得缺陷的准确定量尺寸，使用断裂力学的方法，对设备剩余寿命进行综合评价，当确认缺陷不会扩展到导致系统崩溃的临界值，设备可继续服役。

2.2.2　检测方法及优缺点

超声波检测（ultrasonic test）一般是指使超声波与被检测工件相互作用，就反射、透射和散射的波进行研究，对工件进行宏观缺陷检测、几何特性测量、组织结构和力学性能变化的检测和表征，并进而对其特定应用性进行评价的技术。

超声检测的优点和局限性见表 2-2。

表 2-2　　　　　　　　　　　　　　　超声检测的优点和局限性

优点	局限性
适用于金属、非金属和复合材料等多种制件的无损检测	对工件中的缺陷进行精确的定性、定量仍需做深入研究
穿透能力强，可对较大厚度范围内的工件内部缺陷进行检测	对具有复杂形状或不规则外形的工件进行超声检测有困难
缺陷定位较准确	缺陷的位置、取向和形状对检测结果有一定影响
对面积型缺陷的检出率较高	工件材质、晶粒度等对检测有较大影响
灵敏度高，可检测工件内部尺寸很小的缺陷	常用的手工 A 型脉冲反射法检测时结果显示不直观，检测结果无直接见证记录
检测成本低、速度快、设备轻便、对人体及环境无害，现场使用较方便等	

2.2.3　电网检测的应用情况

超声检测作为一种无损检测方法，其适用范围非常广，不仅可以应用于金属材料的检测，还可以适用于非金属材料和复合材料等多种制件的无损检测。在制造工艺方面，超声检测可以应用于锻件、铸件、焊接件、胶结件等多种工艺制件的检测。从检测对象的形状来说，超声检测可以应用于板材、棒材等多种形状的制件。从制件的尺寸来看，超声检测可以检测的制件厚度范围非常广，厚度可以小至 1mm，也可以大至几米。对于缺陷的检测，超声检测既可以检测表面缺陷，也可以检测内部缺陷。超声检测的这些优点使得其可以在许多领域得到广泛应用。

在电网设备领域，超声检测也是常用的无损检测手段，可以应用于 GIS 设备焊缝、钢管塔连接焊缝、变压器油箱连接焊缝、接地网扁钢等设备的超声检测。除此之外，还可以通过超声检测进行电网设备厚度测量。针对电网设备的特点，超声检测可以在停电状态下进行检测，也可以适用于可接触设备的带电检测。对于电网设备而言，超声检测在检测焊接部位时尤为重要。焊接是电网设备中常用的连接方式之一，在使用过程中，焊接部位容易出现缺陷，如气孔、夹杂、裂纹等，这些缺陷对电网设备的使用寿命和运行安全性都有着不可忽视的影响。

在电网设备中，超声检测可以应用于各种设备的检测。例如，在 GIS 设备中，超声检测可以用于检测 GIS 设备的焊缝。GIS 设备作为电网设备中的一种高压开关设备，其安全性与稳定性对电网的正常运行至关重要。在 GIS 设备的制造过程中，焊接是一项重要的工艺，而焊接部位容易出现问题。超声检测可检测焊缝内部是否存在缺陷，以确保 GIS 设备的正常运行。

另外，超声检测也可以应用于电网设备中的非金属设备的检测。例如，对于支柱瓷绝缘子、复合绝缘子、盆式绝缘子等设备，超声检测可以用于检测其内部是否存在缺陷。

总的来说，超声检测可以作为一种非常重要的无损检测手段，应用于电网设备中的各种设备的检测。其广泛的适用范围和高精度的检测结果，使其成为电网设备维护和保养中不可或缺的一部分。但需要注意的是，超声检测对操作人员的技术要求较高，需要经过专业的培训和实践，才能确保检测结果的准确性和可靠性。

2.2.4 检测基本原理

其工作原理如下：

（1）声源产生超声波，采用一定的方式使超声波进入工件。

（2）超声波在工件中传播，并与工件材料以及其中的缺陷相互作用，使其传播方向或特征被改变。

（3）检测设备接收改变后的超声波，并对其进行处理和分析。

（4）根据接收的超声波的特征，评估工件本身及其内部是否存在缺陷及缺陷的特性。

以脉冲反射法为例，如图 2-4 所示，声源产生的脉冲超声波进入工件，在工件中以一定方向和速度向前传播，在遇到两侧声阻抗有差异的界面时，部分声波发生反射，并被检测设备接收和显示，通过分析声波幅度和位置等信息，评估工件有无缺陷及缺陷大小、位置等。两侧声阻抗有差异的界面可能是材料中某种缺陷（不连续），如裂纹、气孔、夹渣等，也可能是工件的外表面。声波反射的程度取决于界面两侧声阻抗差异的大小、入射角以及界面的面积等。通过测量入射声波和接收声波之间声传播的时间，可以得知反射点距入射点的距离。通常用来发现缺陷和对其进行评估的信息如下：

（1）是否存在来自缺陷的超声波信号及其幅度。

（2）入射声波与接收声波之间的传播时间。

（3）超声波通过材料以后能量的衰减。

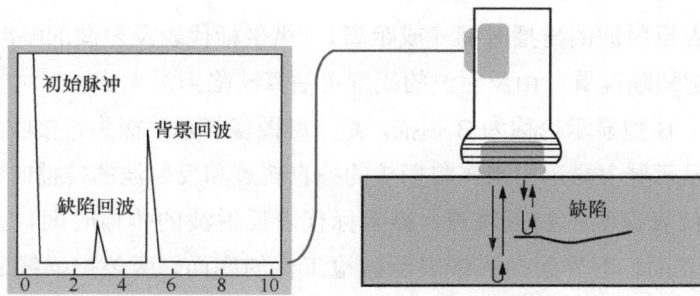

图 2-4　超声波检测原理图

2.2.5　检测设备组成

超声检测设备与器材包括超声检测仪、探头、试块、耦合剂等。其中，超声检测仪和探头是超声检测系统的关键部分。

2.2.5.1　超声检测仪

1. 仪器概述

超声检测仪是超声检测的主体设备，通过产生高频电压并施加于探头上，激励探头压电晶片振动产生超声波，同时接收来自探头的电信号，将其放大后通过一定方式显示出来，从而获得被检测工件内部有无缺陷及缺陷位置和大小等信息。

2. 仪器分类

（1）按工作原理分类。

1）脉冲反射式超声检测仪。通过探头向工件周期性地发射一持续时间很短的电脉冲，激励探头发射脉冲超声波，并接收从工件中反射回来的脉冲波信号，通过检测信号的返回时间和幅度判断是否存在缺陷和缺陷大小等情况。目前还出现了采用一发一收双探头方式，接收从工件中衍射回来的脉冲波信号，通过检测信号的返回时间来判断是否存在缺陷和缺陷大小等情况，称为衍射时差法超声检测仪。脉冲波检测仪的信号显示方式可分为 A 型显示和超声成像显示，其中超声成像显示又可分为 B、C、D、S、P 型显示等类。其中 A 型脉冲反射式超声检测仪是使用范围最广、最基本的类型。

2）调频超声波检测仪。通过探头向工件中发射频率周期性连续变化的超声波，根据发射波与反射波的差频变化情况判断工件中有无缺陷。

3）穿透式检测仪。发射频率不变（或在小范围内周期性变化）的超声连续波，根据透过工件的超声波强度变化判断工件中有无缺陷及缺陷大小。这种仪器灵敏度低，且不能确定缺陷深度位置，需从两侧接近工件，目前已很少使用。

（2）按信号显示方式分类。

1）A 型显示。A 型显示也称 A 扫描，是一种波形显示。探头将接收到的反射波信号以波形形式在显示屏上显示出来，反射波幅度和传播时间以直角坐标形式显示，检测仪显示屏的横坐标代表反射波的传播时间（或距离），纵坐标代表反射波的幅度（%），由反射波的位置可以确定缺陷位置，由反射波的幅度可估算缺陷当量大小。

2）B 型显示。B 型显示也称为 B 扫描，是一种图像显示。探头将接收到的反射波信号以不同辉度值在显示屏上显示出来，将探头的扫查轨迹和反射波的传播时间以直角坐标形式显示，横坐标代表探头的扫查轨迹，纵坐标代表反射波的传播时间，上界面扫描线表示被检工件的上表面，下界面扫描线表示被检工件的底面，两条扫描线之间辉度值变化处表示被检工件中的缺陷，因而可直观地显示出被检工件任一纵截面上缺陷分布及缺陷的深度。

3）C 型显示。C 型显示也是一种图像显示。显示屏横坐标和纵坐标对应的是探头在工件表面的位置。探头接收信号幅度以光点辉度表示，因而当探头在工件表面移动时，显示屏上便显示出工件内部缺陷的平面图像，但不能显示缺陷的深度。

A 型显示、B 型显示和 C 型显示如图 2-5 所示。

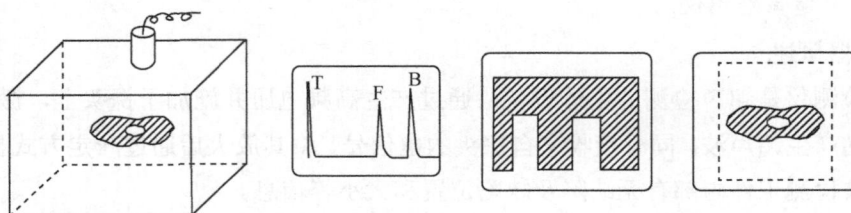

图 2-5　超声检测的 A 型显示、B 型显示和 C 型显示

（3）按检测仪器通道分类。

1）单通道检测仪。这种仪器由一个或一对探头单独工作，是超声检测中应用最广泛的仪器。

2）多通道检测仪。这种仪器由多个或多对探头交替工作，每一通道相当于一台单通道检测仪，适用于自动化检测。

（4）按采用的信号处理技术分类。

1）模拟式超声检测仪。接收来自探头的电信号经接收放大器放大处理后，在示波管的示波屏上以波形显示。

2）数字式超声检测仪。接收来自探头的电信号经接收放大器放大处理后，经模—数转换（A/D 转换）成数字化信号，经微处理器数据处理后在显示屏上以电子图像显示。

2.2.5.2　探头

1. 探头概述

能够实现高频振动形式声能与电能互换的这类元件称为超声波换能器，以换能器为主要元件组装成具有一定特性的超声波发射、接收器件，常称为探头。超声波探头是组成超声检测系统的重要的组件之一。探头的性能直接影响超声检测能力和效果。当前超声检测中采用的超声换能器主要有压电换能器、磁致伸缩换能器、电磁声换能器和激光超声换能器。其中最常用的是压电换能器探头，其关键部件是压电晶片，是一个具有压电特性的单晶或多晶体薄片，其作用是将电能转换为声能，并将声能转换为电能。

2. 探头分类

探头分为直探头和斜探头。直探头一般由压电晶片、阻尼块、接头、电极引线、保护膜和外壳组成，斜探头还有楔块，基本结构如图 2-6 所示。

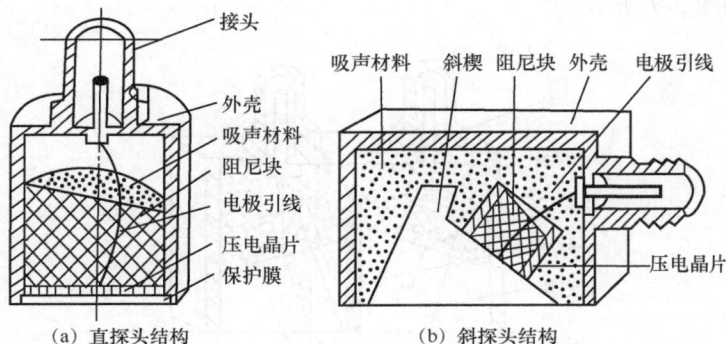

(a) 直探头结构　　　　(b) 斜探头结构

图 2-6　探头基本结构

除了上述分类以外，探头根据波型不同可分为纵波探头、横波探头、表面波探头、板波探头等；根据耦合方式分为接触式探头和液（水）浸探头；根据波束分为聚焦探头和非聚焦探头；根据晶片数不同分为单品探头、双晶探头等。此外，还有高温探头、微型探头等特殊用途探头等。

3. 常用探头

（1）接触式纵波直探头。用于直接接触工件表面方式进行垂直入射纵波检测的探头，简称纵波直探头。用于发射垂直于探头表面传播的纵波，工作中用于检测与检测面平行或近似平行的缺陷，大多用于板材、锻件的检测，其主要参数是频率和晶片尺寸。

（2）接触式斜探头。声束入射角不是 0° 的探头称为斜探头，分为纵波斜探头、横波斜探头、表面波探头、兰姆波探头及可变角探头等。

纵波斜探头是入射角小于第一临界角的探头，目的是利用小角度的纵波进行检测，或在横波衰减过大的情况下，利用纵波穿透能力强的特点进行纵波斜入射检测。使用时需注意工件中同时存在的横波干扰。

横波斜探头的晶片发射纵波、进入工件通过波型转换为横波，是入射角在第一临界角与第二临界角之间且折射波为纯横波的探头。用于检测与检测面垂直或呈一定角度的缺陷，广泛用于焊接接头、管材、锻件的检测。

表面波（瑞利波）探头入射角需在产生瑞利波的临界角附近，通常比第二临界角略大表面波探头用于对表面或近表面缺陷进行检测。

兰姆波探头的角度根据板厚、频率和所选定的兰姆波栈式而定，用于薄板中缺陷的检测。

可变角探头的入射角是可变的，转动压电晶片可使入射角连续变化，可实现纵波、横波、表面波或兰姆波检测，主要参数是频率、晶片尺寸、折射角。

（3）双晶探头（分割探头）。双晶探头有两块压电晶片，一块用于发射超声波，另一块用于接收超声波，中间夹有隔声层。根据入射角不同，分为双晶纵波探头和双晶横波探头。双晶探头结构如图2-7所示。

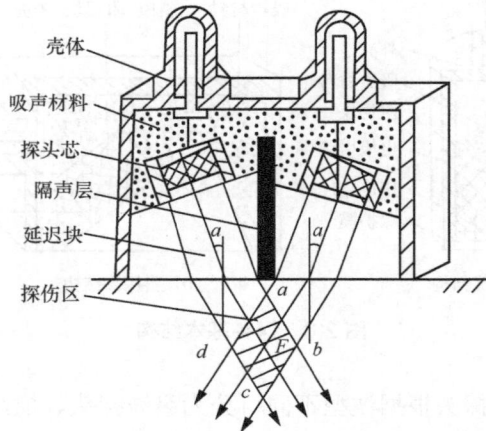

图2-7　双晶探头结构

双晶探头主要用于检测近表面缺陷，其主要参数是频率、晶片尺寸和声束汇聚区中心深度。

（4）聚焦探头。聚焦探头能把发出的超声波声束会聚成一细束。在焦点处声能集中，提高了检测灵敏度和分辨力，很好地改善了声束指向性，还能降低干扰信号，提高信噪比。

聚焦探头种类较多。根据焦点形状不同分为点聚焦和线聚焦。根据耦合情况不同分为水浸聚焦与接触聚焦。水浸聚焦以水为耦合介质，探头不与工件直接接触。接触聚焦是探头通过薄层耦合介质与工件接触。

根据聚焦方式不同分为透镜式聚焦和曲面晶片式聚焦。

1）透镜式聚焦，是在平面压电晶片前加聚焦透镜，利用几何声学和折射原理，使经过声透镜后的超声波声束汇聚而达到聚焦目的。根据声透镜的曲面形状，可以实现线聚焦或点聚焦，多用于水浸聚焦探头。

2）曲面晶片式聚焦，是直接将晶片加工成凹面形，发射的超声波直接聚焦如将晶片加工成凹球面，可以实现点聚焦，如将晶片加工成凹柱面，可以实现线聚焦，多用于接触聚焦探头。

接触聚焦探头主要参数是频率、晶片尺寸和焦距。

（5）水浸探头。水浸探头相当于可在水中使用的纵波直探头，用于水浸法检测，主要参数是频率、晶片尺寸。

（6）高温探头。常规探头只能用于检测常温下的工件，如果需要对高温工件进行检测，必须采用高温探头来进行检测。高温探头中的压电晶片需采用居里温度较高的压电材料制作，探头的其他部件也需要采用耐高温的材料制成。

（7）电磁超声探头。电磁超声探头由高频线圈和磁铁两部分组成，高频线圈用于产生高频激发磁场，磁铁用来提供外加磁场。当置于工件表面上的高频线圈通过高频电流时，在工件的趋肤层内产生涡流，此涡流在外加磁场的作用下，产生高频振动，于是在工件中形成了超声波波源。在接收超声波时，工件表面的振动也会在外加磁场力的作用下，产生感应电流，在高频线圈中感应电压而被仪器接收。

（8）爬波探头。爬波是指表面下纵波。当纵波以第一临界角附近的角度入射到界面时，就会在第二介质中产生表面下纵波，即爬波。爬波探头的结构与横波探头类似，只是入射角不同。爬波受工件表面刻痕、不平整、凹陷等的干扰较少，同时爬波衰减比表面波小，检测深度较表面波大，因此常用于表面较粗糙工件的表面和近表面缺陷检测。

2.2.5.3　试块

1．试块概述

为了保证超声检测结果的准确性、可重复性和可比性，必须用具有已知固定特性的试样对检测系统进行校准。这种按一定用途设计制作的具有简单几何形状人工反射体或模拟缺陷的试样，通常称为试块。

2．人工反射体

试块中常用的人工反射体主要有长横孔、短横孔、横通孔、平底孔、V 形槽以及线切割槽等。

（1）长横孔。长横孔具有轴对称特点，反射波幅较稳定，有线性缺陷特征，适用于各种角度探头。一般代表工件内有一定长度的裂纹、未焊透、未熔合和条状夹渣，通常在焊接接头、堆焊层的超声检测中应用，也可在锻件和铸件检测中应用，适用于各种角度探头。

（2）短横孔。短横孔在近场区表现为线状反射体特征，在远场区表现为点状反射体特征，主要用于焊接接头检测，适用于各种角度探头。

（3）平底孔。平底孔具有点状面积型反射体的特点主要用于锻件、钢板、焊接接头、复合板、堆焊层的超声检测。

（4）V 形槽和线形切割槽。具有表面开门的线性缺陷特点，主要用于钢板、钢管、锻件等工件的横波检测。

3．试块分类

试块通常分为标准试块、对比试块和模拟试块三大类。

（1）标准试块。标准试块是由权威机构制定的试块，指具有规定的化学成分、表面粗糙度、热处理及几何形状的材料块，用于评定和校准超声检测设备，即用于仪器探头系统性能校准的试块。

常用标准试块有 IIW 试块（又称船形试块），IIW2 试块（又称牛角试块），CSK—IA 试块、CSK—ⅡA 试块、CSK—ⅢA 试块、CSK—ⅣA 试块，美国 ASME 试块。

（2）对比试块。对比试块是以特定方法检测特定工件时采用的试块，带有一定尺寸的人工反射体（平底孔、槽等）。它与被检工件材料声特性相似，其外形尺寸应能代表被检工件的特征，试块厚度应与被检工件的厚度相对应。对比试块主要用于检测校准以及评估缺陷的当量尺寸，以及将所检出的不连续信号与试块中已知反射体产生的信号相比较。

（3）模拟试块。模拟试块是含模拟缺陷的试块，可以是模拟工件中实际缺陷制作的样件，或者是在以往检测中所发现含自然缺陷的样件。模拟试块主要用于检测方法的研究、无损检测人员资格考核和评定、评价和验证仪器探头系统的检测能力和检测工艺等。

2.2.5.4 耦合剂

1．耦合剂概述

耦合剂是指在探头与工件表面之间施加的透声介质，主要作用是排除探头与工件表面之间的空气，使超声波能有效地传入工件，保证检测面上有足够的声强透射率，以达到检测的目的。此外，有一定流动性的耦合剂还可以减小摩擦，在直接接触法检测时对探头在工件上移动起到润滑的作用。

2．常用耦合剂

常用耦合剂有机油、化学浆糊、甘油和水等。

机油黏度、流动性、附着力适当，对工件无腐蚀，价格适中，是使用较多的耦合剂。

化学浆糊耦合效果比较好，价格便宜，使用方便，但容易使工件表面生锈。

甘油声阻抗高，耦合性能好，但价格较贵，对工件有腐蚀。

水的来源方便，价格低，但容易流失易使工件生锈。

2.2.6 检测人员培训要求

2.2.6.1 人员资格鉴定的等级和职责

根据 ISO 9712:2012 国际标准和 GB/T 9445—2015《无损检测 人员资格鉴定与认证》，检测人员可按要求进行相关等级的资格认证，可选择等级有 1、2 级和 3 级。1、2 级和 3 级人员各自应具有的能力和职责如下。

（1）1 级人员。1 级持证人员已证实具有在 2 级或 3 级人员监督下。按无损检测作业指导书（或工艺卡）实施无损检测的能力在证书所明确的能力范围内，经雇主授权后，1 级人员可按无损检测作业指导书（或工艺卡）实施下列工作：

1）调整无损检测设备。

2）实施检测。

3）按书面验收条款记录和分类检测结果。

4）报告结果。

1 级持证人员不应负责选择检测方法或技术，也不对检测结果进行解释。

（2）2 级人员。2 级持证人员已证实具有按无损检测工艺规程执行无损检测的能力。在证书所明确的能力范围内，经雇主授权后，2 级人员可实施下列工作：

1）选择所用检测方法的检测技术。

2）限定检测方法的应用范围。

3）根据实际工作条件，把无损检测的法规、标准、规范和工艺规程转化为无损检测作业指导书（或工艺卡）。

4）调整和验证设备设置。

5）实施和监督检测。

6）按适用的标准、法规、规范或工艺规程解释和评价检测结果。

7）实施和监督属于 2 级或低于 2 级的全部工作。

8）为 2 级或低于 2 级的人员提供指导。

9）报告无损检测结果。

（3）3 级人员。3 级持证人员应已证实具有按其所认证的方法来实施和直接指挥无损检测操作的能力。3 级人员应具有以下能力：

1）按标准、法规和规范来评价和解释检测结果的能力。

2）相关材料、装配、加工和产品工艺等方面的足够实用知识，适合于选择无损检测方法、确定无损检测技术以及协助制定验收准则（在没有现成可用的情况）。

3）大致熟悉其他无损检测方法。

在证书资格所明确的能力范围内，经雇主授权后，3 级人员可实施下列工作：

1）对检测机构或考试中心及其员工负全部责任。

2）制定无损检测作业指导书和工艺规程，对作业指导书和工艺规程进行编辑和技术性审核，确认无损检测作业指导书（或工艺卡）和工艺规程的正确性和适用性。

3）解释标准、法规、规范或工艺规程。

4）确定适用的特殊检测方法、工艺规程和作业指导书（或工艺卡）。

5）实施和监督各个等级的全部工作。

6）为各个等级的无损检测人员提供指导。

2.2.6.2　人员资格鉴定合格条件

报考人在资格鉴定考试前应达到视力和培训的最低要求，在认证前应先达到从业经历的最低要求。

（1）视力要求。申请所有等级资格鉴定的人员必须提供符合要求的视力书面证明，通过认证后每年也必须进行视力检查，或者根据雇主或责任单位的要求进行检查。

（2）培训。1 级和 2 级资格鉴定认证的报考人员必须向认证机构提供认证机构认可的书面证明材料，证明自己已经圆满完成了所报考的认证方法、等级的培训课程。

考虑到 3 级报考人应有的科学和技术的潜力，3 级报考人资格鉴定前的培训可通过下述方法获得：参加培训，参加技术研讨会或讨论会，通过书本、期刊、专业技术资料和电子材料的学习获得经验。

报考人员认证培训所需的最少课时因不同的无损检测方法而异。

（3）检测工作经历。检测工作经历可在资格鉴定考试之前或之后获取。实践经验的书面证明由雇主提供给资格认证机构或授权资格鉴定机构。

2.2.6.3　认证

对符合 ISO 9712：2012 标准规定的认证条件的学员颁发相应级别的资格证书。资格证书最长有效期为 5 年。在第一个有效期满前和此后每隔 10 年，可向认证机构重新申请延长一个新的 5 年有效期。

2.3　射线检测技术

2.3.1　发展历程

2.3.1.1　X 射线的发现

1895 年，德国物理学家、握茨堡大学教授伦琴在研究阴极射线管中的真空放电现象时，发现一种新的不可见的射线。这种射线具有极强的穿透能力，并能使铂氰化钡等物质发出荧光。由于对这种射线还不够了解，便借用了数学上代表未知量的符号，命名为 X 射线。

工业检测中普遍使用的射线，是波长在 $10^{-9} \sim 10^{-13}$m 的电磁波。按照产生方式的不同，可分为 X 射线和 γ 射线。γ 射线是放射性物质的原子核在天然衰变的过程中放射出来的，因为 γ 射线的波长比 X 射线更短，所以具有更大的穿透力，因此 γ 射线常被用来对厚度较大和大型整体工件进行射线照相。X 射线通常是将高速运动的电子作用到金属靶（一般是重金属）上而产生的，其能量和强度是可以控制和调节的，所以在工业射线成像检测中广泛使用 X 射线。

X 射线具有以下性质：

（1）在真空中以光速直线传播。

（2）本身不带电，不受电场和磁场的影响。

（3）在媒质界面上只能发生漫反射，而不能像可见光那样产生镜面反射。

（4）可以发生干涉和衍射现象，但只能在非常小的光阑中才会发生。

（5）不可见，能够穿透可见光不能穿透的物质。

（6）在穿透物质中，会与物质发生复杂的物理化学作用。

（7）具有辐射生物效应，能够杀伤生物细胞，破坏生物组织。

2.3.1.2　射线无损检测技术的发展

射线无损检测技术是利用物体对射线的吸收差异，对物体内部结构进行成像，然后进行内部缺陷检测，该技术广泛应用于工业检测、检测、医学检测、安全检测等领域。

X 射线在发现后迅速被应用于医学领域，开创了医疗影像技术的先河。X 射线具有很强的穿透能力，通过物质时被吸收和散射使其强度衰减，而衰减程度取决于物质的衰减系数和射线穿透的厚度。通常密度越高的材质对射线的衰减程度越大，因此射线穿过人体后，密度较大的骨骼相比有机软组织产生的衰减更大，从而在底片上呈现内部骨骼结构。

在工业生产领域，X 射线照相技术被广泛应用于金属、非金属材料零件缺陷探伤，尤其是铸件、焊缝等内部质量检测。20 世纪 80 年代以来，我国射线检测技术工作者引入了欧美和日本射线检测技术的研究成果，并进行了消化性的研究和吸收，逐步形成了适合我国的、科学的理论系统。以无损检测学会Ⅱ级教材、锅炉压力容器系统教材和航空航天系统内部Ⅱ、Ⅲ级合一培训教材《射线检测技术》为代表的新版培训教材，基于对射线照相检验技术基本理论和技术的理解和多年实际检验工作经验的总结等，构建了我国射线照相检验技术的理论系统。

伴随着日常生活中传统胶片照相技术逐渐过渡转型至数码照相技术，应用于医学和工业领域的射线照相检查技术也于 20 世纪 90 年代开始发展数字成像技术。

2.3.2　检测方法及优缺点

从获得的图像角度，可以将射线检测技术分为常规射线检测技术和数字射线检测技术。相对于常规射线检测技术，数字射线检测技术更高效、快捷，有更高的动态范围，存储、调用和传输都很方便。数字图像可以在电脑、手机、平板、投影仪等设备上显示和观察，而胶片照相检测技术得到的底片只能通过专业的观片灯来观察，一般仅有一套。而且，底片评定结果均为人工管理，调用和传输都比较麻烦。

数字射线检测技术，包括 CR（计算机 X 射线成像系统）和 DR（数字化 X 射线摄影系统），都能获得工件的 2D 图像，对缺陷能定性、定量，在长度、宽度方向定位，不能确定深度。CR 属于间接数字成像，分辨率一般稍高于 DR；而且 CR 的成像板可以切割和弯曲，对曲面工件有更好的适用性。DR 属于直接成像，效率高于 CR，但其探测器（数字平板）不能弯曲。

CT（电子计算机断层扫描）能获得工件的 3D 图像，能够对缺陷定性、定量、精确定位（长度、宽度、深度）。除 CT 以外的射线检测技术，是把工件全厚度重叠投影在一张底片上，无法分清各部分结构。工业 CT 是工件的分层断面图像，可给出工件任一平面层的图像，可以发现平面内任何方向分布的缺陷，它具有不重叠、层次分明、对比度高和分辨率高等特点。

2.3.3 电网检测的应用情况

2.3.3.1 应用概述

GIS、断路器、复合绝缘子等电网设备，其内部任何缺陷和故障的存在都可能影响设备整体性能，可能影响到相邻设备的正常工作以及服务范围的正常用电。而大型电力设备GIS、罐式断路器体形庞大、现场环境复杂原因，一旦出现事故进行停电检修时就需要投入大量的人力、物力、财力和时间。在电力设备内部的缺陷80%以上为结构性缺陷。因此，为减少或者避免电力设备因故停运，就必须对电力设备内部缺陷主要是结构缺陷进行检测。相对于其他检测方法，数字化射线检测技术不仅能给出概略性判断，而且还可以通过可视化的方式，对设备内部缺陷、故障给出可靠、准确的定性、定量判断。下面列出数字化射线检测技术在电网设备检测中的应用。

DR 检测技术应用于电网设备的检测的时间不长，电网设备的 DR 检测报道最早见于2010 年。云南电力公司电力科学试验研究院吴章勤等对 GIS 内部构件的 DR 射线检测进行了研究，拍摄的 GIS 内部构件异常状况如图 2-8、图 2-9 所示；国网浙江省电力有限公司电力科学研究院张杰等对复合绝缘子内部结构的 DR 射线检测进行了研究，拍摄的内部结构图像如图 2-10 所示；青海电力科学试验研究院闫斌等研究了便携式 X 射线数字成像技术（CR，DR）在 GIS 设备故障诊断和状态监测中的应用；DR 技术也可应用在电网设备，如电力金具等，拍摄的铝制设备线夹焊缝部位如图 2-11 所示。

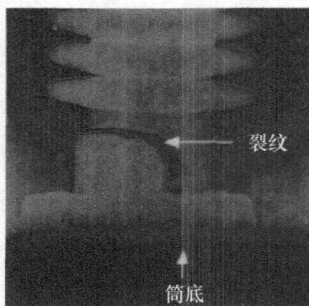

图 2-8　云南电力公司电力科学研究院拍摄的
GIS 内部导电杆支撑绝缘子断裂

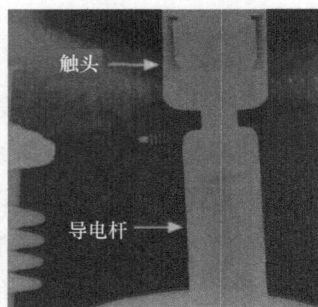

图 2-9　云南电力公司电力科学研究院拍摄的
GIS 内部导电杆支插歪斜

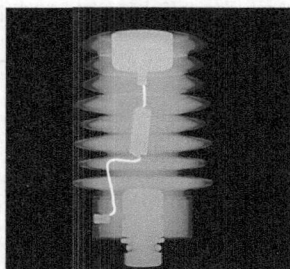

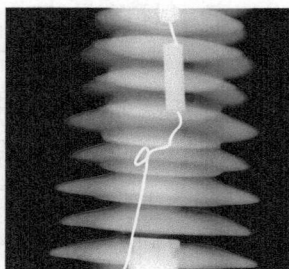

图 2-10　国网浙江省电力有限公司电力科学研究院拍摄的复合绝缘子内部效果图

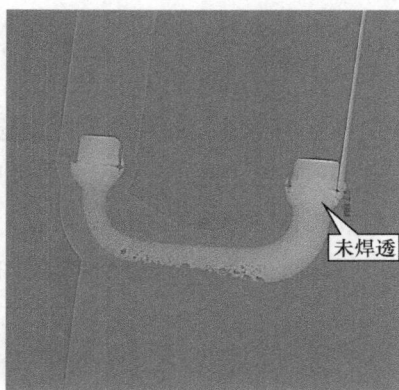

图 2-11 铝制设备线夹焊缝部位（未焊透）

2.3.3.2 GIS 设备焊缝质量检测

某 110kV 变电站基建工程金属技术监督检测时，发现 GIS 设备断路器壳体焊缝存在超标缺陷显示。为了获得更多缺陷的信息，充分发挥射线数字成像检测效率高、动态范围高的特点，对超标缺陷进行数字射线检测（DR）验证。

测试设备和仪器：透照采用以色列 VIDISCO 生产的 DR 成像系统，美国 GE 生产的 65MF4 型便携式射线机进行检测。DR 板厚 13mm，图像面积为 482cm²，动态范围为 14bit（16384 灰度），分辨率 3.5 线对/mm。像质计为 DR 专用双丝像质计。

从 DR 成像的照片来看，缺陷为未熔合缺陷，图片如图 2-12 所示，按 NB/T 47013.2—2015《承压设备无损检测 第 2 部分：射线检测》中Ⅱ级和Ⅲ级焊接接头内不允许存在裂纹、未熔合、未焊透和夹铜缺陷，该焊缝评为Ⅳ级焊缝，故该焊缝不合格。

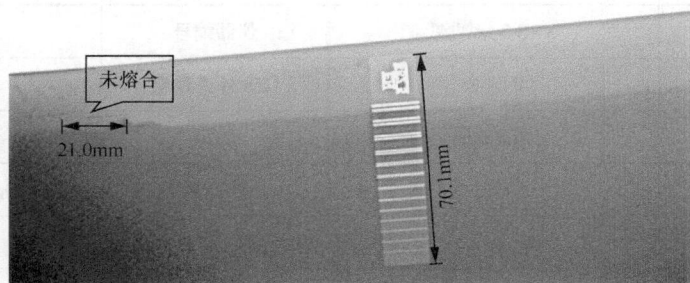

图 2-12 焊缝数字射线底片

2.3.3.3 GIS 设备内部结构性缺陷的检测

某 110kV 电站 GIS 设备Ⅱ段母线电压互感器进行过局部放电试验时，发现Ⅱ段母线电压互感器下部局部放电试验结果不正常，但因无法观测到内部情况无法判断造成局部放电试验结果不正常的具体原因。针对该情况，技术人员根据设备的结构、材料的特性及检测目的，制定了科学、合理的透照工艺，对Ⅱ段母线电压互感器内部进行射线数字化成像检测，为分析判断提供重要信息。

1. 检测部位及导体结构

根据该 GIS 设备Ⅱ段母线电压互感器进行的局部放电试验结果，描述可看出Ⅱ段母线电压互感器下部局部放电试验结果不正常。因此，要找出造成局部放电结果不正常的原因，首先对局部放电结果偏高的电压互感器下部进行透照；再者，对运行正常的Ⅰ段母线电压互感器进行透照，两项对比来进行分析。透照布置具体部位如图 2-13 所示。

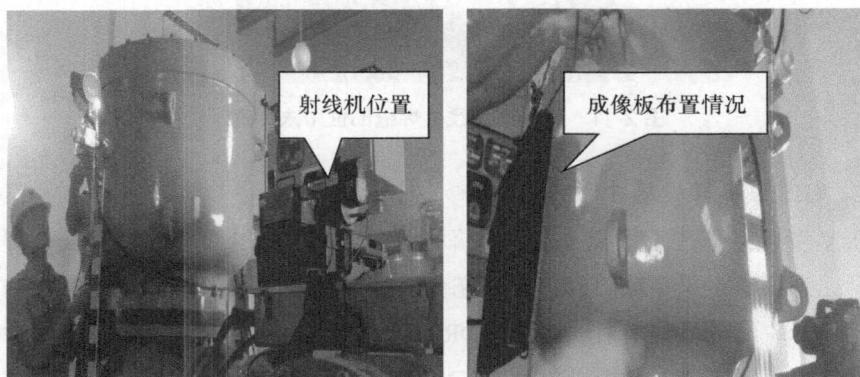

图 2-13 射线机及成像板布置

2. 检测参数

某 110kV 电站 GIS 设备 X 射线检测参数见表 2-3。

表 2-3　　　　　　　　某 110kV 电站 GIS 设备 X 射线检测参数

设备名称	可视化数字射线成像系统	仪器型号	VIDSCO X—ray
射线源	XRS-3 脉冲源	仪器编号	01
主体材质	铝合金	GIS 外壳厚度	8mm
透照方式	垂直透照	焦距	约 1500mm
是否使用厚度补偿	是	脉冲数	60plus＋30 plus
图像处理	■ 灰度平衡　■ 锐化　■ 浮雕　□ 黑白反调　□ 滤镜　□ 柔化		
执行标准	暂无		

3. 检测结果

对 GIS 设备Ⅱ段母线压变内部状况实时透照，经过对获取的 18 张Ⅱ段母线压变底片和 13 张Ⅰ段母线压变底片对比分析，最终发现 2 处可疑部位，一是Ⅱ段母线是压变内部有一段导线（图片见图 2-14、图 2-15），布线凌乱；二是Ⅱ段母线是压变内部这段导线的压接头部位（图片见图 2-15），比Ⅰ段母线压变同一部位（图片见图 2-16、图 2-17）多了一小段阴影。

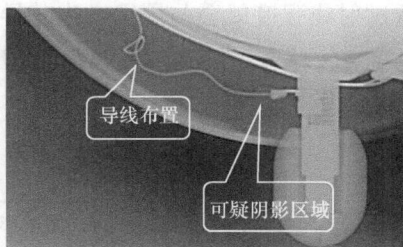

图 2-14　局部放电异常Ⅱ段母线
电压互感器内部图片之一（灰度平衡处理）

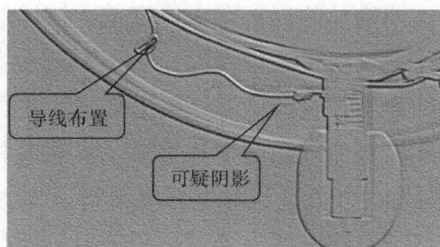

图 2-15　Ⅱ段母线电压互感器内部图片之一
（浮雕处理）

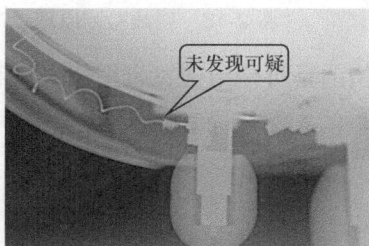

图 2-16　局部放电正常Ⅰ段母线电压互感器内部
与图 2-17 相同部位图片之一（灰度平衡处理）

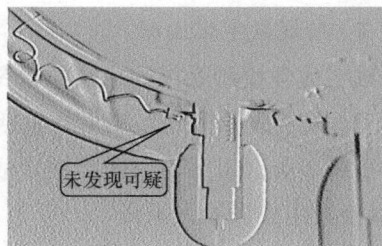

图 2-17　Ⅰ段母线电压互感器内部与图 2-16 相
同部位图片之一（浮雕处理）

2.3.4　检测基本原理

2.3.4.1　射线通过物质的衰减规律

射线与物质的相互作用主要有光电效应、康普顿效应和电子对的产生 3 种过程。这 3 种过程的共同点是都产生电子，然后电离或激发物质中的其他原子；此外，还有少量的汤姆逊效应。光电效应和康普顿效应随射线能量的增加而减少，电子对的产生则随射线能量的增加而增加，四种效应的共同结果是使射线在透过物质时能量产生衰减。

射线的衰减是由于射线光子与物体相互作用，使射线被吸收和散射而引起的。由此可知，物质越厚，则射线穿透时的衰减程度也越大。

射线衰减的程度不仅与透过物质的厚度有关，而且还与射线的性质（波长）、物体的性质（密度和原子序数）有关。一般来讲，射线的波长越小，衰减越小；物质的密度及原子序数越大，衰减也越大。但它们之间的关系并不是简单的直线关系，而是成指数关系的衰减。设入射线的初始强度为 I_0，通过物质的厚度为 d，射线能量的线衰减系数为 μ，那么射线在透过物质以后的强度 I_d 为

$$I_d = I_0 \mathrm{e}^{-\mu d}$$

2.3.4.2　胶片照相检测

X 射线在穿透物体时，会与物体的材料发生相互作用，因吸收和散射能力不同，使透射后射线减弱的强度不同，强度衰减程度取决于穿透物体的衰减系数和射线的穿透厚度，

如果被透照物体的局部存在厚度差，该局部区域的透过射线强度就会与周围产生差异，感光胶片就会反映出这种差异，因而可以检测出 X 射线穿透物体有无缺陷，以及缺陷的尺寸、形状；结合工作经验能够判断出缺陷的性质。

射线检测原理如图 2-18 所示，以金属材料为例，缺陷部位（气孔或非金属夹杂物)对射线的吸收能力低于金属基体。透过缺陷部位的射线强度高于无缺陷部位，根据透过工件后射线强度的差异，来检测缺陷。

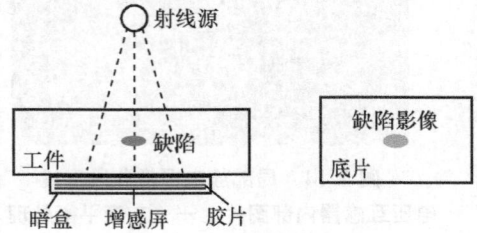

图 2-18　射线检测原理

2.3.4.3　射线数字化检测

射线数字成像检测系统的成像结果是数字图像，指的是可使用计算机图像采集和进行图像后处理。数字成像检测系统主要包括直接数字成像检测系统、间接数字成像检测系统、后数字化系统 3 类。以下对前两类数字成像检测系统作简要介绍。

1．直接数字成像检测系统

直接数字成像检测系统指的是用"数字探测器"作为成像器件的射线检测成像系统，简称为 DR（digital radiography）系统。数字探测器是指把 X 射线光子转换成数字信号的电子装置，而且该转换过程是由独立单元完成的。此类数字探测器包括非晶硅探测器 、非晶硒探测器、电荷耦合元件（charge coupling device，CCD）探测器和互补金属氧化物半导体（complementary metal oxide semiconductor，CMOS）探测器。通常，一套完整的 DR 检测系统包括射线源、DR 板（成像板）、图像显示系统含图像处理分析软件、X 光机现场移动支架等，X 射线数字成像原理示意如图 2-19 所示。

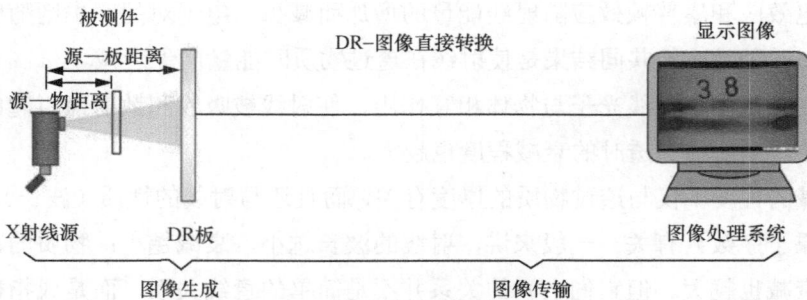

图 2-19　X 射线数字成像原理示意图

2．间接数字成像检测系统

间接数字成像检测系统是指将 X 射线光子转换到数字图像的过程是由分立单元分步完成的。间接数字成像检测系统主要包括 CR（computed radiography）和图像增强器+CCD 数码相机两类。这里主要介绍 CR 技术。

CR 技术是指采用 X 射线成像 IP（image panel）板代替传统的 X 射线胶片来接

受 X 射线照射，IP 板感光后在荧光物质中形成潜影，将带有潜影的 IP 板置入读出器中用激光束进行精细扫描，将射线图像转换成可见光信号，再通过光电倍增和 A/D 转换将其转换为数字信号输入计算机中，X 射线数字成像系统原理示意如图 2-20 所示。CR 系统包括图像采集部分即 IP 板、读出器以及图像后处理和记录部分（计算机、打印机和其他存储介质）。因此，CR 的成像要经过 IP 板成像、图像读取和图像的处理显示等步骤。

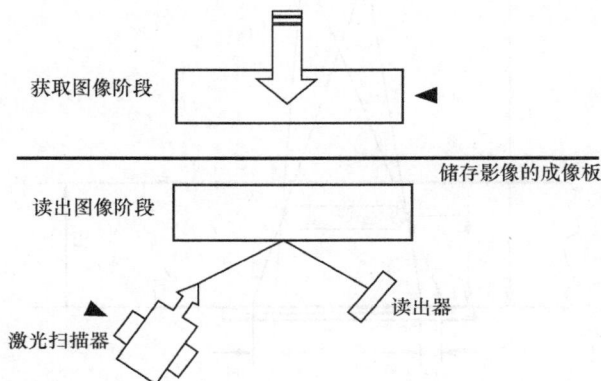

获取图像阶段

储存影像的成像板

读出图像阶段

读出器

激光扫描器

图 2-20　X 射线数字成像系统原理示意图

2.3.4.4　射线检测影像质量的影像因素

评价射线照相影像质量最重要的指标是射线照相灵敏度。所谓射线照相灵敏度是指在射线底片上可以识别的细小影像及观察到的最小尺寸。

射线照相灵敏度是由对比度（缺陷影像与其周围背景的黑度差）、不清晰度（影像轮廓边缘黑度过渡区的宽度）和颗粒度（影像黑度的不均匀程度）三大要素的综合结果，而此三大要素又分别受到不同工艺因素的影响。

1. 射线照相对比度

如果工件中存在厚度差，那么射线穿透工件后，不同厚度部位的透过射线的强度就不同，曝光后暗室处理得到的底片上不同部位就会产生不同的黑度，射线照相底片上的影像就是由不同黑度的阴影构成的，阴影和背景的黑度差称为底片的对比度，又叫作底片反差。显然，底片对比度越大，影像就越容易被观察和识别。因此，为检出较小的缺陷，获得较高的灵敏度，就必须设法提高底片对比度。但在提高对比度的同时，也会产生一些不利后果。

2. 几何不清晰度 U_g

因为 X 射线管焦点有一定尺寸，所以透照工件时，工件表面轮廓或工件中的缺陷在底片上的影像边缘会产生一定宽度的半影，此半影宽度就是几何不清晰度 U_g 如图 2-21 所示，U_g 值可用下式计算：

$$U_g = d_f \times b/(F-b)$$

式中　d_f——焦点尺寸；

　　　F——焦点至胶片距离；

　　　b——缺陷至胶片距离。

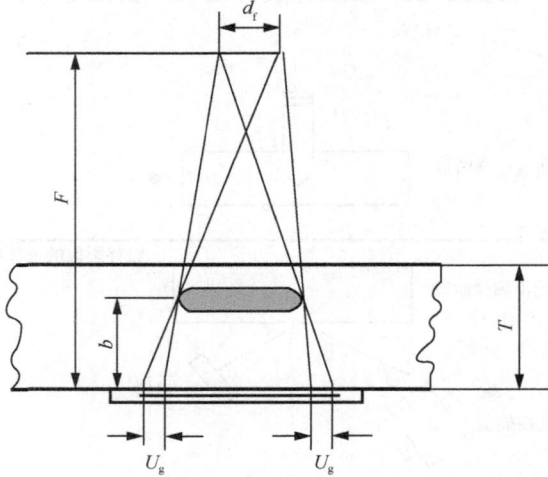

图 2-21　工件中缺陷的几何不清晰度

　　几何不清晰度与焦点尺寸、工件厚度、焦点至工件表面的距离有关。在焦点尺寸和工件厚度给定的情况下，为获得较小的 U_g 值，透照时就要取较大的焦距 F，但因为射线强度与距离平方成反比，如果要保证底片黑度不变，在增大焦距的同时就必须延长曝光时间或提高管电压，所以对此要综合权衡考虑。

　　3．固有不清晰度 U_i

　　固有不清晰度是由照射到胶片上的射线在乳剂层中激发出的电子的散射所产生的。当光子穿过乳剂层时，会在乳剂层中激发出电子。射线光量子能量越高，激发出的电子动能就越大，在乳剂层中的射程也越长。

2.3.5　检测设备组成

　　便携式 X 射线机是一种体积小、质量轻、适用于高空和野外作业的 X 射线机。它采用结构简单的整流线路，X 射线管和高压发生部分共同装在射线机头内，控制箱通过一根多芯的低压电缆将其连接在一起。现在脉冲式射线机也开始使用到电网的现场检测中，它主要部分为射线管，包括射线管腔、冷阴极射线管、放电器、高电压电容器和变压器。射线管头上准直管发射的射线视野范围为 40°。

　　便携式 X 射线机的机构由高压部分、冷却部分、保护部分和控制部分组成。

2.3.5.1　高压部分

1. X 射线管

X 射线管是 X 射线机的核心部件，熟悉它的内部结构和技术性能，有助于检测人员正确使用和操作 X 射线检测设备，延长其使用寿命。阴极：X 射线管的阴极是发射电子和聚集电子的部件，由发射电子的灯丝和聚集电子的凹面阴极头组成。阴极形状可分为圆焦点和线焦点两大类。阴极的工作过程是当阴极通电后，灯丝被加热、发射电子，阴极头上的电场将电子聚集成一束。在 X 射线管两端高压所建立的强电场下，电子飞向阳极，轰击靶面，产生 X 射线。阳极：X 射线管的阳极是产生 X 射线的部分，由阳极靶、阳极体和阳极罩三部分构成，由于高速运动的电子撞击阳极靶时只有约 1% 的动能转换 X 射线，其他部分均转化为热能，使靶面温度升高，同时 X 射线的强度与阳极靶材的原子序数有关，所以 X 射线管的阳极靶常选用原子序数大、耐高温的钨来制造。在阳极罩正对靶面的窗口上装有几毫米厚的铍。X 射线管的散热方式为辐射散热式，装有散热片，加快冷却速度。

X 射线管采用金属陶瓷管，抗震性强、不易破碎、真空度高、性能好、寿命长。管电压是 X 射线管的重要技术指标，管电压越高，发射的 X 射线波长越短，穿透能力就越强。在一定范围内，管电压与穿透能力有近似直线关系。

X 射线管焦点是重要技术指标之一，焦点大，有利于散热，可承受较大的管电流，焦点小，底片清晰度高，照相灵敏度高。X 射线管的寿命与灯丝发射能力及累积工作时间有关，金属陶瓷管寿命不少于 500h。

2. 高压变压器

高压变压器的作用是将几十伏到几百伏的低电压通过变压器升到 X 射线管所需的高电压。特点是功率不大（约几千伏安），但输出电压却很高，达几百千伏。

3. 灯丝变压器

X 射线机的灯丝变压器是一个降压变压器，其作用是工频 220V 电压降到 X 射线管灯丝所需要的十几伏电压，并提供较大的加热电流（约为十几安）。

4. 高压电缆

高压电缆是移动式 X 射线机用来连接高压发生器和 X 射线机头的电缆。高压电缆的构造可分为保护层、金属网层、导体层、主绝缘层、芯线、薄绝缘层等部分。

2.3.5.2　冷却部分

冷却是保证 X 射线机能否长期使用的关键，冷却效果的好坏直接影响 X 射线管的寿命和连续使用时间。气体冷却 X 射线用六氟化硫气体作绝缘介质，采用风扇进行强制风冷。

2.3.5.3　保护部分

X 射线机的保护系统主要由短路过电流保护、冷却保护、过负荷保护、零位保护、接地保护等方面组成。

2.3.5.4 控制部分

X 射线机的控制部分包括电源开关、高压开关、电压、电流调节旋钮、电流、电压指示器、计时器、各种指示灯等。

2.3.6 检测人员培训要求

无损检测人员级别，一般分为Ⅰ级（初级）、Ⅱ级（中级）和Ⅲ级（高级），目前 DR检测的最高级别是Ⅱ级，胶片射线检测最高级别是Ⅲ级（高级）。

2.3.6.1 工作职责

（1）Ⅰ级无损检测人员的工作职责如下：

1）正确调整和使用无损检测仪器。

2）按照无损检测操作指导书进行无损检测操作。

3）记录无损检测数据，整理无损检测资料。

4）了解和执行有关安全防护规定。

（2）Ⅱ级无损检测人员的工作职责如下：

1）从事或者监督Ⅰ级无损检测人员的工作。

2）按照工艺文件要求调试和校准无损检测仪器，实施无损检测操作。

3）根据无损检测工艺规程编制针对具体工件的无损检测操作指导书。

4）编制和审核无损检测工艺规程（限持Ⅱ级资格 4 年以上的人员)。

5）按照规范、标准规定，评定检测结果，编制或者审核无损检测报告。

6）对Ⅰ级无损检测人员进行技能培训和工作指导。

（3）Ⅲ级无损检测人员的工作职责如下：

1）从事或者监督Ⅰ级和Ⅱ级无损检测人员的工作。

2）负责无损检测工程的技术管理、无损检测装备性能和人员技能评价。

3）编制和审核无损检测工艺规程。

4）确定用于特定对象的特殊无损检测方法、技术和工艺规程。

5）对无损检测结果进行分析、评定或者解释。

6）对Ⅰ级和Ⅱ级无损检测人员进行技能培训和工作指导。未设置Ⅲ级项目的，Ⅲ级无损检测人员的工作由Ⅱ级无损检测人员承担。

2.3.6.2 射线检测人员的申请条件

（1）年龄 18 周岁以上且不超过 60 周岁，具有完全民事行为能力。

（2）学历、无损检测经历等资历满足申请项目和级别的要求（见表 2-4）。

（3）申请射线检测的，单眼或者双眼裸视力或者矫正视力达到 GB 11533—2011《标准对数视力表》的 5.0 级以上。

（4）具备相应的无损检测知识和技能。

（5）申请资历条件见表 2-4。

表 2-4　无损检测人员申请资历条件[①]

无损检测方法（项目）	级别	学历与无损检测经历（持证年限）				
		理工类本科及以上	理工类大专	非理工类本科及以上	非理工类大专，工学类中专、职高、技校	其他中专、职高、技校，初、高中
RT、UT、MT、PT	Ⅲ	持Ⅱ级 3 年	持Ⅱ级 4 年	持Ⅱ级 6 年		[②]
RT、UT、MT、PT	Ⅱ	直接申请	持Ⅰ级 6 个月	持Ⅰ级 1 年		持Ⅰ级 3 年
RT(D)	Ⅱ	持 RT-Ⅱ级 2 年，或者持 RT-Ⅲ级可直接申请				
RT、UT、MT、PT	Ⅰ	直接申请				

① 申请Ⅱ级、Ⅲ级资格时，所持相应要求的证书应当在有效期内。

② 其他中专、职高、技校，初、高中学历人员不能申请Ⅲ级检测人员资格取证。

2.3.7　辐射防护

X 射线具有生物效应，超辐射剂量能引起人体放射性损伤，破坏人体的正常组织并出现病理反应。辐射具有积累作用，超辐射剂量照射是致癌因素之一，并且可能殃及下一代，因此在射线透照中，安全防护很关键。辐射防护的目的在于控制辐射对人体的照射，使之保持在可以合理做到的最低水平，保证个人所受到的剂量当量不超过国家规定的标准。下面的三个因素是外照射防护的基本因素：

时间防护——要控制射线对人体的曝光时间。

距离防护——要控制射线源到人体间的距离。

屏蔽防护——在人体和射线源之间隔一层吸收物质。

在现场检测中，增大人与辐射源间距离是降低受照剂量的主要方法，这是因为，在辐射源一定时，照射剂量或剂量率与距离的平方成反比，即

$$\frac{D_1}{D_2} = \frac{R_2^2}{R_1^2}$$

式中　D_1——距辐射源 R_1 处的剂量或剂量率；

　　　D_2——距辐射源 R_2 处的剂量或剂量率；

　　　R_1——辐射源到 1 点的距离；

　　　R_2——辐射源到 2 点的距离。

从式中可见，当距离增加一倍时，剂量或剂量率减少到原来的 1/4。其余依此类推，在实际工作中，为减少工作人员所受的剂量，在条件允许的情况下，应尽量增大人体与辐射源之间的距离，尤其是在无屏蔽的室外工作，应充分利用连接电缆长度达到距离防护的目的。

2.4 计算机层析成像技术

2.4.1 发展历程

1895 年 11 月，德国匹兹堡大学教授伦琴在研究阴极射线时，发现了一种新的光线，这种光线人眼看不见，但却能在漆黑的地方穿过不透明的物体进行照相，当时伦琴尚未搞清这种光线的性质，所以给它取名为 X 射线。

在 X 射线被发现的同时，射线检验技术便应运而生。最初的、也是最常见的射线检验技术是指 X 射线胶片照相技术（RT）。随着科学技术的不断进步，又相继出现了γ射线照相、中子射线照相、高能 X 射线照相、数字照相（DR）、X 射线实时成像（RTR）以及计算机层析成像（即 computed tomography 或 computerized tomography）。

1972 年英国科学家 G.Hounsfield 博士研究了计算机层析成像（computed tomography）技术，获得了人体清晰的断层图像，并开始用于医疗诊断。工业 CT（industrial computed tomography）在工程中的应用始于 20 世纪 70 年代末，美国航天实验室为了解决火箭贮氢柜的重复使用问题，耗资 3000 万美元建造了两台 ICT，其中一台检测了 34 个贮氢柜，发现 14 个有氢腐蚀裂纹，成为 ICT 早期在工程领域应用的成功范例。

工业 CT 检测的对象涉及工业过程各个领域，密度分辨率、空间分辨率、动态范围等技术指标要求比医用 CT 更高。需要的射线源能量可能在 150KeV—60MeV 变化。例如：美国 BIR 公司推出的 ACTIS—12000 系统可以检测 4m 直径的火箭发动机；SVCT 系统使用 60MeV 直线加速器，用于检测航天飞机的固体火箭发动机；俄罗斯 INDINTRO 公司生产的 BT 系列，其中实验室用配置微焦点 X 光机的 BT—50 型 ICT 技术指标达到国际领先水平；加拿大原子能公司的 AECL 系列；日本东芝公司的 TOSCANNER 系列等。随着 ICT 技术的发展对射线源的要求越来越高，有些系统采用双源配置，比如 X 光机+直线加速器，或者 ^{60}Co+^{192}Ir。

国内 20 世纪 90 年代初开始引进和研究工业 CT 技术，应用技术的研究则更晚一些。早期以研究第三代的同位素源 CT 为主要方向，进入这一领域的有清华大学、重庆大学、北京机械自动化研究所、东北大学和中国科学技术大学等单位。其中重庆大学在同位素 CT 的基础上开始研究 X 射线 CT，清华大学在其海关集装箱检测系统的基础上研制加速器 CT，尚无足够分辨能力和商品化的高能加速器工业 CT 产品。

目前，国内从事工业 CT 技术研究的单位大致可以分为两类：一类是直接购买国外技术，包括硬件和软件，进行集成；另一类是利用国内现有资源，自己开发工业 CT 的核心成像系统，包括数据采集系统及图像软件。因为国外限制对华销售加速器产品，加速器 CT 实现完全国产化。对于射线类 CT 产品，重庆大学、清华大学、首都师范大学、解放军信息工程学院、核九院均有相关产品。一些民营企业，突破 CT 图像重建技术，或者依托商业软件 VGSTUDIO MAX，完成了射线 CT 的研发工作。各个制造企业侧重点各有差异，重庆大学和首都师范大学及其依托企业在微纳 CT 检测技术领域推出相关产品，且均有车载式 CT，有所不同的是，重庆大学发展了车载式加速器 CT，用于火箭部件的检测，而首都师范大学研发的射线车载 CT，广泛应用于石油、地质等野外岩心检测上。

目前，工业 CT 技术应用于国民经济方方面面，几乎涉及所有工业领域，从鞋帽行业的逆向建模，农业育种的胚芽研究，电子行业元器件检测，到常规工业品检测，逐步成为生产和科学研究的重要手段。

2.4.2　检测方法及优缺点

工业 CT 是利用射线从多个方向透射过工件某断层，由探测器检测被工件衰减后的射线信息，通过计算机对采集的数据进行图像重建，以二维图像形式展现所检测断层的密度分布。

其优点如下：

（1）检测精度高，可以试点微纳尺度的检测。

（2）具有尺寸测量功能。

（3）具有密度测量功能。

（4）具有三维成像和测量功能，能够实现装配结构分析、逆向工程等。

（5）自动化程度高，人工干预因素低。

其缺点如下：

（1）一般情况下，受成像板尺寸限制，检测对象尺寸有限。目前部分公司产品通过拓展扫查，可以实现大尺寸，低密度对象检测。

（2）轴类、回转体等工件检测精度高，板状物体检测精度受限。

（3）要求对象能够放置于检测旋转台上。对于不能移动的物体原位检测应用较少，如输变电工程带电的 GIS、线夹等设备，则难以检测。

（4）整体检测对象尺寸受限。

2.4.3　电网检测的应用情况

电网 CT 技术应用，最早见于非金属部件故障分析中材料检测，后来，广东电科院、河南电科院等单位尝试应用于设备结构检测，河南电科院、山东电科院、江苏电科院、山西电科院陆续建设了 CT 检测装置。广东电科院、河南电科院分别研发了用于现场 GIS 原位检测的移动式 CT 检测装置，并针对电力应用特点，申请了检测装置、有限角度成像、平扫 CT 等专利。2019 年，山东电科院、河南电科院编写了中国电机工程学会《输电线路

CT 检测规范》。

2.4.3.1 绝缘材料质量 CT 检测应用

变压器纸质绝缘材料和高压开关绝缘材料，多属于低密度、不均匀复合材料，其对缺陷的容忍度较低，环氧类表面气隙类缺陷最高要求不得大于 0.2mm，金属颗粒物不大于 0.05mm，纸质绝缘件金属颗粒物和高密度非金属颗粒物直径均不得大于 0.1mm。射线检测时，缺陷往往淹没于不均匀材料形成的背景中，难以识别，高精度 CT 检测具有较大的优势。环氧绝缘材料内部气隙射线 CT 检测如图 2-22 所示，变压器绝缘撑条射线 CT 检测如图 2-23 所示。

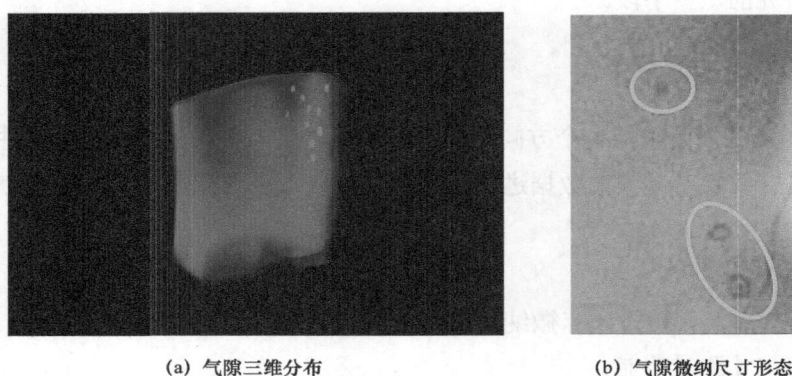

(a) 气隙三维分布　　　　　　　　　　(b) 气隙微纳尺寸形态

图 2-22　环氧绝缘材料内部气隙射线 CT 检测

(a) 正常结构

(b) 脱胶

图 2-23　变压器绝缘撑条射线 CT 检测

2.4.3.2 吸附罩材质的射线检测

国网青海省电力公司电力科学研究院对 GIS 设备吸附罩拍摄进行了研究。某开关设备公司 GIS 设备吸附剂罩按材质可分为塑料吸附剂罩和金属吸附剂罩。塑料吸附剂罩结构如图 2-24（a）所示，其孔洞均在端部，侧面一周均无孔洞。金属吸附剂罩结构如图 2-24（b）所示。金属吸附剂罩加工过程均为平板冲孔后再挤压成型，故其端面孔洞很规整，而侧面一周孔洞在挤压拉拔过程中发生拉长变形。通过对不同材质吸附剂罩 X 射线影像结构（见图 2-25）观察，可区分其材质是金属还是塑料。

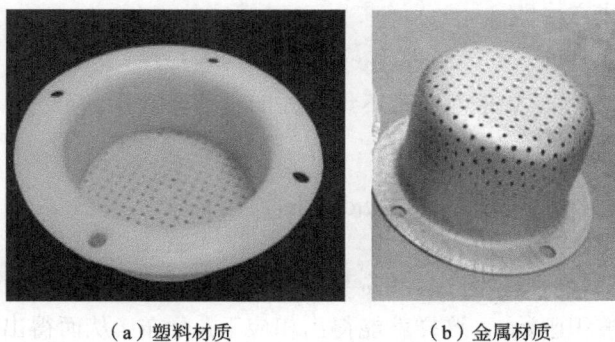

（a）塑料材质　　　　　　　　　（b）金属材质

图 2-24　吸附剂罩

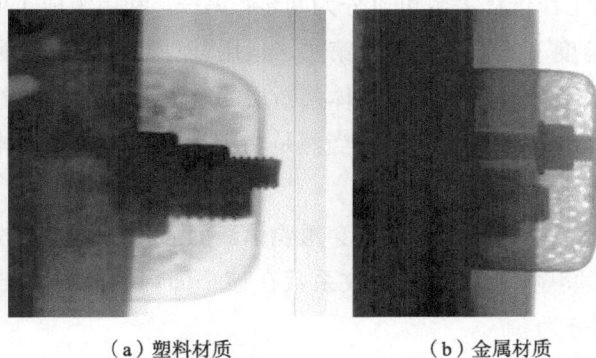

（a）塑料材质　　　　　　　　　（b）金属材质

图 2-25　吸附剂罩 X 射线影像图片

2.4.4　检测基本原理

当一束 X 射线射入某种物质时，将发生光电效应、康-吴散射及电子对的生成等 3 种形式的作用，其结果是入射线的强度随入射深度的增加而减弱，并服从比尔指数规律。取一理想的 X 射线源，它发出的 X 射线经准直后成为极细的单束 X 射线，在其对面放置一个探测器。测出 X 射线源发出的强度 I_0，以及经过一定厚度物体衰减以后到达探测器的强度 I，再将 X 射线源与探测器在观测平面内同步平移一定的步数 N_t，平移的步长决定了系统的测量精度，每平移一步均做同样的测量，如此取得一组数据；旋转一定角度 Δ_ϕ（例如 1°），

再同步平移 N_t 步，取得新角度下的另一组数据；如此重复，直至旋转 N_ϕ 次，旋转次数 N_ϕ 与每次旋转角度的积至少应为180°，即 $N_\phi \Delta_\phi \geqslant 180°$，取得 N_ϕ 组数据后采样停止。

先假设物体是均匀的，物体对于 X 射线的线性衰减系数为 μ，当强度为 I_0 的 X 射线在该物体中行进距离 x 后衰减为 I，按比尔指数定律有

$$I = I_0 e^{-\mu x}$$

或

$$\mu x = \ln(I_0/I)$$

若物体是分段均匀的，各段的线性衰减系数分别为 μ_1，μ_2，μ_3，…，相应的长度为 x_1，x_2，x_3，…，则下式成立，即

$$\mu_1 x_1 + \mu_2 x_2 + \mu_3 x_3 + \cdots = \ln(I_0/I)$$

更一般地，物体在 X、Y 平面内都不均匀，即衰减系数 $\mu = \mu(x, y)$，则在某一方向上，沿某一路径 L 的总衰减为

$$\int_L \mu \mathrm{d}l = \ln(I_0 / I)$$

此公式称为射线投影。显然，测得 I_0 与 I，即可知道 $\int \mu \mathrm{d}l$，而我们的任务是根据一系列的投影 $\int \mu \mathrm{d}l$，推求出被积函数 μ。这样就能得出相应于 μ 分布（从而得出密度分布）的图像。这就是由投影重建图像，也就是工业层析成像（简称 CT）的大致概念。

因此，工业 CT 的工作过程大致可以分为两步：第一，利用组成工业 CT 系统的各硬件获得被检测物体多个角度下的射线投影；第二，运用某种数学方法从射线投影组中求解出断面各点的线性吸收系数分布，即被检物体某断层的密度分布，利用图像灰度值表示密度大小分布可得该断层 CT 图像，这一图像当然是相应于扫描平面的物体断层图像。无疑，由投影重建图像要经过大量运算。

任何工业 CT 系统只能探测出射线在穿透物体断面后各个方向的投影，要得到物体二维断层图像，首先必须获得物质线性吸收系数在该平面内的分布，若已知某函数 $f(x,y) = {}^{\wedge}f(\gamma,\theta)$ 沿直线 z 的线积分为

$$p = \int_{-\infty}^{\infty} (x, y) = \int_{-\infty}^{\infty} {}^{\wedge}f(r, \theta) \mathrm{d}z = \int_{-\infty}^{\infty} {}^{\wedge}f\left(\sqrt{c^2 + z^2}, \Phi + \tan^{-1}\frac{2}{1}\right) \mathrm{d}z \quad （称为雷当变换）$$

则

$$^{\wedge}f(r, \theta) = \frac{1}{2\pi^2} \int_{\sigma}^{\pi} \int_{-\infty}^{\infty} \int \frac{1}{r\cos(\theta - \varphi) - 1} \frac{\partial p}{\partial 1} \mathrm{d}l\mathrm{d}\theta \quad （称为雷当反变换）$$

雷当变换实际上就是射线投影。雷当反变换则是根据投影 P 重建图像 $^{\wedge}f(\gamma,\theta)$。

Radon 变换及其求逆是 CT 技术的数学基础。

$$\ln(I_0 / I) = \int_{-\infty}^{\infty} \mu(x', y') \mathrm{d}y'$$

式中　I_0——未穿透物体的 X 射线初始强度；

　　I——放置到某一角度 φ 时，透过物体断面的 X 射线强度；

$\mu(x',y')$——三维物体的某一截面（二维断面层）的 X 射线吸收系数 $\mu(x,y)$ 在转动到坐标 x',y' 后的值。

图像的重建问题，就是如何求出各部分的吸收系数 $\mu(x',y')$ 的问题。求法较多，大体上可分为三类：一类为系列重建法或称系列（级数）展开法，如联合迭代重建法；第二类为变换重建法，如傅里叶变换重建法等；第三类为其他重建法。因而，CT 算法核心是各种反投影重建技术，包括卷积反投影法、扇形束卷积反投影法、迭代反投影算法、不完全角度算法、局部重建算法、轴向和横向扩大视野重建算法等。

2.4.5　检测设备组成

2.4.5.1　检测设备分类

到目前为止，CT 装置已发展了五代（五代 CT 扫描方式）。需要特别说明的是，工业 CT 的分类是按照不同的扫描方式来划分，并非第四代 CT 就比第三代 CT 先进，针对不同的检测对象，不同的应用领域选择合适的 CT 装置可获得较好的性价比。

第一代 CT 装置，使用单源（从射线源发出的射线经前准直器准直为极细的一束射线）、单探测器系统，系统相对于被检物体作平行步进移动扫描以获得 N 个投影值（I），被检物体按 M 个分度做旋转运动。在这种扫描方式下，被检物体仅需 180° 即可。第一代 CT 装置结构简单，成本低，图像清晰，但检测效率低，在工业 CT 中已很少采用。

第二代 CT 装置，是在第一代 CT 的基础上发展起来的，使用单源、小角度扇形射束、（从射线源发出的射线经前准直器准直为一定角度内的扇形射束）多探头系统（一般为几十个通道）。射线扇束较窄、扇角小，探测器数目少。因此，扇束不能完全包容被检测断层，其扫描运动除被检物体需做 M 个分度旋转外，射线扇束与探测器组一道，相对于被检物体还需做平移运动，直至射束全部覆盖被检物体，测得所需要的成像数据为止。二代工业 CT 最大特点是可对任意局部做精细扫描，从而完成任意区域的精确分析。第三代 CT 由于使用了较少的探测器数目，因而系统成本较低。

第三代 CT 装置，它是单射线源，具有大扇角（前准直器宽较大）、宽扇束、完全包容被检测断面的特点。对应宽射束有 N 个探测器，保证一次分度能取得足够的 N 个投影值。此时被检物体仅需做 M 个分度旋转运动。因此，第三代 CT 的优点是运动单一、好控制、效率高、理论上被检物体只需旋转一周即可检测一个断面，因而时间较短，但成本高。特别是通道间死区间隔无法消除，对 CT 图像质量有较大的影响。

第四代 CT 装置，也是一种大扇面、全包容 CT，只有旋转运动的扫描方式。由相当多的探测器形成固定圆环，仅由辐射源转动实现扫描。其特点是扫描速度快、成本高，仅在医用 CT 上使用，在工业 CT 中尚未见使用。

第五代 CT 装置，是一种多源多探测器系统，用于实时检测与生产控制。源与探测器按 120° 分布，工件与源和探测器间不做相对运动，仅有产品沿轴向的快速分层运动。

2.4.5.2 检测设备指标

工业 CT 装置的主要性能指标有以下几个方面。

（1）工业 CT 装置的检测范围。主要说明该工业 CT 装置所能检测的工件尺寸、质量等。比如，能穿透的工件最大厚度（通常以钢为代表来计算），检测工件的最大回转直径，检测工件的最大高度和长度，能检测工件的最大重量等。

（2）使用辐射源的特点。X 射线源有能量大小、最高工作电压（kV）、最大工作电流（mA）、焦点尺寸等参数。

高能直线加速器有能量大小（Mev）、剂量大小、出束角度、焦点尺寸等参数。

γ 射线源有 γ 射线源种类（比如是 ^{192}Ir、^{137}Cs 或 ^{60}Co 等）、源的强度，活性区尺寸直径、长度等参数。

以上这些参数都是直接影响检测能力与检测效率的关键数据。

（3）工业 CT 装置的成像模式。一般工业 CT 装置都有四种成像模式。工业 CT 装置的成像模式反映了该工业 CT 装置的应用功能。

第一种成像模式是数字式射线照相（DR 照相），这种扫描运动模式所得到的图像与传统 X 射线照相所得到的像相同，该图像就是被检测物体的正投影图像，其影像是重叠在一起的，因此对缺陷的显示灵敏度低，但从图像上能看出物体的投影轮廓及大致结构，CT 系统上的 DR 功能主要用于准确的选择 CT 断层位置。

第二种成像模式即 CT 层析成像，是工业 CT 装置最基本也是最重要的功能。

第三种成像模式是局部放大扫描层析成像（LCT）。在已经获得的 CT 层析图上，如果想要更精细观察某一局部区域的细节，可以划出一个局部区域的圆形小区域，使最关心的部分位于圆心上，再重新对该区域进行 CT 层析成像，可以得到一个真实放大的该局部区域层析图，这种放大和图像的简单放大有本质的区别，不会出现马赛克现象。

第四种成像模式是实时成像（RTR），和普通实时成像所得的图像相同。

工业 CT 装置一般都应具有 CT 层析成像、DR 照相及 LCT 等成像模式。

（4）扫描检测时间。扫描检测时间指扫描取一个断层花在扫描数据采集上的时间 T，如按 256×256，扫描的时间用 T_{256} 表示，如按 512×512，扫描的时间用 T_{512} 表示等。

（5）图像重建时间。图像重建时间指重建出如 256×256，512×512 或 1024×1024 图像所需要的时间（秒）。因为现代计算机的运算速度非常快，所以扫描结束后，几乎是立即就能把重建的图像显示出来，一般不超过 3s。

（6）分辨率。这个指标对于工业 CT 装置来说，是关键性的技术指标，通常分为空间分辨率（几何分辨率）和密度分辨率两个方面。

1）空间分辨率。空间分辨率也称几何分辨率，是指从 CT 图像中能够辨别最小物体的能力，其表示方法有两种，即等间距圆孔测试卡能分辨清楚小到多少毫米的小孔，另一种则是用各种不同的等间距宽度的条形实物，近似地测试该工业 CT 装置的调制传递函数

MTF 曲线，从曲线中能分辨黑白相间条形带的成对数，即每毫米的线对数。空间分辨率在这里所指的是能辨别图像上细节的能力，而不是指它在图像上确切的大小尺寸，它仅是反映实际最小物体能够分辨清楚的能力。影响几何分辨率大小的主要因素有扫描矩阵大小（一般讲矩阵大则分辨率低），探测器准直孔宽度，被检物体采样点对应的距离、扫描机械的精度、X 射线焦点大小或γ源活性区的大小，以及图像数据校正与图像重建算法是否得当等。

2）密度分辨率。密度分辨率是工业 CT 装置的重要性能指标，它是利用图像的灰度去分辨被检物体材质的基本方法（因为灰度是直接反映密度的）。密度分辨率又称对比分辨率，其表示方法通常以密度（通过灰度）变化的百分比（%）表示相互变化关系。影响密度分辨率的主要因素是信噪比，噪声的来源主要是辐射源的量子噪声、电子元器件噪声以及重建算法造成的反映在图像上的噪声，其中量子噪声是最主要的，它与辐射源剂量之间的关系按 Brooks 公式计算，要提高密度分辨率，则源的剂量要增加。目前的工业 CT 图像一般都具有 8bit 灰度，即 256 级，也有高达 12bit 即 4096 个灰度等级的，因此，一般工业 CT 的密度分辨率介于 1%～1‰（以一定测试区域面积计算）。

3）空间分辨率与密度分辨率的相互关系。工业 CT 装置的空间分辨率与密度分辨率都是根据所获得的 CT 图像按照一定的方法来测量的，因此两者都是影响成像的因素。理论和实践均表明，在辐射剂量一定的情况下，空间分辨率和密度分辨率是矛盾的。被检物体大小改变时，密度分辨率也会发生变化，两者之积为一常数，称为对比度细节常数，它取决于射线的剂量和 ICT 装置的性能。从工业 CT 装置的对比度细节曲线中得知，密度分辨率越高（百分比值越小，如 0.2）空间分辨率就越低，反之，密度分辨率越低（百分比越大，如 2%）则空间分辨率就越高。这种空间分辨率与密度分辨率的相互关系，在现代先进的工业 CT 装置上都是成立的。另外，剂量对密度分辨率的影响也十分显著，剂量越高，则密度分辨率越高（百分比越小）。

为了提高空间分辨率，通过减小探测器准直孔宽度、增加扫描矩阵的像素数目是有效的，但它受到密度分辨率的限制（即剂量大小），在一定密度分辨率时，提高一倍空间分辨率就要减少 1/2 像素宽度，而剂量则要增加八倍。因此，所有工业 CT 装置的最高空间分辨率与最高密度分辨率均是分别测试得到的，不可能在同一测试条件下，两者均得到最佳值。

2.4.5.3 检测设备组成及性能要求

工业 CT 检测系统通常由射线源、探测器系统、机械扫描系统、计算机系统等组成。根据检测对象的不同，系统配置也往往有一定的差异。

（1）射线源。射线源一般采用 X 射线源（包括直线加速器）或 γ 射线源。射线源的主要性能包括射线能量、射线强度、焦点尺寸、输出稳定性等。射线源的能量决定了射线的穿透能力，即决定了被检试件的材料及尺寸范围。射线强度直接影响系统的对比灵敏度，强度越高，对比灵敏度越好。强度高也有利于缩短扫描时间。射线焦点尺寸大小影响系统的空间分辨率，焦点越小，空间分辨率越高，但小焦点将使射线强度降低。输出能量的稳定性影响测量数据的一致性，输出不稳定将引起伪象。

X 射线源的优点是对于相同的焦点尺寸，输出强度要高于 γ 射线源，输出能量的可控制性好；缺点是 X 射线为连续谱，穿过不同厚度的材料时，由于射束硬化效应会产生伪象，因此 X 射线工业 CT 系统需要复杂的投影数据校正程序。

（2）探测器系统。探测器系统用来接收穿透被检试件的射线光子信号，并将其转换成电信号，经 A/D 转换后送入计算机，用于图像重建。探测器包括分离线阵探测器和面板探测器等类型。探测器的主要性能参数包括晶体或像元尺寸、通道数量、采集效率、动态范围、死区间隔、通道一致性、串扰等。探测器通道或像元的数量越多，每次采样的点数也越多，有利于缩短扫描时间。但带来了探测器通道或像元之间的串扰问题。探测器尺寸越小，有利于提高空间分辨率，但采集效率低。实际应用要进行多种折中考虑。

（3）机械扫描系统。机械扫描系统用来固定或支撑试件，实现试件在射线源与探测器之间所需的移位和转动。最常用的有两种类型的扫描移位方式：平移—旋转方式（二代方式）和只旋转方式（三代方式）。

1）平移—旋转方式（TR 方式）。在 TR 方式下，试件在切片平面内平移，移位方向垂直于射线束入射方向，采集完一次数据后，试件旋转一个角度。全部数据采集至少要旋转180°。该方式的优点是数据采集有利于图像重建，可检测大于射线扇形束范围的试件。缺点是扫描时间相对较长。

2）只旋转方式（RO）。在 RO 方式下，试件只做旋转移动，探测器采集整个视野的数据。RO 方式比 TR 方式扫描时间短，但一般只能检测扇形束范围内的试件。采用特殊的软件可以使检测范围扩大 1.9 倍。

（4）计算机系统。计算机系统用来控制扫描过程及数据采集，完成数据预处理、图像重建、图像显示工作，并具有图像处理、分析、测量、数据存档等功能。要求计算机具有运算速度快，存储容量大，显示分辨率高等特点。

（5）图像重建。图像重建是按照一定图像重建理论和重建算法对检测所得的投影数据进行数字处理，估算射线衰减系数的分布，再转换成一幅截面图像。该过程由图像重建硬件或软件来完成。常见的重建算法有变换法、迭代法和卷积反投影法等。要求重建硬件或软件具有重建速度快，重建精度好的特点。工业 CT 图像重建矩阵至少应具有 512×512 像素，每个像素应不少于 8bits。

（6）图像显示、分析处理。图像显示分辨率不小于 1024×768 像素，灰度等级不小于256，另外应具有窗宽/窗位显示、伪彩色显示、图像放大、尺寸测量、像素值测定、像素值轮廓线显示、感兴趣区域像素平均值及标准偏差值测定等基本功能。

（7）数据储存。可以采用光盘、硬盘、磁带机存储图像数据。

2.4.6　检测人员培训要求

根据《中华人民共和国职业病防治法》，国务院制定了《放射工作人员职业健康管理办法》，第五条规定检测人员接受职业健康监护和个人剂量监测管理，并持有《放射工作人员证》。应按相关国家或行业的规定接受培训、考核，并取得相应的资格证书，并具备计算机软硬件的基本知识，熟悉计算机的操作和日常维护。

2.5　渗透检测技术

渗透检测是一种基于液体毛细作用原理，用于检测和评价工程材料、零部件和产品表面开口缺陷的一种无损检测方法。在航空航天、军工、造船等工业领域，渗透检测被普遍应用于铝、镁、钛的合金以及玻璃钢、塑料试件检测。随着电网设备质量要求的不断提高，渗透检测在绝缘部件及材料中的应用也越来越广泛。

2.5.1　发展历程

早期，人们就利用钢板表面裂纹因水分渗入而形成的氧化物（铁锈）的位置、形状，来确定其缺陷分布情况。19 世纪末，工人们把煤油和重油的混合物施加于工件表面，几分钟后擦去多余的油，并在表面涂上一层酒精，酒精挥发后就会在表面剩余一层白粉，如果工件表面有开口缺陷，其内部残留的油就会被吸附到白粉上，形成可见的黑色痕迹，这就是最早的渗透检测方法。

20 世纪初，美国工程技术人员将有色染料加入渗透剂，增加了缺陷显示的颜色对比度；将荧光染料加入渗透剂，利用显像粉显像，并在黑光灯下观察缺陷，显著提高了检测灵敏度。20 世纪 60 年代，国外成功研制出高灵敏度、基本无毒害的渗透剂，并逐渐形成多个具有不同灵敏度等级的渗透检测系统。

我国的渗透检测技术起步于 20 世纪 50 年代，主要沿用苏联的主导渗透检测材料。其中荧光渗透剂是煤油加航空润滑油，着色渗透剂染料为苏丹红，溶剂是苯。20 世纪 60 年代中期，航空工业领域开始采用荧光黄作为染料的荧光渗透检测。20 世纪 70 年代，我国自行研制荧光染料 YJP-15，出现了乳化型荧光渗透检测。1982 年，国内首次举办渗透检测培训班，结束了检测人员无证操作的历史。21 世纪，随着数字化技术的发展，半自动、自动化技术和设备被大量投入使用，检测效率得到极大提高，检测人员的劳动条件也逐步获得改善。

2.5.2　检测方法及优缺点

渗透技术可用于金属及非金属材料的裂纹、折叠、气孔、疏松、冷隔及其他表面开口的缺陷的检测，与射线、超声波、磁粉、涡流等其他几种无损检测方法相比，具有如下优点：

（1）缺陷显示直观、检测灵敏度高，能够有效地检测出各种表面裂纹、疏松、气孔、折叠、冷隔、夹渣等缺陷。

（2）所需设备器材简单、经济。

（3）检测实施不受场地、条件的限制，在野外和无水无电的情况下也可以进行。

（4）检测过程及操作简单，检测人员经过短期培训和实践即可独立进行操作。

（5）几乎不受被检工件形状、尺寸、材质及微观组织的限制，单次操作可同时检测出表面开口多个种缺陷。

渗透检测也有局限性：

（1）只能检测表面开口缺陷，无法显示缺陷内部的形状和大小，一般不能显示缺陷的深度。

（2）无法检测多孔材料，对于表面过分粗糙、结构疏松的试件，检测灵敏度会大幅降低。

（3）检测缺陷重复性差。

2.5.3 电网检测的应用情况

渗透检测技术可以用于金属材料，也可用于非铁磁性的有机非金属材料、无机非金属材料及复合材料，在电网设备材料检测的应用情况如图 2-26～图 2-29 所示。

图 2-26 罐式断路器绝缘筒渗透检测

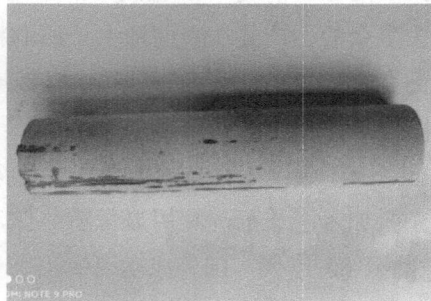

图 2-27 线路负荷绝缘子芯棒渗透检测

图 2-28 GIS 开关接线座渗透检测

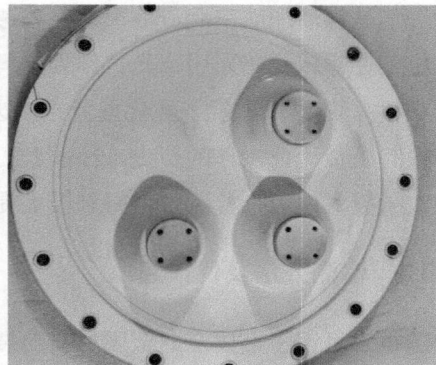

图 2-29 GIS 盆式绝缘子渗透检测

2.5.4　检测基本原理

渗透检测是基于液体的毛细作用（或毛细现象）和固体染料在一定条件下的发光现象。

（1）界面与界面张力。物质有气、液、固三种相，相与相之间的分界面称为界面。自然界中物质一般可以具有气－液、液－液、气－固及液－固 4 种界面。物质的界面都有自动收缩减小表面积的趋势，也就是说界面上存在力的作用。因此，将这种存在于物质界面，使界面收缩的力称为界面张力。

（2）润湿现象。润湿现象是一种界面现象，液体的润湿现象是指固体表面上的气体被液体取代的现象。将一滴液体滴在固体表面，液体将在固体表面上铺展开，部分固体表面气体被液体取代，形成固—气、固—液、液—气 3 种界面，相应地存在三种界面张力，如图 2-30 所示。当界面张力达到平衡时，液体将停止铺展并以一定形状停留在固体表面，此时的界面张力存在如下关系（称为润湿方程，是研究润湿的基本公式）

$$\cos \theta = \frac{r_S - r_{SL}}{r_L}$$

式中　　r_S——固体与气体的界面张力；

　　　　r_{SL}——固体与液体的界面张力；

　　　　r_L——液体与气体的界面张力；

　　　　θ——接触角。

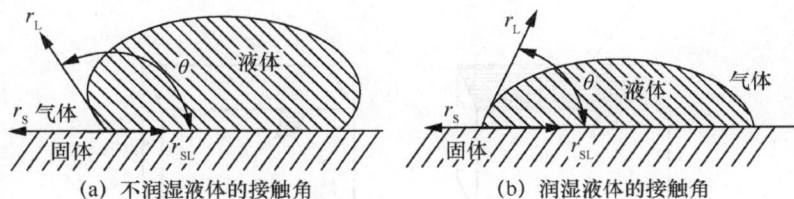

(a) 不润湿液体的接触角　　　　　　(b) 润湿液体的接触角

图 2-30　固体的润湿和接触角

接触角反映了液体的润湿性能，接触角越小，润湿能力越强，反之亦然。按照接触角大小不同，可以将液体的润湿性能分为完全润湿、润湿、不完全润湿和完全不润湿 4 种。

（3）毛细现象。将直径很小的玻璃管（也称毛细管）插入盛有能润湿玻璃的液体的容器中，由于液体的润湿作用，靠近管壁的液面将会上升，使管内液面呈凹形，这种凹形液面能产生指向液体外部的附加压强。由于附加压强的存在，凹液面下的液体所承受的压力将小于管外水平液面下液体所承受的压力，导致容器内液体被压入毛细管内使管内液柱上升，直到上升液柱所产生压强与附加压强数值相等时才达到平衡，如图 2-31 所示。

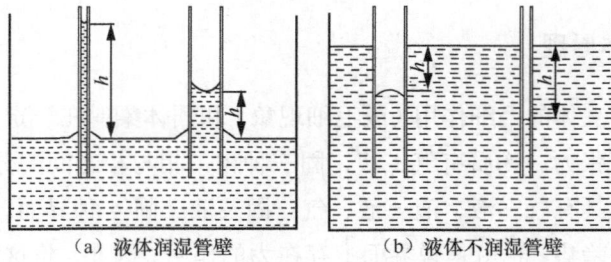

（a）液体润湿管壁　　　　　　　　（b）液体不润湿管壁

图 2-31　毛细现象示意图

毛细现象并不仅限于一般意义上的毛细管，各种细小的缝隙如两平板间的夹缝堆积物之间的空隙等，都可以看成特殊形式的毛细管，当然也会产生毛细现象。

（4）检测原理。渗透检测的原理是：首先在被检试件表面施加一层含有荧光染料或着色染料的液体（称为渗透剂），由于这类液体对微细孔隙具有较强的渗入能力，渗透剂就会渗入到表面开口缺陷中去；然后用水或溶剂清洗试件表面多余的渗透剂；再用吸附介质（称为显像剂）喷或涂于被检试验表面，缺陷中渗入的渗透剂在毛细作用下重新被吸附到试件表面上来，形成放大了的缺陷显示；最后在黑光灯或自然光下观察缺陷显示，从而探测出缺陷的形貌及分布状态。

（5）操作步骤。渗透检测操作的基本步骤为渗透、清洗、显像及观察，如图 2-32 所示。

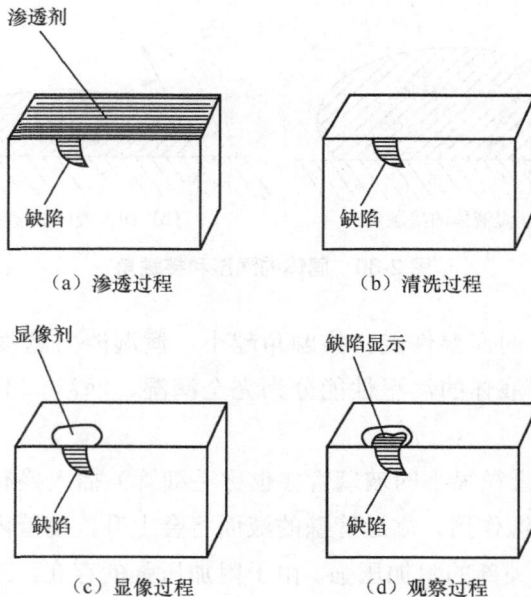

（a）渗透过程　　　　　　　　　　（b）清洗过程

（c）显像过程　　　　　　　　　　（d）观察过程

图 2-32　渗透检测操作基本步骤

1）渗透过程。被检试件表面处理干净（预清洗）之后，采用喷、刷、浇、浸等方法使渗透剂与试件充分接触，使渗透剂渗入试件表面开口缺陷中去的过程，如图 2-32（a）所示。渗透检测过程中，渗透检测剂和试件的温度应该在 5～40℃。

2）清洗过程。用水、溶剂或乳化剂清除试件表面附着的多余渗透剂的过程，如图 2-32（b）所示。应防止过度清洗而引起检测质量下降，同时也应防止清洗不足而造成对缺陷显示识别困难。

3）显像过程。清洗过的试件干燥后，施加显像剂，使渗入缺陷中的渗透剂被吸到试件表面，如图 2-32（c）所示。可采用喷、涂、浸等方法施加显像剂，喷涂方向与被检测面夹角为 30°～40°，且应尽量薄而均匀。

4）观察过程。被吸出的渗透剂在自然光（或紫外线）的照射下显出颜色，从而显示出缺陷的图像，如图 2-32（d）所示。观察时应保证足够的可见光照度或辐照度，必要时可使用 5～10 倍放大镜。

2.5.5　检测设备组成

渗透检测设备包括主要设备、辅助设备和试块。

（1）主要设备。

1）便携式压力喷罐装置。便携式压力喷罐是装有渗透剂、清洗剂及显像剂等渗透检测剂的装置。使用时只需按下头部的阀门，渗透检测剂便会自动喷出。喷灌不能放置在高温区，使用前喷罐要充分摇匀，使用时不能倒立喷洒。

渗透剂：一种将染料及其他附加成分溶解于特定溶剂（一般为水或油）形成的溶液。渗透剂具有很强的渗透能力，能渗入工件表面开口缺陷并以适当方式显示缺陷痕迹，分为荧光渗透剂和着色渗透剂。

清洗剂：用于去除工件表面多余渗透剂的溶剂，一般为水或有机溶剂。

显像剂：通过毛细作用将缺陷中的渗透剂吸附到共计表面形成缺陷显示，并提供与缺陷显示反差较大的背景的悬浮液，分为干式显像剂和湿式显像剂。

2）固定式渗透设备。固定式渗透设备是指渗透检测工序需要设置的有多个工位、流水线布置的检测装置。主要的装置包括预清洗装置、渗透装置、乳化装置、清洗装置、干燥装置、显像装置、后处理装置及紫外线照射装置等。按固定方式不同又可分为一体式装置和分离装置。

3）荧光渗透检测线。自动荧光渗透检测设备一般由若干个多功能组合槽、输送系统、污水处理系统及电气控制系统组成。多功能组合槽主要有预清洗槽、烘干槽、渗透槽、滴落槽、乳化槽、终清洗槽、显像槽、观察区以及自动补水装置等。荧光渗透检测线集中控制操作系统采用人机界面操作系统，可存储多套检测工艺，以根据不同试件的产品随时调用，且可方便地对每道工序的工艺流程参数进行设置、修改。

（2）辅助器材。渗透检测通常采用目视或放大镜对渗透显示进行观察，所以照明设备对检测结构极其重要。常见的照明设备有白光灯及黑光灯，黑光灯的滤光片会遇冷爆裂，破裂后禁止使用，防止对眼睛造成伤害。

常用的测量设备有黑光辐照度计、荧光亮度计及照度计。黑光辐照度计用于测量黑光辐照度，其紫外线波长应在 315～400nm 的范围内，峰值波长为 365nm；荧光亮度计用于测量荧光渗透剂的荧光亮度，其波长应在 430～600nm 范围内，峰值波长为 500～520nm；照度计用于测量普通白光照度。

此外，渗透检测常用器材还包括棉布、手电筒、放大镜等。

（3）试块。渗透试块是用来评价渗透检测系统和工艺灵敏度与工作特性的器材。试块主要分为两大类：一类是人工缺陷试块；另一类是自然缺陷试块。

1）人工缺陷试块。人工缺陷试块有铝合金淬火裂纹试块（A 型试块）、不锈钢镀铬辐射状裂纹试块（B 型试块）和黄铜板镀镍铬层裂纹试块（C 型试块）。

铝合金淬火裂纹试块采用 2A12 或类似的铝合金板材制造，主要用于不同渗透检测材料或不同工艺方法灵敏度的对比试验，但仅适用于中、低灵敏度渗透剂。该试块的一半标记为"A"，而另一半标记为"B"，A、B 两部分表面上的裂纹分布大致相似，如图 2-33（a）所示。

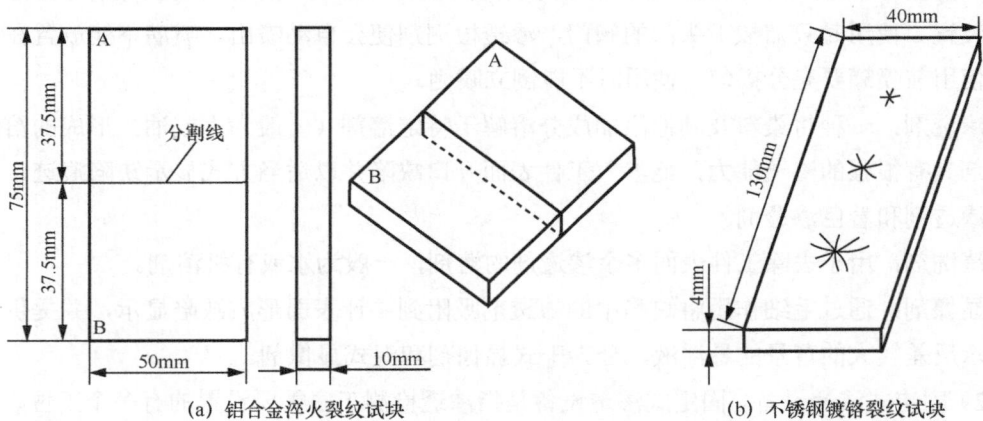

(a) 铝合金淬火裂纹试块　　　　　　　　(b) 不锈钢镀铬裂纹试块

图 2-33　渗透检测试块

不锈钢镀铬辐射状裂纹试块采用 S30408（06Gr18Ni9）或其他不锈钢板加工，主要用于检验渗透检测系统灵敏度及操作工艺正确性，适用于高、中、低灵敏度渗透剂，如图 2-33（b）所示。

黄铜板镀镍铬层裂纹试块应采用黄铜板材，也可采用 A30408（06Gr18Ni9）或其他不锈钢板材制作，主要用于鉴别各类渗透检测剂的性能和确定灵敏度等级。

2）自然缺陷试块。自然缺陷试块就是具有典型自然缺陷或代表性自然缺陷的试件，其作用与人工缺陷试块相同。

2.5.6　检测人员取证要求

渗透检测技术应用的正确性和有效性取决于检测人员的技术水平和能力，检测人员必须具备必要的理论知识和实践技能，因此只有经过培训并取得资格证的人员，才能从事与证书相对应的渗透检测工作 GB/T 9445—2015《无损检测　人员资格鉴定及认证》。将渗透资格证规定为 1、2 级和 3 级，各级别资格证的有效期一般不超过 5 年。

（1）视力要求。无论是否经过矫正，在不小于 30cm 距离，单眼或双眼近视力应能读出 Jaeger1 号或 Times New Roman 4.5 号或同样大小字符（高为 1.6mm）。应具有足够的色觉，可以辨别或区分渗透检测所涉及的颜色或灰度级别，并每年检查一次。

（2）学历。申请 2 级或 3 级认证的人员，必须具备高中（或同等）及以上学历，并提供学历证明。

（3）从业经历。报考人需满足从事本行业的最低持续时间，其中 1 级为 1 个月，2 级为 3 个月，3 级为 12 个月。

（4）培训经历。报考人员须参加相应课时的培训。1 级不少于 16 课时，2 级和 3 级不少于 24 课时。

2.6　声振动检测技术

瓷支柱绝缘子是电网和发电厂电气设备的重要部件。由于设计、制造、安装、维护检修不当等原因，且在运行中受恶劣环境的影响，容易造成失效断裂，危及电网的安全运行。因此，加强对电网在役支柱瓷绝缘子的有效检测和质量评价，对确保电网的安全可靠经济运行至关重要。

20 世纪 80 年代以来，国内外在带电测量技术的基础上发展起一门新的监测技术——电气设备绝缘在线检测与诊断技术，振动声学检测技术就是其中之一。振动声学检测技术的发展，是满足电网设备技术监督工作的客观要求，该技术的推广可以及时发现设备故障，避免绝缘子在超限状态下运行，有效减少瓷绝缘子断裂事故，对保障电力设备的安全稳定运行有较大意义。

2.6.1　发展历程

振动声学检测原理由俄罗斯电力专家于 20 世纪 80 年代发现并应用于电力系统支柱绝缘子检测，该技术是和红外、紫外探测技术几乎齐头并进发展起来的电力设备检测技术，但是当时红外、紫外探测技术的开发应用走在了前列，直到 2000 年以后，俄罗斯率先开发出了振动声学检测设备，振动声学检测也因此得到了应用。

我国电力行业在 2009 年引进了该设备的生产技术，但是其对于该项检测的物理原理没有成形的理论,而且目前国内只是凭经验根据绝缘子的振动功率谱密度评定图来判断其机械状态,没有完整的评价依据,没有成形的理论指导和实践基础,使该项检测技术在我国存在较长真空阶段,2010 年后,随着支柱瓷绝缘子振动声学检测技术在电网侧的发展应用,振动声学检测技术得到了进一步发展。

2.6.2 检测方法及优缺点

瓷支柱绝缘子由混合材质构成,其主要成分是瓷,是由分布在玻璃状基体里的石英粒子组成。制造绝缘子的过程中,这些粒子承受着拉伸应力的作用,拉应力来源于在瓷制品煅烧后冷却过程中两种材料不同的线性膨胀系数。在应力的作用下,在石英粒子、玻璃状基体中以及它们的边界上会滋生出微裂纹,这一过程在某种程度上也出现在优质的瓷件上。

绝缘子的可靠性是由其瓷件本体的质量所决定的,这是由于:

(1)缺陷尺寸很小(例如,表面裂纹深度才 0.1mm,分布在绝缘子的底法兰面上)就能够使绝缘子损坏。

(2)裂纹从其滋生到瓷制件破损发展时间的长短难以预测(从一秒钟至几年)。

(3)不能用肉眼发现瓷制件的内部裂纹,包括位于绝缘子法兰面下边的裂纹。

绝缘子受到外力作用时出现附加的应力,使新的粒子受到损伤,导致微裂纹跳跃式地增长。同其他材质一样,瓷件也有应力极限,超过应力极限就会导致结构破坏(极限强度)。与极限强度对应的力就是极限负载。

按物理学性质,绝缘子诊断可分为肉眼检测法、力学测量法、检测绝缘子材质结构法和检测绝缘子刚度法 4 种方法。

实行肉眼检测的目的在于确定可见的绝缘子损伤,如表面上的破口、大裂纹等。肉眼检测确定的支柱绝缘子伞裙开裂如图 2-34 所示。

图 2-34 伞裙开裂

力学测量法是直接确定绝缘子承载能力的方法。使用这种方法时绝缘子承受的机械载荷，在一定程度上等于在运行过程中遇到的实际载荷，这种方法的优点是它测定了绝缘子的真正强度，但是当载荷达到某一临界值时绝缘子会出现损伤，甚至破坏，属于破坏性检测破坏性试验后绝缘子的断口示意如图 2-35 所示。

图 2-35 断口示意图

检测绝缘子材质结构、刚度属于间接检测方法，间接法是基于测量对象所具有的某些参数，按这些参数的状态评价其承载能力。

检测绝缘子材质结构法，这一方法能够发现裂纹、微裂纹和绝缘子内部的异物。材质结构的检测可使用超声波法或紫外法，超声波检测示意如图 2-36 所示。该方法按其实质是实现绝缘子几何特性的检测，如断面的连续性、存在裂纹、瓷制件内部的微孔隙等。

图 2-36 超声波检测示意图

用振动声学方法进行绝缘子刚度（力学性能）检测，是通过检测绝缘子自由振荡频率或绝缘子振动的谐振频率，按绝缘子振动频谱评价其强度。

2.6.3 电网检测的应用情况

瓷支柱绝缘子振动声学检测仪使用时，将带螺杆的绝缘杆的螺栓头固定于仪器面板的 M14 的螺纹孔内，然后将仪器靠近被检测绝缘子的底部法兰，将仪器探针抵住底部法兰，并使探针尽量与法兰底面垂直，检测示意如图 2-37 所示。用力抵住法兰，直到仪器提示"测试结束"。为较为全面地了解绝缘子的机械状况，建议对每支绝缘子进行四次检测，测点位置示意如图 2-38 所示。使用专用数据线将检测数据传输于 PC 端，并用专用分析软件显示出该支柱式绝缘子振动功率谱密度评定图并进行分析。

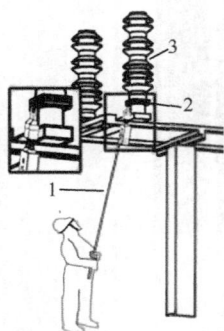

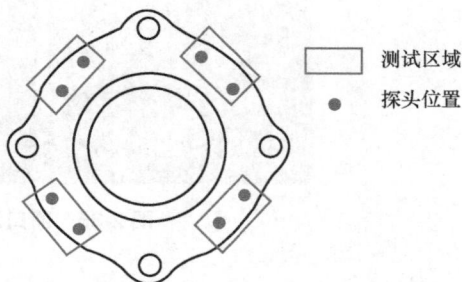

图 2-37 检测示意图　　　　图 2-38 瓷支柱法兰底部俯视测点位置示意图

1—操作手杆；2—法兰底盘；3—瓷绝缘子

频谱分析操作：在电脑程序中展开之前检测过的图形，即注明了评定编号的绝缘子振动功率谱密度的图形。Y 轴的标尺使用相对的谱强度单位，X 轴是以赫兹为单位的频率。图形使用（合并显示）功能按钮使图形相叠加排列，Y 轴可设成对数标尺，线性标尺分析结果如图 2-39 所示，对数标尺分析结果如图 2-40 所示。

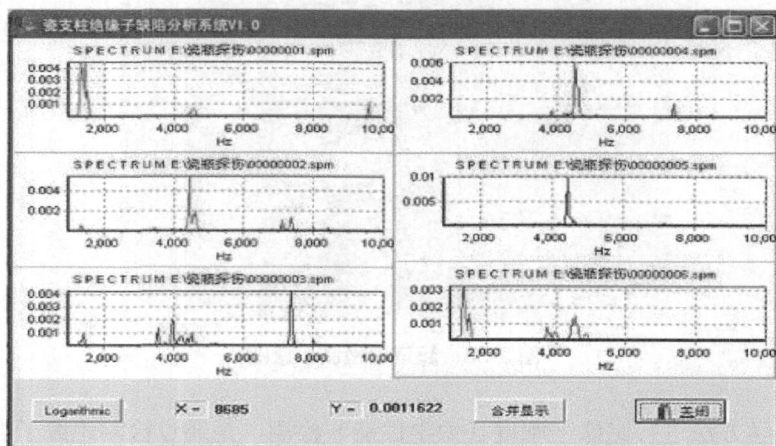

图 2-39 分析结果——线性标尺

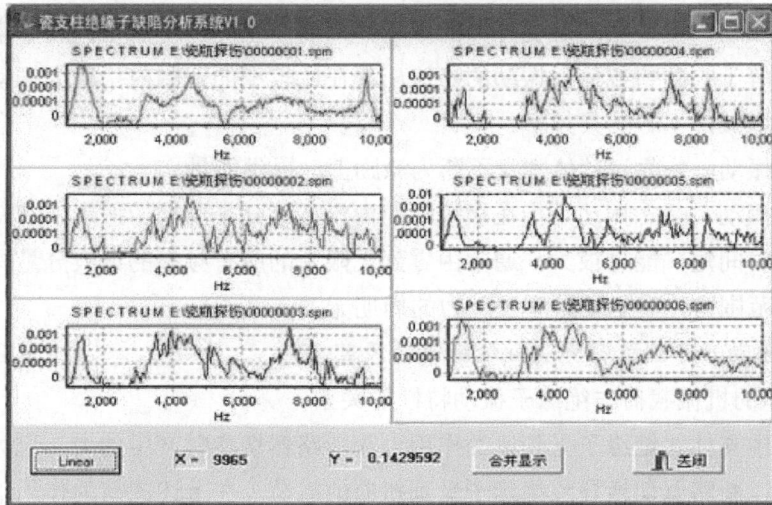

图 2-40　分析结果——对数标尺

2.6.4　检测基本原理

2.6.4.1　振动的物理基础

机械振动是物体在一定位置附近所做的周期性往复的运动，因此机械振动系统就是指围绕其静平衡位置做来回往复运动的机械系统，单摆就是一种简单的机械振动系统。构成机械振动系统的基本要素有惯性、恢复性和阻尼。惯性就是能使系统当前运动持续下去的性质，恢复性就是能使系统位置恢复到平衡状态的性质，阻尼就是能使系统能量消耗掉的性质。这三个基本要素通常分别由物理参数质量、刚度和阻尼表征。

一切正常的机械装置都会或多或少地发生它自己特有规律的振动，异常振动是机械内部缺陷的表征。当设备内部出现故障、零部件产生缺陷、装配和安装情况发生变化时，其振动的振幅值、振动形式及频谱成分均会发生变化，不同的缺陷和故障其引起的振动方式也不同。

设备缺陷带来异常振动，通过对振动的测量分析，可以揭露设备内部隐形缺陷的存在和发展情况，有利于及时检修防止缺陷蔓延与发展。对异常振动不及时处理，也会促使设备连结部件松动、材质疲劳而导致设备的损坏。

振动量不是一个恒定值，而是按周期反复出现的波动信号，或是由相同频率、不同振幅的信号以及不同频率的信号相互叠加的复杂波形。每个振动均能用振幅（平均值、有效值）速度、加速度、频率等多种形式表示。如汽轮发电机，以及转速在 100r/s 以下的风机、水泵等辅机的滑动轴承，常用振动位移峰的峰值或振动速度的有效值来表达。

下面介绍几种不同的振动形式。

（1）受迫振动。受迫振动是受外力的激励作用而产生的，特点是振动频率与外来激振力频率相同或等于它的整数倍；振动的峰值出现在比较窄的范围内；加大振动系统的阻尼仅使振动峰值增减，不影响其频率。

（2）自激振动。依靠运动体本身不断为激励振动提供能量。

（3）瞬态振动。瞬态振动是指在极短时间内仅持续几个周期的振动，其特点是过程突然发生，持续时间短，能量很大；通常由零到无限大的所有频率的谐波分量构成；振动频率基本在一定范围内，和运动频率及外力的周期无关。

2.6.4.2 振动声学法检测瓷支柱绝缘子的原理

1. 绝缘子的机械载荷与绝缘子振动特性的关系

运行过程中支柱式绝缘子受到风的作用力和断路器切换时产生的力，风力导致绝缘子受到弯曲载荷，断路器切换导致绝缘子受到扭曲的载荷，在上述载荷的作用下绝缘子产生弯曲应力和扭曲应力。

弯曲应力为

$$\sigma_{u3} = \frac{a(P_1+P_2)}{W} = \frac{a(P_1+P_2) \times r}{J}$$

式中　$a(P_1+P_2)$——弯曲力矩；
　　　J——绝缘子横截面的惯性力矩；
　　　r——绝缘子横截面的半径。

扭曲应力（切向的）为

$$\tau = \frac{P_2 L r}{I_p}$$

式中　$P_2 L r$——扭曲力矩；
　　　r——绝缘子截面半径；
　　　I_p——横截面惯性力矩。

机械应力函数为

$$\sigma_{o6u} = f(\sum P_i, L_i, a_i, I_i, I_{pi}, r_i)$$

式中　P_i——外力总和；
　　　L_i——绝缘子的线性尺寸；
　　　a_i——绝缘子各横截面的力矩；
　　　I_i, I_{pi}——各惯性极力矩；
　　　r_i——绝缘子断面半径。

绝缘子是承受着随时间快速变化的动态载荷的柱形装置，机械振动公式可用下列表达式加以描述。

（1）弯曲振动。

$$\frac{\partial^2}{\partial x^2}\left(EI\frac{\partial^2 w}{\partial x^2}\right)+\rho F\frac{\partial^2 w}{\partial t^2}=q(x,t)$$

式中　w ——柱下垂挠度；

　　　x ——柱长度坐标；

　　　t ——时间；

　　　E——柱材质的弹性模量；

　　　ρ ——柱材质的密度；

　　　F——柱横截面面积；

　$q(x,t)$ ——扰动力。

（2）纵向振动。

$$\frac{\partial}{\partial x}\left(EF\frac{\partial u}{\partial x}\right)+\rho F\frac{\partial^2 u}{\partial t^2}=q(x,t)$$

式中　u ——柱的纵向（竖）位移（变形）；

　　　x——柱长度坐标；

　　　t ——时间；

　　　E——柱材质的弹性模量；

　　　ρ ——柱材质的密度；

　　　F——柱横截面面积；

　$q(x,t)$——扰动力。

（3）扭曲振动。

$$\frac{\partial}{\partial x}\left[GI_k\frac{\dfrac{\partial}{\partial x}\left(GI_k\dfrac{\partial\theta}{\partial x}\right)-\rho I_p\dfrac{\partial^2\theta}{\partial t^2}=\mu(x,t)\theta}{\partial x}\right]-\rho I_p\frac{\partial^2\theta}{\partial t^2}=\mu(x,t)$$

式中　θ ——柱扭曲角；

　　　x ——柱现行长度坐标；

　　　t ——时间；

　　　G ——柱材质的剪切模量；

　　　ρ ——柱材质的密度；

　　　I_k ——扭曲时的惯性力矩（圆形和环型横截面的装置，其扭曲时的惯性力矩等于惯性极力矩 I_p ）；

　$\mu(x,t)$ ——扰动力矩。

表达式里的 EI、EF 和 GI_p 项在弯曲、纵向和扭曲振动时决定着截面的刚度。

以上三个公式的通解可写成下式，以确定所研究装置振动的本身固自有（谐振）频率和模态

$$\omega = f(a_i, r_i, I_p, I, F, E, G, \rho)$$

式中　　a_i, r_i ——柱的线性尺寸；

　　　　I_p, I ——断面的惯性静力矩和极力矩；

　　　　E, G ——柱材质的弹性模量和剪切模量；

　　　　ρ ——柱材质的密度。

柱形装置的各项机械应力函数和固自有振动频率具有相同的自变量，即柱形装置（绝缘子）的机械强度和它的频率特性紧密相关。

2. 绝缘子固自有振动频率和极限载荷的关系

瓷材质和任何别的材质一样均有应力极限，超过这个极限会导致结构的破坏（极限强度），对应极限强度的力叫作极限载荷。

柱形装置的一端固定（法兰）而从另一端加力，这时的弯曲极限载荷表达式为

$$P = \sigma I / Lr$$

式中　　P ——极限载荷；

　　　　σ ——应力（此处指极限强度）；

　　　　L ——柱形装置（绝缘子）长度；

　　　　r ——绝缘子危险断面半径；

　　　　I ——绝缘子危险断面惯性静力矩。

柱形装置一端固定（法兰），而另一端为自由状态，其固有振动频率有如下表达式

$$\omega_i = (k_i)^2 / L^2 \cdot \sqrt{EI} / \sqrt{m}$$

式中　　ω ——柱装置（绝缘子）本身自有振动频率；

　　　　K ——克雷洛夫方程式根；

　　　　L ——柱装置长度；

　　　　E ——材质弹性模量；

　　　　I ——柱装置危险断面的惯性静力矩；

　　　　m ——柱装置的单位长度质量。

把损坏的和未损坏的绝缘子作比较，取极限载荷作为参照点，则绝缘子的损坏程度可用损坏绝缘子极限载荷和未损坏绝缘子极限载荷之比的形式表示。无需复杂的转换就能得出下列关系式

$$P_1 / P_0 = I_1 / I_0 = (\omega_{i1} / \omega_{i0})^2$$

式中　　P_0 ——未损坏绝缘子极限载荷；

　　　　P_1 ——损坏绝缘子极限载荷；

I_0——未损坏绝缘子危险断面的惯性静力矩；

I_1——损坏绝缘子危险断面的惯性静力矩；

ω_{i0}——未损坏绝缘子自有振动频率；

ω_{i1}——损坏绝缘子自有振动频率；

i——绝缘子振动的固有模态（$i=1,2,\cdots$）。

对于纵向和扭曲的载荷也成立，故上式可改写成

$$P_1/P_0=I_1/I_0=F_1/F_0=I_{p1}/I_{p0}=(\omega_{i1}/\omega_{i0})^2$$

式中　F_0——未损坏绝缘子危险断面面积（纵向振动）；

F_1——损坏绝缘子危险断面面积（纵向振动）；

I_{p0}——未损坏绝缘子危险断面的惯性力矩（扭曲振动）。

$P_1/P_0=I_1/I_0=F_1/F_0=I_{p1}/I_{p0}=(\omega_{i1}/\omega_{i0})^2$ 包含了绝缘子的任何一种振动形式损伤，因此可以使用振动声学法确定瓷支柱绝缘子的机械状态。

将绝缘子作为有某种自由度的机械装置，汇总的机械振动方程可写成如下表达式

$$A\mathrm{d}^2q/\mathrm{d}t^2 + B\mathrm{d}q/\mathrm{d}t + Cq = F(t)$$

式中　A ——惯性元素矩阵；

B ——耗散力矩阵；

C ——准弹性系数矩阵；

q ——汇总坐标矩阵列；

$F(t)$ ——汇总外力矩阵列。

柱形装置固有振动模态的频率可由下列关系式确定。

纵向振动：

$$\omega = f(EF)$$

弯曲振动：

$$\omega = f(EJ)$$

式中　ω ——振动频率；

EF ——柱装置纵向刚度；

EJ ——柱装置弯曲刚度；

E ——弹性模量；

F ——柱装置横截面面积；

J ——柱装置横截面惯性静力矩。

在激发时，被激发的振动中包含着整个柱形装置的全部信息。因此外加一个激发的激励源到绝缘子的下底法兰面上，并且记录下它对此激发的响应，就能得到有关绝缘子动态性能全部的完整信息。

2.6.5 检测设备组成

支柱式绝缘子机械状态全套设备系统包括：激励源——随机振动的激发器；信号接收——记录器用来存储绝缘子对激励的响应；结果分析系统——用来分析检测结果的软件包，瓷支柱绝缘子振动声学检测仪如图 2-41 所示。

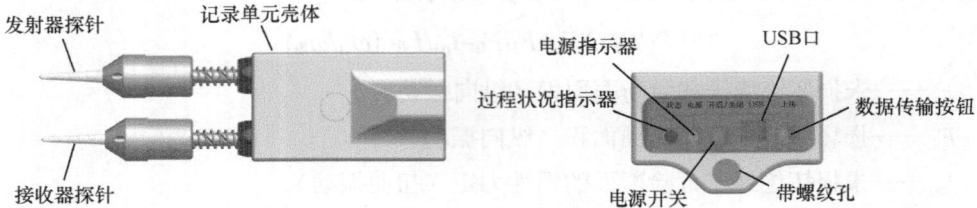

图 2-41　瓷支柱绝缘子振动声学检测仪

2.6.5.1　激励源

激励源的作用是产生随机振动，振动的激励一般采用稳态正弦激励法和瞬态激励法。

1．稳态正弦激励法

稳态正弦激励法是测量频率响应的经典方法，它提供给被测系统的激励信号是一个具有稳定幅值和频率的正弦信号，测出激励大小和响应大小，便可求出系统在该频率点处的频率响应的大小。

激励系统一般由正弦信号发生器、功率放大器和电磁激振器组成，测量系统由跟踪滤波器、峰值电压表和相位计组成。

2．瞬态激励法

瞬态激励法给被测系统提供的激励信号是一种瞬态信号，它属于一种宽频带激励，即一次同时给系统提供频带内各个频率成分的能量和使系统产生相应频带内的频率响应。因此，瞬态激励法是一种快速测试方法，同时由于测试设备简单，灵活性大，故常在生产现场使用。

3．随机激振法

相对于前两种方法，随机激振具有更快速的实时优势，更适合于绝缘子的在线测试。因此，我们通过随机振动相应分析来实现绝缘子故障诊断的目的。

由随机激振法产生振动，在频率范围 1000～10000Hz 时具有线性特性并且具有足够的功率加载给绝缘子。在上述频率范围内可以使用磁致伸缩、电动和压电型的振动激发器。为了解决我们提出的任务，最为合适的振动激发器乃是压电型的，因为电动型激发器谐振频率低，而磁致伸缩激发器则需要庞大的主振装置。

2.6.5.2　信号接收

响应信号的接收——记录器要测量、数字化、识别和存储绝缘子对 1000～10000Hz 频率范围内激发随机振动的反应信息。用压电式加速度传感器来测量绝缘子的振动。压电式加速度传感器，内部通常有以高密度合金制成的惯性质量块，当壳体连同基座和被测对象一起运动时，惯性质量块相对于壳体或基座产生一定的位移，由此位移产生的弹性力加于压电元件上，在压电元件的两个端面上就产生了极性相反的电荷。压电式传感器通常不用阻尼元件，且其元件的内部阻尼也很小（<0.02），系统可视为无阻尼，所以压电式加速传感器有足够高的灵敏度和较宽的频率响应范围（达 10000Hz）。从压电式加速度传感器接收的信号被放大和加以数字化，得到的数据组加上编号送到存储单元。

2.6.5.3　结果分析系统

电脑的软件包要把记录器存储器里的信息转移到电脑自己的存储器里并加以处理以便得出和提供便于使用的结果。考虑到绝缘子对随机振动激发的反应是一个随机过程，就必须使用处理随机过程的仪表。

2.7　太赫兹无损检测技术

2.7.1　发展历程

通常情况下，人们把频率从 0.1THz 到 10THz（1THz=10^{12}Hz），相应的波长从 0.03～3mm，位于微波与远红外波之间频谱范围的电磁波，叫太赫兹波，其在电磁波谱的位置如图 2-42 所示。

| 微波 | THz | 红外 | 可见光 | 紫外线 | X射线 |

| 10^{10}Hz | 10^{11}Hz | 10^{12}Hz | 10^{13}Hz | 10^{14}Hz | 10^{15}Hz | 10^{16}Hz | 10^{17}Hz | 10^{18}Hz |
| 30mm | 3mm | 300μm | 30μm | 3μm | 300nm | 30nm | 3nm | 300pm |

图 2-42　太赫兹波在波谱中的位置

在 20 世纪 80 年代前，缺乏太赫兹波段的高效发射源和灵敏探测器，这一频段没有得到深入研究，因此成为电磁波谱中一段不为人知的"空白"，被称为太赫兹空隙（THzgap）。由于太赫兹频段在电磁波谱所处的特殊位置，即传统电子学领域和光学领域的交界区域，导致了科学研究由两侧向太赫兹波段迈进的困难。

太赫兹成像从 20 世纪由 B.B.Hu、M.C.Nuss、Daniel M.Mittleman 和 RuneH.Jacobsen 首先倡导以来，获得了长足发展。已经出现了脉冲太赫兹成像，连续太赫兹成像，空间扫描太赫兹成像，实时太赫兹成像，太赫兹合成孔径成像，近场显微成像和三维层析成像等多种成像方式，在成像速度、成像分辨率、信噪比（SNR）上不断获得进步。太赫兹成像技术一方面借鉴现有其他频段较为成熟的成像技术加以改造，另一方面又与图像、信号和模式识别技术交叉，成为一个快速发展的热门领域。

2001 年，布鲁彻塞弗等用时间分辨的太赫兹断层摄影技术系统对薄层陶瓷氧化膜进行三维成像分析。经过对入射角度的一系列调整，发现在布儒斯特角下，该系统的性能得到了较大提高。该断层摄影技术可以用在高温固体氧化燃料电池中。

2002 年，帕什金等利用太赫兹时域光谱系统技术以及逆波振荡器技术对铁电陶瓷，如掺镧锆钛酸铅陶瓷、掺锌酸铅陶瓷以及蓝宝石上的钛酸锶钡薄膜进行分析。其中利用逆波振荡太赫兹波谱技术得到温度在 $10\sim300K$ 下波数范围为 $8\sim33cm^{-1}$ 的波谱，通过时域谱技术得到常温下波数为 $3\sim80cm^{-1}$ 的光谱。以上两种技术对于掺镧锆钛酸铅陶瓷和掺锌酸铅陶瓷的测量能力近似，但是在测量对象为薄膜的情况下，时域谱技术因其处理数据选择性强而较逆波振荡技术更优。

2006 年，雷滕等利用太赫兹脉冲进行陶瓷球轴承裂纹的检查，并用最迟脉冲响应和时域角度调制两种方法进行分析。利用太赫兹脉冲作为检测手段具有非接触、无损伤、无需液体介质并且对周围环境温度不敏感的特点。

2007 年，威茨克等使用太赫兹连续波成像系统对塑料进行透射成像，在 0.3THz 频率下的透射太赫兹图像中，能够发现加劲肋、沙、纸质标签、塑料上一些较厚的区域及分层，同时他们还使用时域光谱系统太赫兹时域光谱系统成像系统寻找出高密度聚乙烯的塑料焊接接头。

2010 年，王鹤等利用时域光谱系统太赫兹时域光谱系统技术测量了聚乙烯、聚丙烯、聚氯乙烯、聚四氟乙烯和丙烯腈–丁二烯–苯乙烯的太赫兹透射谱，在频段为 $0.2\sim2.6THz$ 范围内，得到了在室温氮气环境下这些材料的太赫兹吸收谱和折射率色散特性。发现这几种塑料的折射率与吸收系数差异显著，相比之下，聚氯乙烯和丙烯腈–丁二烯–苯乙烯的吸收较聚乙烯、聚丙烯、聚四氟乙烯高。

2011 年，普罗布斯特等利用时域光谱系统太赫兹时域光谱系统技术对聚乙烯管的厚度进行了分析。在反射时域图中，管的外壁与内壁反射的太赫兹波会形成两个脉冲峰，利用两个脉冲峰的时间间隔与聚乙烯管的厚度可以菜油和鱼油中的皂化值和聚合物含量。研究发现在 $20\sim400cm^{-1}$ 范围内，可以发现 $77cm^{-1}$ 和 $328cm^{-1}$ 处有两个吸收峰，前一个峰与皂化值有关，并且随着加热时间的增加吸收增大。热处理过的油中的聚合物含量与 $77cm^{-1}$ 处的吸收也有关系。该研究证实了太赫兹方法可用于确定食用油中的皂化值和聚合物含量，每个样品的测试时间只需 $2\sim3min$。

2011 年，欧文斯等利用太赫兹反射成像技术对陶瓷复合材料进行无损检测（分辨率小于 1mm），且该项技术可为材料性质因机械和热应变而导致太赫兹图像上的改变作依据。

2011 年，苗青等采用太赫兹时域光谱系统技术研究了 4 种不同环氧值的环氧树脂在 $0.2\sim2.6THz$ 波段的光学性能和光谱特性，并基于这 4 种环氧树脂吸收谱对 3 种环氧树脂混合物的吸收光谱进行了分析，证实了太赫兹波谱技术在定量分析领域潜在的应用前景。

2012 年，特罗菲莫夫等利用太赫兹反射谱对不同遮蔽物下的陶瓷炸药（氧化铝与环三亚甲基三硝基胺或季戊四醇四硝酸酯的混合物）进行分析。分析不同反射角度下的太赫兹脉冲，发现遮蔽物能在一定程度上扭曲太赫兹光谱，但是对谱图和动态谱线的分析仍然能够得到相应的炸药信息。

2012 年，马库特科维奇等研究了环氧树脂与多种碳杂质混合物的太赫兹波透射性质，发现在 0.2～1.5THz 范围内，随着频率增高，辐射强度明显减少。Peters 等将多层碳纳米管固定在树脂薄膜上，并利用太赫兹时域光谱系统技术以及成像技术进行分析。通过对时域谱分析得到了碳纳米管浓度（浓度范围为 0.1%～1%）与消光系数、折射率之间的关系，并讨论了碳纳米管均匀度的影响。通过太赫兹成像可以明显看出浓度的分布情况，尤其是能检测低浓度的部分，这为碳纳米管的质量检测提供了依据。

近年，太赫兹技术得到了广泛的关注，可以预期它将进一步快速发展。太赫兹辐射作为一种具有多种独特特点的辐射源，显示出了巨大的开发和应用潜力，尽管在部分领域（如农业领域）的研究和应用才刚刚起步。随着研究的深入和广泛应用，太赫兹技术的优势逐渐体现出来，但在无损检测方面的应用仍然会有一些限制：首先，太赫兹辐射无法穿透导体；其次，由于极性液体中分子的转动和整体振动对太赫兹波有强烈的吸收，导致太赫兹辐射在极性液体（比如水）中穿透率非常低，如太赫兹波在液态水中透射深度在 $100\mu m$ 数量级；再次，由于晶体的声子振荡能级位于太赫兹波段，因此它们对于太赫兹波在某些特定的波段存在强烈的共振吸收。同时，运用太赫兹成像技术进行无损检测，还需要满足以下两个条件：媒质对载波的损耗率必须较低，这样载波才能透过媒质看到内部结构；媒质对载波必须有一定的损耗，这样才能有足够的对比度。

从发展前景来看，今后的研究主要体现在以下方面：

（1）太赫兹技术向着快速、稳定的趋势发展，其设备价格也会相应降低：这涉及太赫兹系统构建的许多细节，如提升激光稳定性、整个系统可靠性及系统维护等。

（2）快速鉴别与定量检测：许多物质在太赫兹波段下具有特征峰，可以依据太赫兹波这个特点对物质进行快速鉴别以及对物质含量进行分析。

（3）弱信号的处理：目前对于材料的分析，如内部结构、缺陷、密度分布、含水量及内部分子反应等，都因信号强度较弱而存在分析困难的问题，相信随着技术的进步及数据处理方法的成熟，弱信号的处理问题将得到解决。

（4）检测速度提高：阻碍太赫兹波检测实用化的其中一个因素是太赫兹成像的速度。由于太赫兹成像技术通常是逐点进行采样的，其成像的速度受到一定限制，很难获得高的扫描速度，因此在实际生产线上应用相对较少。但是随着检测方法与硬件的改良和发展，太赫兹成像系统会越来越小型化和轻型化，成像速度会越来越快，并广泛应用于实际流水线检测。

（5）多技术融合：将太赫兹技术与其他无损检测技术进行融合，发挥各个技术的长处使检测功能更加完善。

目前，太赫兹技术正处于从技术推广到市场驱动的转折点，需要持续发展克服瓶颈问题的突破性技术以满足市场的真正需求。相信在不久的将来，太赫兹技术的优势能被充分利用，其设备真正实现市场化和产业化。

2.7.2　检测方法及优缺点

2.7.2.1　太赫兹检测方法的优缺点

在过去很长一段时间，由于太赫兹源的功率强度和太赫兹接收器的灵敏度远弱于邻近的微波和红外波，在一定程度上限制了太赫兹技术应用的发展，使得该频段很长一段时间被称为"太赫兹间隙"。不过，也正是由于太赫兹电磁波频段是宏观电子学向微观光子学过渡的频段，因而具有许多独特性能：

（1）光子能量低。太赫兹波的光子能量仅为毫电子伏量级（4.1meV），而 X 射线的光子能量则高达千电子伏，因此太赫兹波不会对生物组织产生有害的光电离，对测试材料和操作人员都是安全的。

（2）水吸收性强。水对太赫兹波具有极强的吸收作用，因此即使是高功率太赫兹辐射，对人体的伤害也仅限于皮肤表层。

（3）穿透力强。太赫兹的波长比可见光和红外的波长，不易受米氏散射影响。可穿透大多数干燥的电介质，如玻璃、泡沫、塑料、木材和陶瓷等。

（4）空间分辨率高。太赫兹波长足够短，能够提供毫米或亚毫米级的分辨率，若应用近场技术，还可以获得更高的纳米级分辨率。

（5）光谱识别能力。由于偶极子转动和振动跃迁，许多分子在太赫兹频段表现出明显的吸收和色散特性，可以在太赫兹区域建立光谱指纹识别。

基于以上特性，太赫兹对许多在可见和红外波段不透明的非金属（如复合材料、玻璃、硬纸板、碳纤维）、聚烯烃类（如聚乙烯、聚丙烯和聚苯乙烯）材料具有较强的穿透能力，可进行透射成像。20 世纪 90 年代，激光技术以及半导体技术的快速发展为太赫兹技术的应用提供了稳定可靠的辐射源，这使得太赫兹技术开始在无损检测领域得到广泛的应用。

太赫兹无损检测技术主要利用非极性和非金属材料对太赫兹波的透明性特征进行分析，如果太赫兹波投射到检测样品当中，那么检测的材料就会吸收太赫兹辐射。对样品进行扫描成像和成像处理，测试的样品缺陷情况也会在成像结果当中清晰地反映出来。大部分的太赫兹辐射都会被探测器接收，如果被测材料样品内部表面存在着缺陷，如杂质、位置错位或纤维层体界面出现开裂，缺陷位置就会出现散射，能量程度也会较高于其他部位，所以在成像过程当中会加强太赫兹波与材料之间的联系和均匀性，成像的结果就会出现明显的差异。

2.7.2.2　太赫兹检测方法的应用

太赫兹成像与 X 射线成像相比，太赫兹成像对人体不构成辐射危害，还能为软材料提供更好的对比度，而 X 射线对这些材料及其内部缺陷过度穿透而无法明显区别；与超声波成像相比，它完全是非接触式，且频段更宽，信号中携带的信息更多，有时甚至优于超声波，更适合测试对声波衰减严重的材料。与可见光和红外成像相比，太赫兹可以透过可见光和红外线所无法穿透的物质或材料，如塑料、陶瓷、绝热泡沫等，应用范围更广。

太赫兹成像和微波成像具有相同之处，都能够穿透非金属材料并在金属表面发生全反射，工作方式也类似。但二者也存在明显的区别：

（1）太赫兹成像的工作频段通常在 0.1～3THz，但微波成像多位于 0.04～0.09THz，太赫兹频率的更高使其成像分辨率提高了 10～50 倍，从而能够检测到微波成像无法分辨的微小缺陷。

（2）太赫兹脉冲波成像系统产生的短脉冲会消除微波成像技术的距离模糊和驻波图，并为较高级的信号处理技术提供了应用空间。

综上所述，太赫兹成像技术凭借其安全性、有效性和高分辨率展示出独特优势，且适合探测非金属材料，是一种新型的无损检测补充手段。

根据工作原理，太赫兹成像系统分为主动式和被动式，但即使在太赫兹频段，频率高达 0.1THz 以上，被动式探测仍会降低对比度、检测灵敏度和图像分辨率，而主动式系统的辐射源可以克服这些不足，故太赫兹成像技术在无损检测中的应用主要依赖于主动式系统。

主动式系统的工作过程是采用已知频率、功率和波形的太赫兹波辐射被测样品，并与之相互作用（反射、透射、吸收等），然后利用探测器接收信号。被检部件的介电特性和结构特点会影响接收到的太赫兹信号，所以通过分析太赫兹接收信号即可测定被测样品的形貌。根据主动式系统中发射源的类型，太赫兹成像系统又分为脉冲波和连续波两种辐射波形。

1．太赫兹脉冲波成像

从时间上讲，太赫兹脉冲波成像起步更早，脉冲激光器的出现为发射和探测太赫兹脉冲铺平了道路。太赫兹时域光谱技术是一种相干检测技术，能够直接获得从样品中穿透或反射的太赫兹时域信号，并可以通过快速傅里叶变换处理为频域信号而得到振幅和相位信息。

以太赫兹时域光谱系统为例，说明太赫兹脉冲波成像系统包含的主要元件及其工作原理。它主要由脉冲激光器、太赫兹波产生和探测装置以及时间延迟控制系统组成，系统如图 2-43 所示。脉冲激光器产生波长为 780nm 的激光，经分束器分成两束：一束激光作为泵浦光（一种使用光将电子从原子或分子中的较低能级升高到较高能级的过程）；另一束激光作为探测光。其中，泵浦光经光电导天线产生太赫兹辐射，两束光均会聚至电光晶体且光程相等。太赫兹辐射使电光晶体发生双折射效应，$\lambda/4$ 波片使探测光变成椭圆偏振光，沃拉斯顿棱镜产生两束彼此分开、振动方向互相垂直的线偏振光。平衡式光电探测器通过检测这两束线偏振光获得太赫兹辐射强度。

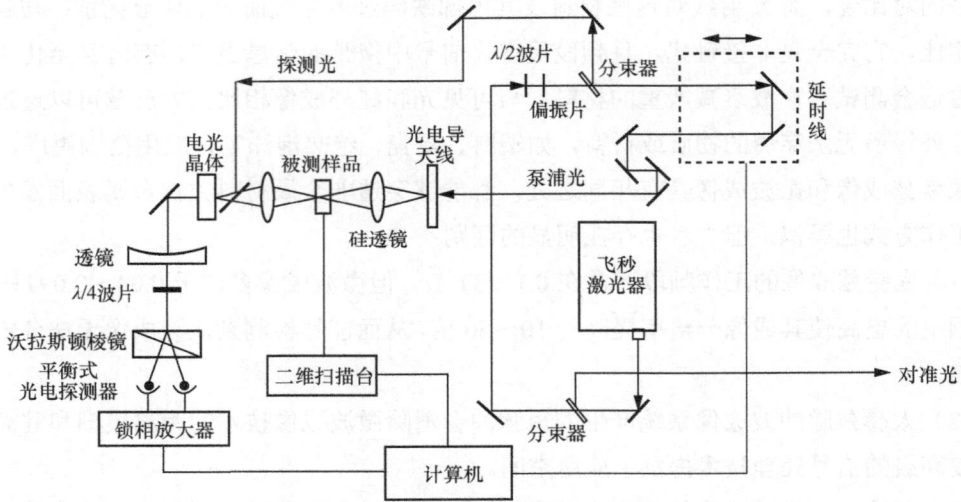

图 2-43 太赫兹时域光谱成像系统

设 XY 平面垂直于太赫兹波辐射的轴线方向，在 XY 平面上通过光栅扫描逐点采集数据。对应时域和频域分别有两种成像方式。

（1）时域成像：在每个扫描点采集的时域波形中寻找峰值，然后在 XY 平面上对应填充所有采样坐标的峰值幅度，即可生成一幅二维成像图。在反射模式下，通过结合飞行时间和材料的介电特性可以得到 Z 轴信息（反映目标的距离或厚度），然后依次将峰值幅度填充到相应的三维空间坐标中，则生成一幅三维成像图或多幅二维层析图，这种成像方式也被称为飞行时间成像。时域成像综合了全频段的信息，其成像分辨率与中心频率一致。

（2）频域成像：通过傅里叶变换可以获得宽频带内所有频点处的数据。选择任意频点，在 XY 平面上对应填充幅度或相位信息，则生成一幅二维成像图。在有效频段内，频率越高，光斑越小，则平面分辨率越高，成像越清晰。

在电子系统中，相位测量是常用的，但在光学系统中却很少见，而太赫兹时域光谱系统提供的信号中同时包含了幅度和相位信息。在研究样品的厚度和介电特性时，相位至关重要，脉冲时间即表征了相位信息。此外，太赫兹时域光谱系统辐射频带宽，通常波长能跨越一个数量级，对光谱测量和短相干波长的研究具有重要价值。光谱分辨力决定了指纹图谱的识别精度，而短相干波长意味着高距离分辨力。然而，太赫兹时域光谱系统也存在难以克服的局限性。首先，它对脉冲激光器的需求即是一项制约，虽然近来脉冲激光技术的发展取得了巨大进步，但激光器仍是光谱仪中最复杂、最昂贵的设备。而且它对运行环境的要求很高，需要保持在恒温恒湿的工作状态，最适合在超净间内使用，否则容易出现功率衰减严重和工作不稳定等现象。其次，从光路图 2-43 中可知时域光谱系统中泵浦光一路具有延时线，通常通过机械移动或转动驱动装置控制光程延时扫描。该技术可以获得较高的时间分辨率，但限制了扫描时间和图像重建速率。

近年来，一些研究小组推出了非机械式扫描延迟器，采用具有频率差异的双脉冲激光器，一台作为主激光，用于辐射太赫兹脉冲，另一台作为从激光，用于探测太赫兹脉冲。两台激光器之间存在固定的重复频率差，且从激光的相位由主激光控制。初始时两台激光器的脉冲重合，但由于重复频率不同，下一周期时两脉冲之间出现时间差，且以后每增加一个周期，时间差也依次增加一倍，直到两脉冲再次重合，从而实现延迟线自动扫描，其速度由两束激光的重复频率差决定。

虽然解除了机械运动部件的限制且能提高扫描频率，并获得了同样高的时间分辨率，但需要以增加一台昂贵的脉冲激光器和电子反馈为代价，不仅使成本大幅提高，也增加了系统的复杂度。再次，由于非线性光学转换效率低，太赫兹时域光谱系统发射功率低，平均功率通常低于 $1\mu W$，这极大地限制了被测样品的种类和厚度。例如，上述太赫兹时域光谱系统的发射功率为几纳瓦，且延时扫描时间是 100ps，即最大可测试范围不超过 30mm。为了实现反射模式下的飞行时间成像，并保持完整的时域脉冲波形，此时可测样品的最大厚度约为 10mm。若考虑传输损耗和透镜焦距等因素，可测试的最大厚度将更小。因此，太赫兹时域光谱系统更适合检测薄样品。

在太赫兹脉冲波成像系统中，常用的脉冲激光器有自由电子激光器、量子级联激光器、气体激光器和光纤激光器。自由电子激光器的输出功率高达数百瓦，但其体积庞大，仅能作为实验室桌面仪器使用。量子级联激光器体积小，有利于建立便携式系统。但在室温条件下其输出功率不稳定，需要工作在低温环境中。气体激光器，如 CO_2 泵浦激光器，具有较高的光学质量和良好的稳定性，并为实现便携、易操作的太赫兹时域光谱系统提供了可能，但其能量转换效率低，输出功率不会太高，约为几十毫瓦。光纤激光器采用半导体作为升高源，光纤作为激光媒质，其体积小且能量转换效率高，是制造便携式太赫兹时域光谱系统的最佳选择，但仍比电子的太赫兹连续波成像系统庞大若干倍。

2. 太赫兹连续波成像

根据 $0.1\sim3THz$ 电磁波在大气中的衰减程度，主要分为以下传输频带：$0.1\sim0.55THz$、$0.56\sim0.75THz$、$0.76\sim0.98THz$、$0.99\sim1.09THz$、$1.21\sim1.41THz$、$1.42\sim1.59THz$、$1.92\sim2.04THz$、$2.05\sim2.15THz$ 和 $2.47\sim2.62THz$。基于全固态电子技术的太赫兹连续波系统通常工作在 0.8THz 以下，该频段的太赫兹波在大气中水吸收峰较少且在介质中传输损耗小，适合远距离探测或较厚材料的深度测量。相比于由脉冲激光器和光学元件组成的脉冲波成像系统，全固态电子电路结构简单、便携，能更好地适应恶劣环境下的工程应用，更具实用价值和经济效益。

近年来，科研工作者致力于开发一种紧凑、便携、价廉且适合工程应用的太赫兹成像系统，此时，纯固态电子的太赫兹连续波成像系统脱颖而出。它基于微波振荡器和肖特基二极管倍频技术实现太赫兹辐射，并分为单频和调频连续波两种调制方式。通常单频连续波系统是一种强度成像装置，通过透射和反射太赫兹波的强度分布来反映物体的结构；调频连续波系统具有宽频带，通常工作在反射模式下，可以同时获得幅度和相位信息。若仅对目标实现二维成像而无需距离或深度信息时，采用单频连续波成像系统即可满足要求，同时也有利于提高发射功率、成像速度，并降低系统设计的复杂度。例如，吉林大学搭建的高功率 110GHz 二维成像系统。当物体较厚（大于 10mm）且具有多层结构或含有多个缺陷时，需要检测各层或各缺陷的深度位置，但太赫兹时域光谱系统发射功率低且聚焦深度有限而不再适用。与单频连续波系统相比，为了获得更大带宽，调频连续波系统的发射功率会有所牺牲，但仍为毫瓦量级，远高于太赫兹时域光谱系统。也许在不久的将来，调频连续波系统的发射功率会有明显的提高。

2.7.3　基本原理与检测设备

太赫兹光谱技术通过分析太赫兹脉冲通过样品的样品信号与太赫兹脉冲源在自由空间中穿过相同的距离后的参考信号这两个太赫兹信号间的时间分辨电场相对变化。其成像原理如图 2-44 所示，激光在分速器作用下分解成样品激光光源与参考激光光源，光源经过透镜折射反射过滤后形成太赫兹样品信号源与参考信号源，样品信号源在经过样品后被太赫兹探针接收，并结合参考信号经过计算后获得样品图像信息。如图 2-45 所示为太赫兹发射、接收设备及信号采集处理设备。

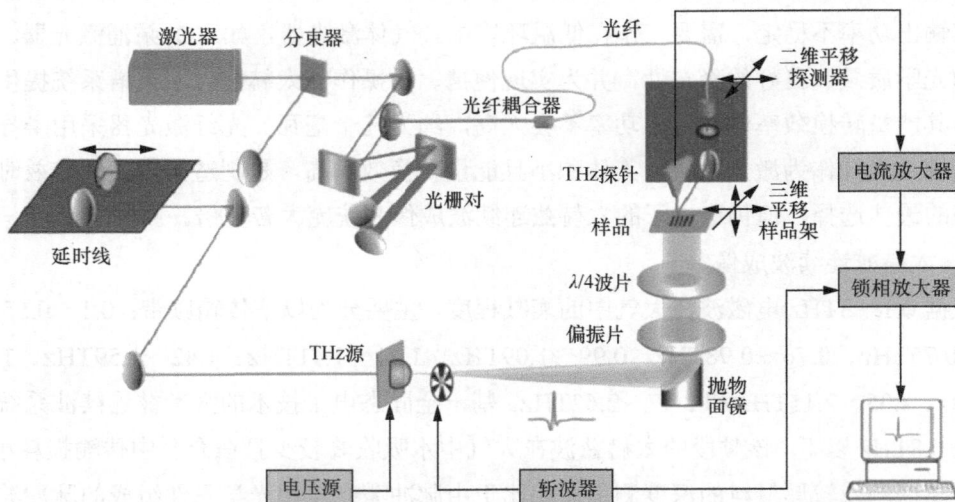

图 2-44　太赫兹成像原理

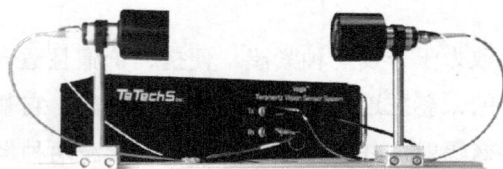

图 2-45　太赫兹成像设备

2.7.4 电网检测的应用情况

太赫兹科学与技术位于几个学科的交叉点，太赫兹成像系统及其应用领域也是极为多样化和跨学科的。研究人员从全固态电子学和太赫兹调频连续波理论出发，对系统原理结构的规划与改进、关键器件和模块的设计与定制、整体电路的搭建与集成、系统的调试与验证以及数据处理和图像重建等方面展开研究。为了实现较厚材料的无损检测，通过创新的系统设计，提高了系统带宽、空间分辨率和发射功率等参数，研制一套应用于材料无损检测的三维太赫兹波成像雷达。每套太赫兹检测系统都有其特点和应用的领域，根据其在不同材料检测中的优点，可应用于电气材料、树脂、陶瓷和塑料等多个领域。

2.7.4.1 电气材料检测

由于电气材料的工作环境特殊，天然传统材料通常无法满足使用标准，于是综合性能较好的复合材料被广泛使用，通常都是耐腐蚀、抗高温高压、抗疲劳性能好的高分子非极性材料，性能显著优于传统材料。复合材料产品在制造过程中由于受多种参数的调控影响，会存在各种难以直接观测的缺陷，除此之外，考虑实际的使用环境，随着使用时间增长，撞击、腐蚀、疲劳等作用积累，必然存在不同程度的性能退化从而产生各类缺陷，而且很大一部分还是在材料内部。大部分产品的检测需要保证非接触性和无破坏性，尤其是对于使用环境和结构特殊的电气材料产品，接触性检测存在巨大的安全隐患，容易造成破坏，有效的无损检测显得尤为必要。太赫兹检测技术能很好地满足多种电力材料的检测要求。

（1）检测设备。调频连续太赫兹波测试材料内部缺陷原理与雷达测距原理相似，辐射源随时间发射出频率周期变化的太赫兹波，对于不同距离的界面，发射信号和接收到的回波信号频率之差不一样，即对应不同的差频 Δf，由于 Δt（时间差）$<<T$（周期），故无效段差频 $\Delta f'$ 在整个周期范围内可以忽略不计，根据对应点的扫描结果中峰值个数判断其纵向范围内的缺陷个数及位置。

正常的没有频率调制系统的连续波探测系统无法获取材料的距离信息，因为它缺少必要的时间标记，使系统能够精确地计算发射和接收周期，并将其转化为范围，时间标记用来测量材料内部的距离信息，可以通过频率调制来产生，因此可以利用太赫兹对材料进行三维成像检测。实现快速成像检测的一种方式就是收发一体结构，数据获取中心可以发射频率调制的连续太赫兹波，同时也能处理接收到的信号信息，发射器和探测器集成一体，这种探测属于反射式成像检测，结合太赫兹波对材料的穿透性，通过探头的步进可以实现快速的三维成像，探测出材料内部结构缺陷情况。

所用主要测试仪器有 SynViewScan300 等调频连续太赫兹成像系统。

调频范围在 0.23～0.32THz，带宽 $B=90$GHz；空间分辨率约 1mm；单像素扫描时间小于 250μs；实验中 X 方向采样精度取 0.5mm，Y 方向步进精度取 0.5mm，Z 方向可探测深度−50～50mm。连续太赫兹源发射频率在 0.23～0.32THz 范围内周期变化的太赫兹波，被透镜聚焦到样品的不同深度处，反射穿过样品后同样经过透镜组被探测器接收。探测器产生的信号经放大器放大后交给数据单元处理，再由图像处理后显示相对强度图或者图线，显示 Z 方向−50～50mm 纵深范围内任一处样品的 XY 二维截面太赫兹像。

（2）检测及结果分析。

1）表面凹陷检测。在选取的第一种材料样品上制备一系列小孔，该样品厚度为 9mm，将其置于探头透镜组下方 50mm 处，此处为焦平面，聚焦光斑能量最集中，检测成像效果最佳，进行逐点扫描实验，数据分析结果见表 2-5 和表 2-6。

表 2-5　通孔直径检测结果

孔号	测量直径（mm）	实验计算直径（mm）	相对误差（%）
1	3.0	3.12	3.8
2	4.0	3.23	23.8
3	6.5	5.63	15.5
4	1.5	1.93	22.3
5	2.0	2.17	7.8

表 2-6　非通孔深度检测结果

孔号	测量深度（mm）	实验计算直径（mm）	相对误差（%）
1	6.39	6.63	3.6
2	4.78	4.47	6.9
3	3.89	4.05	4.0

制备的小孔分别为 1～5 号为通孔，直径分别为 3、4、6.5、1.5、2mm；6～8 号为非通孔，直径均为 6.5mm。相对误差在 20% 以下为有效计算数据，由结果可知 8 个小孔均能明显分辨出来，5 个通孔的直径计算结果中，2、4 号孔的结果不可靠，直径 3mm 的 1 号孔计算相对误差最小，为 3.8%，实验判定横向分辨率在 1.5mm 以下。

再由 3 个非通孔的孔深计算结果可知，由于深度测量误差影响，计算结果相对误差在 3.6%～6.9% 波动，三个计算结果均可靠，故纵向分辨率在 0.89mm 以下。

2）内部裂纹缺陷检测实验。裂纹缺陷样品扫描检测结果如图 2-46 所示。样品上表面相对峰值为 −16.5716dB，位置 $z=7.0652$mm，下表面相对峰值为 −26.3880dB，位置 $z=-8.2465$mm，光学厚度为 15.3mm，由透过率曲线可知此样品对太赫兹波的透反比为 1∶9.59，从光学结果图中可明显判断出 4 个裂纹缺陷。

根据 4 个裂纹缺陷处的强度曲线可以判定其具体位置、宽度以及可能产生的原因，分析结果见表 2-7。挤压形成的裂纹中间部分密度增大，反射率提高，故强度会形成峰型，弯折形成的裂纹中间部分密度减小，反射率降低，强度曲线会形成谷型，由此可初步判定，其中 1、4 号裂纹可能为挤压形成，2、3 号裂纹可能为弯折形成。

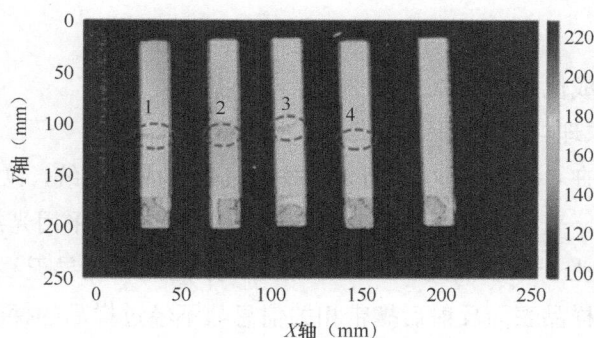

图 2-46　裂纹缺陷样品

表 2-7　　　　　　　　　　　　　　　　裂纹缺陷的分析结果

裂纹号	裂纹位置 Y（mm）	裂纹宽度（mm）	裂纹可能原因
1	113.5	1.25	挤压形成
2	109.25	3.24	弯折形成
3	106	3.64	弯折形成
4	117.75	2.16	挤压形成

其中 1 号裂纹其宽度计算结果为 1.25mm，小于横向分辨率测试的最小分辨结果 1.5mm，该裂纹宽度计算结果不可靠，其他三个裂纹宽度结果可靠。

3）分层及空鼓缺陷检测实验。分别对分层和空鼓缺陷样品进行了实验检测，均可以判定出样品内部缺陷类型和位置大小，分层缺陷样品的光学厚度为 15.8mm，透反比约为 1：37.4；空鼓缺陷样品厚度为 14.8mm，透反比约为 1：23.4。

4）结论。本次实验成功实现了对样品的成像检测，判定出不同类型的缺陷，以及圈定其大小和位置，实验横向分辨率在 1.5mm 以内，直径 3mm 的孔相对误差最小，达到 3.8%，纵向分辨率在 0.89mm 以内，误差在 3.6%～6.9% 之间波动，实验结果具有可靠性。

2.7.4.2　树脂检测

环氧树脂具有优异的粘接力、力学性能、电性能、耐腐蚀性和耐热性等优点，以其高强度、高比模量、低比重、小尺寸效应和界面效应，在多个物理性质方面展现出优异的性能。太赫兹波对许多介电材料和非极性物质具有良好的穿透性，大多数航空航天材料在太赫兹波段透明度很高，利用太赫兹无损检测技术可以探测这些材料是否存在缺陷。

本小节介绍不同掺杂环氧树脂复合材料涂层样品，利用太赫兹光谱及成像技术对涂层进行测试，对样品的太赫兹光谱和太赫兹成像结果进行对比分析，获得不同的添加物以及不同的添加比例对样品在太赫兹响应下的影响，分析在太赫兹频段下所反映出的缺陷信息。

1．检测对象

1.0 和 5.0wt.% 的石墨烯/环氧树脂涂层；1.5wt.% 的 CNTs/环氧树脂涂层；1.5%CNTs@1.5%Ti 粉混掺/环氧树脂涂层以及环氧树脂涂层对照件的试样。

2．检测仪器

太赫兹时域光谱成像系统（CCT－1800）。

3．太赫兹检测原理与过程

实验采用华讯方舟 CCT－1800 系列太赫兹时域光谱成像系统，包括太赫兹源、成像模块和数据采集系统等，采用了太赫兹反射的成像机制。该系统采用光纤飞秒激光器作为激发光源，激光源被分为一束泵浦光和一束探测光，泵浦光经光导天线后激发 0.05～6THz 范围的太赫兹波，在样品表面反射后携带相关信息与不经过样品的探测光时延后于太赫兹探测器处汇聚，进行信息比较。精度为 2μm，频谱分辨率和动态范围分别为 20GHz 和 90dB。实验采用 THz－TDS 反射成像模式对样品实施二维平台扫描，对描范围为 40mm×40mm 的样品进行探测。

将待测样品固定在太赫兹时域光谱成像系统的发射器与接收器下的焦平面处，发射器发射的太赫兹波进入被测样品或由被测样品反射后携带被测样品的光学和电磁学信息返回并由接收器所接收。测试台为进行二维平面移动的精密平台，移动平台可获得每个扫描点对应的太赫兹时域脉冲波数据。通过对时域波形进行傅里叶变换，可以得到对应的频域数据，由泵浦光和探测光之间的光程差可获得相位延迟，由样品本身特性的差异还可获得太赫兹吸收谱系数。

4．太赫兹成像及结果

吸收谱成像是对样品信号和背景信号的频域数据进行提取，表征物质特征的吸收系数的成像，成像效果较好。选择伪彩图成像可得出原始颜色强度值，选取频率为 1.501THz 处的成像，以环氧树脂涂层对照件的原值范围作为参考范围后得到不同填料环氧树脂复合材料涂层成像。

在反射式太赫兹吸收谱成像中可进一步获取各样品的吸收系数光谱，THz 光谱包含着其物理和化学特性，且具有良好的稳定性。样品在 0.8～2.0THz 区间的吸收系数曲线如图 2-47 所示。太赫兹吸收谱反映了各样品在该频段明显的吸收系数差异，含添加物的涂层吸收情况明显大于环氧树脂涂层的对照件，表明了添加物在太赫兹频段下的吸收特性。

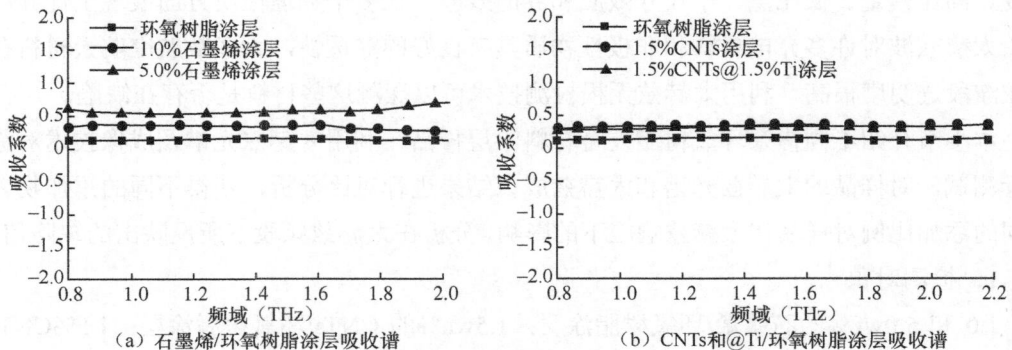

（a）石墨烯/环氧树脂涂层吸收谱　　　　（b）CNTs和@Ti/环氧树脂涂层吸收谱

图 2-47　反射式太赫兹吸收谱

由于石墨烯和 CNTs 中的载流子对 THz 有很强的吸收作用，随掺杂浓度的增加，载流子浓度增加，太赫兹吸收增强，因此 5.0wt.%石墨烯/环氧树脂涂层吸收强于 1.0wt.%石墨烯/环氧树脂涂层吸收。

通过太赫兹检测可以获取很高的信噪比数据，利用缺陷处对太赫兹波强度吸收和分布的影响，得到样品内部气泡缺陷的信息，从而利用太赫兹实现了对样品的无损检测。

2.7.4.3　复合绝缘子硅橡胶内部缺陷检测

复合绝缘子因其体积小、质量轻、绝缘性能好、机械强度高、防污闪能力强等优点在我国电网中应用越来越广泛，已经成为主流的选择。但随着运行年限的增加，环氧树脂芯棒分解产生的气体使得硅橡胶护套内部出现气隙缺陷，而复合绝缘子又处在恶劣的外界环境下，受到热胀冷缩机械应力的作用和制作工艺水平的影响，使复合绝缘子的硅橡胶护套内部产生裂纹从而损坏。这些问题使得内部芯棒与外界空气相接触，导致芯棒碳化腐朽进而断串。

目前用于检测绝缘子较为成熟的方法有观察法、红外检测法、紫外检测法等。观察法费时费力，爬塔不安全；红外检测法一般用于检测绝缘子的局部发热状况；紫外检测法一般用于检测绝缘子表面的局部放电。复合绝缘子内部气隙、裂纹缺陷比较隐蔽，产生时温度变化不明显，且在低场强区没有放电现象，是现有检测手段的盲区。

太赫兹电磁波在复合绝缘子硅橡胶中传播时衰减较小，准直性强，而且太赫兹波波长很短，在成像可视化方面具有较高的分辨率，具有很高的工程应用价值。

（1）检测试验系统。美国 AdvancedPhonotix, Inc.（API）公司生产的太赫兹时域光谱探测系统 T-Ray5000。该系统的有效频率带宽为 0～3.5THz，扫描范围为 360ps，时间分辨率为 0.1ps。太赫兹波束截面为圆形，探测范围为直径 1mm 左右的圆形区域。

（2）检测对象。以硅橡胶厚度 6mm，存在气隙缺陷和蚀损缺陷的 2 个样品为例，如图 2-48 所示。

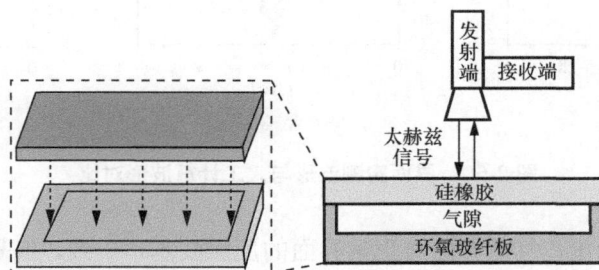

图 2-48　样品示意图

（3）检测过程。

1）复合绝缘子布置。调整复合绝缘子摆放位置，使太赫兹波探测光路垂直于复合绝缘子被测位置的护套表面。

2）数据采集。调整复合绝缘子位置，通过太赫兹波系统测试不同位置处的太赫兹反射波，分别测得其太赫兹反射波，并与人工求得的数据集求取对应波形差值-绝对值和，得到2 种样品反射波对应的差值–绝对值和随气隙尺寸的变化如图 2-49 所示。

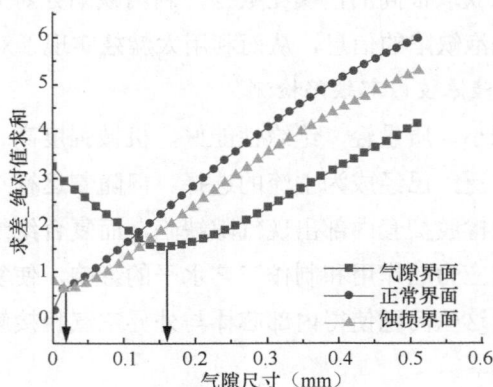

图 2-49　缺陷大小判定

图 2-49 中的数据表明，气隙缺陷的样品在对应气隙 0.155mm 时其求差–绝对值求和数值明显最小，且求差后绝对值和为 1.55，表明实测波形与 0.155mm 气隙尺寸下的反射波形最吻合。而界面蚀损的缺陷与 0.015mm 气隙对应的反射波形偏差较小。正常界面反射波与数据集中气隙为 0 的波形偏差最小。对比 3 种情况下的实测波形与波形数据集中对应波形的吻合情况如图 2-50 所示。

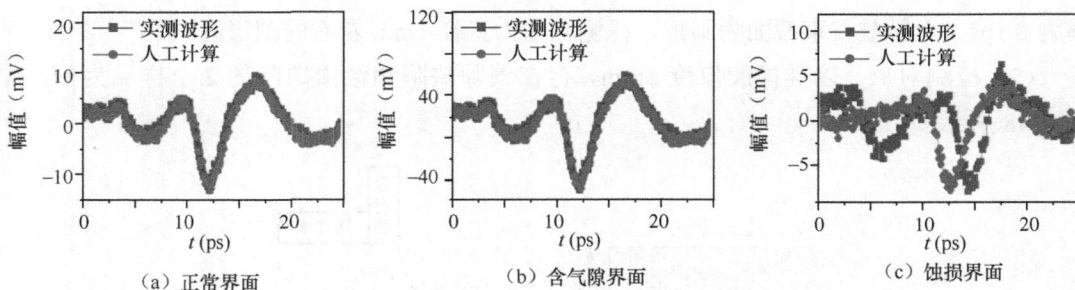

图 2-50　界面实测波形与人工计算波形对比

由图 2-50 可以看出，气隙界面与正常界面的反射波基本一致，但是蚀损界面的反射波重合性较差，因此需要引入之前分析的特征参量，对气隙和蚀损缺陷进行进一步的筛选。求得 2 种缺陷下的特征参量偏差雷达图如图 2-51 所示，蚀损缺陷反射波对应的各参量偏差更大，因此对于蚀损缺陷，其界面处的反射波特征与气隙缺陷差别较大。

在经过实测波形与反射波数据集的吻合度分析后，进一步分析特征参量的偏差情况，并设置阈值，可区分气隙与蚀损缺陷。

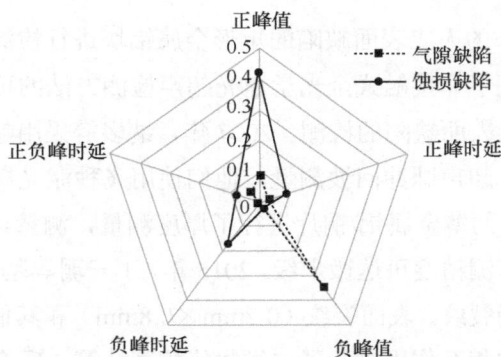

图 2-51 特征量偏差雷达图

（4）缺陷诊断。

1）判断有无缺陷。实测波形与正常反射波求差，通过阈值对比判断是否存在缺陷。

2）缺陷类型及气隙尺寸诊断。实测波形与数据集反射波求差分析，通过阈值对比判断缺陷类型，当缺陷类型为气隙时，进一步通过寻找最小差值，获取气隙大小。

2.8 激光超声无损检测技术

2.8.1 发展历程

激光超声是一种非接触、高精度、无损伤的新型超声检测技术。它利用激光脉冲以热弹效应或烧蚀机制在被检测工件中激发超声波，应力脉冲能同时激发出不同波型的超声波信号，并用激光束接触或非接触式的超声波传播，从而获取工件信息，如工件厚度、内部及表面缺陷、材料参数等。该技术结合了超声检测的高精度和光学检测非接触的优点，具有高灵敏度（亚纳米级）、高检测带宽（GHz）的优点。

1963 年两位法国科学家证明了脉冲激光束可以产生超声波，开启了激光超声检测技术的应用研究。随着国内外研究人员对激光技术的研究深入，包括激光超声激发机理、激光超声接收方法、激光超声应用技术等，激光超声已逐渐发展为较为完善的无损检测技术。在 2000 年，激光超声以其非接触、适用于恶劣环境等优势，研究人员从理论和实验两个层面探究了普通金属构件的激光超声检测。

1995 年，皮尔斯等用脉冲 Nd：YAG 激光成功地在铝块中激发出了超声波，并通过调制激光源的频率（250kHz～1MHz）增大激光超声波信号，开启了激光超声在无损检测领域中的应用。1999 年，迪斯卡利亚等探索了激光超声检测，研制出了可对不透明固体进行激光超声检测光束控制的 C 扫描系统，并应用该系统对 12mm 厚铝板进行了 60mm×35mm 的区域扫描，观测到了铝板背面 6mm 深度处的"H"型凹槽，首次成功实现了激光超声检测。2006 年，严刚等通过其搭建的基于光束偏转法的光差分检测系统，对带有深度为

0.71mm、宽度为 2.00mm 的人工表面缺陷的矩形金属铝块进行检测，成功实现了表面缺陷的精确定位与检测，验证了非接触式全光学激光超声检测方法的可行性，并验证了线光源产生的超声波适合于材料表面缺陷的检测。2007 年，纳多等采用超短脉冲激光器对薄金属电镀层的厚度进行激光－超声脉冲回波测量，他们使用飞秒激光耦合法布里－珀罗干涉仪（CFPI）对厚 $10\sim100\mu m$ 的薄金属铝/铜片进行了厚度测量，测量结果与实际厚度相吻合，验证了激光超声测厚的检测精度可达微米级。2015 年，丁一珊等基于热弹机制的理论模型，采用有限元方法分别对无裂纹、表面裂纹（0.2mm×0.8mm）和其他裂纹（0.2mm×0.8mm）三种情况下激光与材料的相互作用进行了二维数值仿真计算，研究了这三种情况对表面波信号的影响，得到了缺陷对超声表面波具有滤波效果以及裂纹深度会增大信号幅值并丰富信号成分等结论。2018 年，李俊燕等利用合成孔径聚焦技术（SAFT）实现了厚钢板样品内部缺陷（直径 2mm 的圆形孔洞缺陷）的定位及成像，采用激光超声实现了表面粗糙样品的非接触无损检测。2018 年，孙凯华等提出了激光超声反射横波双阴影检测法，解决了激光超声检测内部缺陷时衍射回波信号弱和透射体波检测无法获得缺陷深度信息等难题。2019 年，野村等研究了激光超声检测技术在焊接过程中的实时缺陷检测，并将检测结果与焊接结束后的检测值进行了对比，结果发现两者仅存在 5%的偏差；若采用高温下超声波速度降低来解释该偏差，则足以确定缺陷的位置，从而再次论证了激光超声检测在高温环境下实时检测的可行性。2021 年，潘宗星等采用 ABAQUS 有限元仿真软件模拟了热弹机制下激光超声检测 GH4169 高温合金残余应力的声弹效应，结果表明，该合金表面波的波速与应力之间具有良好的线性关系，有限元模拟与 X 射线衍射测量方法在残余应力场分布上取得了较为一致的测量结果。2020 年，谷艳红等对比分析了激光干涉仪和电磁超声换能器（EMAT）对金属激光超声探测的准确度和实用性，结果表明，采用激光超声与电磁超声相结合的方法可以有效降低检测条件的复杂性，提高激光超声的实用性。姬保平等探究了基于激光超声导波的钢板内应力非接触无损检测方法，结果表明，导波的首波超前时间、波包延迟时间和群速度相对变化率都能用于表征钢板的内应力，可满足在线检测的需要。2021 年，陈楚等分析了脉冲激光辐照于工件表面激发的多模式、宽带超声体波信号，并将分析结果与合成孔径聚焦技术（SAFT）结合，实现了工件内部微小缺陷的检测、定位和成像。

国内对激光超声检测技术的研究始于 2000 年前后，研究人员通过理论分析、实验和有限元模拟验证了激光超声检测技术的可行性与可靠性，为激光超声在无损检测领域应用奠定了基础。目前，激光超声技术在激光发出、超声传递、信号接收等重要方面有了较好的突破，在航空、石化等大型构件领域，晶粒、陶瓷等小型构件领域都具有广泛的应用，其覆盖面广，可行性高，受到了业内人员的一致认可。

2.8.2 检测方法及优缺点

激光超声无损检测经常被用于非接触、极端环境（如高温、低温等）、无需耦合剂、快速扫描等条件下，因此，非接触式检测超声信号的方法引起了人们的广泛关注。常用的非接触式超声检测技术需要使用电磁声换能器、电容或静电换能器、空气超声换能器来实现，但这些仪器有其自身的局限性，如电磁声换能器要求被检测样品为导体，电容换能器要求样品表面抛光，空气换能器的带宽较窄等。更重要的是，这些仪器与待测样品不能相隔太远，通常要求相隔几毫米到几十毫米，因为探测灵敏度会随着样品与换能器之间距离的增大而降低。因此，研究人员普遍采用光学检测技术来实现真正的远距离非接触式检测。

超声的光检测技术分为非干涉技术和干涉技术。非干涉技术主要是刀边技术，即当入射到表面的探测光点的尺寸小于超声波长时，超声波纹引起反射光偏转（偏转量可以由刀边切割的光通量测定），通过检测表面声波和体声波的传播情况，就可以表征样品的微结构及内部缺陷等。干涉技术是基于两束及两束以上的相干波在空间相遇时振动此消彼长的现象建立的光检测技术，主要分为光外差干涉技术、差分干涉技术和速度干涉技术。在光外差干涉技术中，聚焦的激光束入射到样品表面产生反射光束，反射光束与另一束从激光源分离出的参考光发生干涉，就可以有效测量样品表面的振动位移。差分干涉技术通过使同一光源的两分离激光束照射到样品上的同一点来实现差分干涉探测。速度干涉技术考虑了表面运动产生的多普勒频移，因此能够敏感地响应表面的振动速度。

针对基本的激光超声检测方法，陆续有研究人员提出了改进方法，以减小其局限性并增强其功能性。2006 年，沈中华研究团队提出了非接触式、全光学激光超声检测的实验方法，并搭建了基于光束偏转法的光差分检测系统，提高了检测光路的抗噪声能力。2008 年，严伟将光纤斐索干涉仪用于激光超声检测系统，以检测激光超声表面波，并验证了该系统的有效性；该系统因光纤探头的微米级尺寸而具有更高的分辨率，而且该系统结构简单，价格便宜。2016 年，为了提高超声检测系统的测量精度和灵敏度，增强系统的抗干扰能力，司高潞等采用双光路外差干涉仪对该系统的光路进行改进，最终使该系统的位移分辨率达到了 0.1nm。

激光超声信号的检测方法主要有传感器检测和光学法检测。传感器检测法主要是采用 PVDF 压电薄膜直接与被测材料表面进行耦合接触，接收激光产生的超声信号。一般说来，这种检测方法具有较高的检测灵敏度。但这种接触式的检测超声信号方法，在使用时需要在传感器与被测材料之间添加耦合剂，一般对检测材料表面要求较高。常见的换能器一般有电磁、压电陶瓷换能器和电容换能器，这些换能器具有较宽的频带，可在被检测材料表面接收到超声信号。但对于一些复杂形状的材料来说，该检测方法无法使用且灵敏度低。

光学检测法是一种非接触、宽带的超声信号检测方法。该方法通过连续激光照射被检测表面，接收表面产生的反射光，从接收到的反射光的幅值等特征值的变化中得到超声信号。该检测方法又分为干涉检测与非干涉检测。干涉法检测主要是将接收的反射光与参考光束发生干涉，得到频移信号，从而检测出被测材料表面的振动位移。一般在检测系统中引入外差干涉检测仪，以提高检测信号的抗干扰能力。非干涉检测法是利用当被检测材料表面照射检测光束小于接收的超声信号波长时，表面反射的光束会受到表面超声波的振动而产生偏转，偏转大小直接与超声波信号的幅值及性质有关。该检测方法具有装置简单、频带宽等特点，是对一些抛光材料表面进行超声波检测的有效工具。

激光超声无损检测优势如下：

（1）激光超声免去了常规超声换能器必需的耦合剂，从而避免了耦合剂对测量范围和精度的严重影响以及由于耦合剂的使用而对检测材料产生的各种污染。

（2）可实现大面积、快速扫描及超声成像等特点，能够实现在实际工业生产中对一些快速运动的试件进行在线检测的要求。

（3）易于实现远距离的遥控激发和接收，并可实现快速扫描以及在生产现场对快速运动的工件进行在线检测。

（4）可以通过一透射窗口将激光束导入特定的空间，从而使其能方便地应用于高温（特别是 700℃ 以上）、高压、高湿、有毒、酸、碱的检测环境或被测工件存在核辐射、强腐蚀性和化学反应等恶劣的情况。

（5）利用锁模激光器很容易获得与激光脉冲的宽度相近的超声脉冲，频带远宽于常规换能器所产生的超声，从而使得基于超声衍射方法的缺陷检测技术具有检测微小缺陷和裂纹的潜力。

（6）激光器产生激光声源，可大可小且易聚焦，因而即使是常用的激光系统，也能实现数微米的空间分辨率。有利于缺陷的精确定位及尺寸度量，并可作为点声源应用于理论研究。

（7）对被检材料表面的要求较低，对一些材料表面粗糙、形状复杂的试件以及焊缝根部，可以实现较好的缺陷检测。

（8）激光脉冲作用到固体表面，可同时产生纵波、横波及表面波，因此激光超声技术不仅可以用来检测体积缺陷，还可以用来检测界面缺陷以及表面缺陷。

激光超声无损检测的缺点如下：

（1）光声转化效率较低。激光转换成超声信号主要基于热弹效应和烧蚀机制，前者的转换效率较低，而后者一般会造成试件表面的损坏，需要在试件表面涂上一层吸光材料。通过材料表面处理、激光光束调制等方法可以提高激光超声的转换效率，但光声转换效率仍需进一步发展和提高。

（2）激光超声检测的灵敏度不够理想。常用的激光超声检测元件一般分为电学和光学两类，前者一般属于接触式测量，后者一般基于光学原理，属于非接触式测量。然而，后者的灵敏度较低，检测到的信号的信噪比较差，会对信号的分析处理造成一定的困难。

（3）对于平坦规则的部件，在考虑检测速度和成本的情况下，激光超声无损检测的检测速度不及传统超声检测，且成本更高。

（4）激光器仍需继续改进。为了实现更稳定的超声传播、缺陷信号的清晰表述以及检测过程的实时监测，需要继续在激光器方面进行大量的研究，改进激光器。

（5）检测系统仍需改进。为了更好适应现代工业应用要求，符合现代技术发展的标准，激光器的小型化与集成化，检测系统的自动化与智能化，操作过程的快速化与方便化也是需要解决的难题和进一步研究的方向。

2.8.3　电网检测的应用情况

1．激光超声检测电网瓷绝缘子

利用激光源在试样中激发超声波，采用压电超声换能器接收声波，通过对超声波遇到缺陷后发生的散射过程进行观测，并就压电换能器得到的时域信号进行傅里叶变换，进而利用信号的频谱信息去定量地检测缺陷。基于可视化检测系统的绝缘子裂纹检测装置示意如图 2-52 所示。

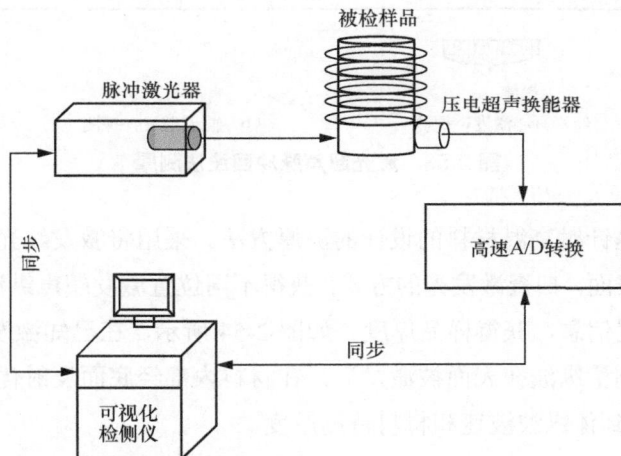

图 2-52　基于可视化检测系统的绝缘子裂纹检测装置

超声换能器固定在激光扫查面同侧接收缺陷衍射声波时，对超声换能器接收得到的衍射波时域信号进行傅里叶变换。超声换能器固定在激光扫查面同侧接收时，不同时刻的声波在绝缘子中传播的不同时刻的动态波形可在可视化检测系统中观察到。

声波在绝缘子表面传播，行进到某时，出现反射波，说明前进波遇到了障碍比如缺陷，被反射回来，所以缺陷就是衍射波的源头。可视化检测系统可将声波衍射过程动态呈现，通过定位衍射波源进而确定缺陷位置。对绝缘子这类形状复杂的结构，激光超声扫描不受曲面形状限制，较传统超声检测显示了极大优势；另外，超声的远程激励，为绝缘子的带电在线检测打开了一条新思路。

2．激光超声技术检测材料厚度

脉冲回波法是常用的激光超声测厚技术之一。如图 2-53 所示，将激发和探测光源对心或重合放置，通过测量直接入射/多次反射的体纵波信号到达时间 t，结合声速 v，可获得材料厚度 $d=vt$。当对心激发、探测时［见图 2-53（a）］，直接入射的纵波信号和第一个回波信噪比较高，而且还可避免激发光辐照引起的热膨胀对探测结果的影响。当由于检测环境限制，无法实现对心激发、探测，且激发光产生的微弱熔蚀会导致材料表面反射探测光的质量变差，从而影响超声信号的探测，因此也无法采用同点激发、探测［见图 2-53（b）］方法测量样品厚度。

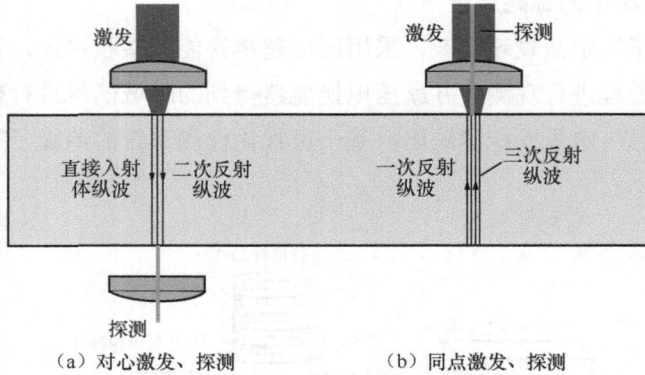

图 2-53　激光超声脉冲回波法测厚

　　扫描激光源法是针对高温材料的设计的测厚方法。采用将激发线光源和探测点光源同时辐照于样品同一表面，扫查激发光的方式，获得不同位置激发超声纵波信号的飞行时间，结合各光源空间位置信息，获得样品厚度。如图 2-54 所示，在已知激发点与检测点距离 x 的情况下，只需要测量纵波在表面被激发后，在材料内部经底面反射传播至上表面所经历时间 t，即可计算得到体纵波波速和材料待测厚度。

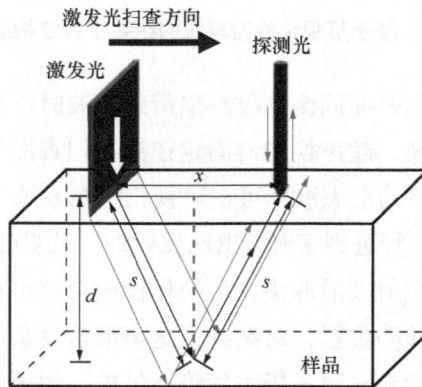

图 2-54　扫描激光源法测厚检测原理示意图

3．激光超声技术检测风机叶片

激光超声检测是利用高能激光脉冲与物质表面的瞬时热作用，通过热弹效应或者烧蚀作用在固体表面产生应变和应力场，使粒子产生波动，进而在物体内部产生超声波。激光超声分为直接式与间接式两种：直接式是将激光与被测物体直接作用，利用热弹或烧蚀作用产生超声波；间接式是利用被测材料周围的其他物质作为中介来产生超声波。激光超声检测能对被测物体进行非接触检测，并且超声的脉冲宽度很窄，大大提高了检测的精度，能够检测那些表面粗糙、曲率大以及几何形状复杂的不规则物体。对于风机叶片而言，激光超声检测在恶劣环境下的非接触式的检测评估便具有重要的意义。

激光超声检测具有非接触、高分辨率等优点，在高温高压有毒等恶劣检测环境下完全满足要求，在叶片缺陷和性能的无损检测中发挥了显著优势。但是激光超声检测同样也存在着激光能量到超声能量转换频率以及激光超声信号检测灵敏度问题等技术难题。因此，激光超声应向着实际问题比如高信噪比、超时间稳定性、低成本的解决等方向发展。

2.8.4　检测基本原理

当激光在金属中产生和接收超声波，都涉及电磁辐射与表面传导电子的相互作用，根据脉冲激光的光功率密度和被照物体的熔蚀阈值可以分为热弹效应和烧蚀机制。

热弹效应：激光束在固体材料中激发出超声信号主要是由于激光源与被测试件表面的相互作用。在热弹效应中，激光束直接照射到试件材料表面的某一区域，被照射区域中的电子吸收光子能量，从基态跃迁至高能态，处于高能态的电子通过辐射跃迁产生发光，其中无辐射跃迁及化学作用将导致超声信号的产生。对于一些表面材料干净、无约束的固体来说，当激光束的功率密度较低时，其值低于被测工件材料表面的损伤阈值时，被测工件表面由于吸收激光束辐射能导致材料局部温度上升而不足以使其材料熔化，由于热膨胀而在其表面产生切向压力，可同时在被测工件表面产生横波、纵波及表面波信号。在这种热弹机制下，产生的超声波信号幅度随着激光束功率的增加而增加。由于激光束的功率较低，其在材料表面完全无损。但是在这种机制中，其光热转换效率比较低，为了提高其转换效率，一般在其激光束照射的区域内涂各种涂层（如水或油），可以提高被测材料表面吸收系数。同时在实际检测中，采用一些脉冲宽度较窄的激光束同样可以提高超声信号的能量。

在烧蚀机制中，当激光束功率密度很大，被照射材料表面的瞬态温度迅速达到材料的熔点时，导致被照射材料表面产生等离子体，这时在被检测材料表面有小部分物质会以很高的速度喷射出来，并在被检测材料表面产生一个垂直的反作用力，同时在激光照射的表面产生一个压缩脉冲，产生的应力波和表面波的波形振幅显著增强。这种烧蚀机制对被测物体表面有一定的损伤（每次对表面产生约 0.3μm 的损伤），但是在此机制下能获得较大强度的纵波和表面波，因此这种机制适用于某些对超声信号强度有较高要求的无损检测场合。为了降低被检测材料的表面损伤度，近年来产生了一些表面修饰技术，如湿表面技术。该技术主要在试件照射区的表面涂一层油或一滴水，同样也可以产生烧蚀激发效果，而在材料中激发产生足够强度的超声波，而不对试件表面产生损伤，如图 2-55 所示。

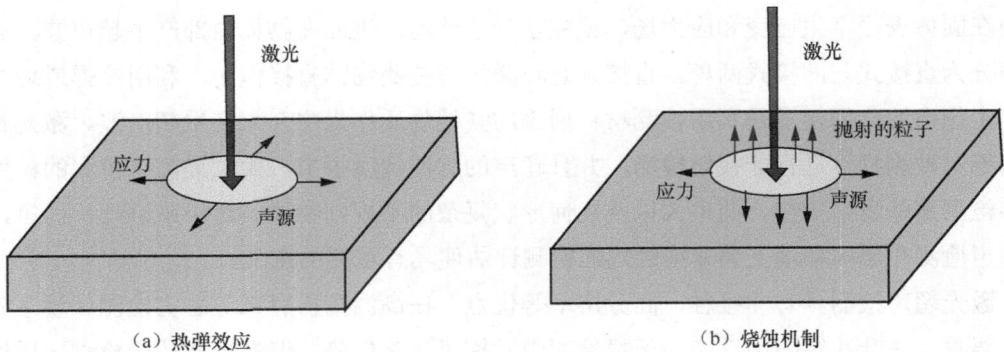

(a) 热弹效应　　　　　　　　　　　　　　(b) 烧蚀机制

图 2-55　激光超声激发原理示意图

激光超声无损检测是用脉冲激光以热弹效应或烧灼效应在被测构件中产生超声应力脉冲，应力脉冲能同时激发出不同波型的超声波信号，超声信号携带被测构件的各项信息在其内部或表面传播，通过检测超声波信号反射、散射以及衰减情况，进行缺陷特征描述。激光超声无损检测技术以激光激励超声波，以非接触、大范围光学系统的扫描方式，可以应用于各种条件、型面、材料下的检测，在适用性上不受限制，其检测速度也远远高于传统探测器的机械平移方式和其他检测技术的信号激励方式。此外，激光超声根据宽频带和高空间分辨率的特点，可以实现在线实时观察；根据光学聚焦以小尺寸光斑激励的特点，可以保证高精度。在新型的非接触无损检测方式中，激光超声无损检测技术凭借其更全面、更适用的优势脱颖而出，是研究人员重点关注探讨的非接触无损检测技术，在工业等领域具有广阔的应用前景和发展意义。

2.8.5　检测设备组成

激光超声检测系统主要由发射系统和接收系统两部分构成，其原理如图 2-56、图 2-57 所示。脉冲激光器发射的激光在物体表面产生超声脉冲信号，该信号沿物体内部传播，会携带与物体相关的缺陷、应力及晶体结构等信息。用检测激光器在测试材料表面接收携带了超声信号的散射光与反射光，然后用干涉仪检测其中细微的光程变化并进行信号解调分析处理，得到激光超声波形，就可以探测出材料的内部信息。

激光超声系统是一个集光、机、电、算的复杂检测系统，主要由超声波的产生与接收部分组成。根据现有的研究，系统的脉冲激光发射器普遍使用的是 Nd：YAG 脉冲激光器。为了实现非接触检测，对激光超声的接收多采用光学法，如外差干涉法。为了使系统接收激光超声更灵敏、稳定，探测装置更简便，研究人员在系统接收激光超声的方法及仪器上开展了大量研究。目前，产生超声波的激光器主要有 Nd：YAG 激光器、CO_2 激光器和 XeCL（308nm）激光器，其中选用 Nd：YAG 激光器的超声检测系统比较常见。米隆等以钢作为检测对象，研究了激光束参数对系统探测到的频率的影响，在实验中，他们通过权衡高分辨率和超声衰减系数，选择激发表面波的频率在 15MHz 以上。他们通过研究发现：激光源的尺寸和性质会影响系统探测的频率；为保证激发的表面波在 15MHz 频率下有较高的穿透率，需选择直径小于 0.2mm 的激光源。

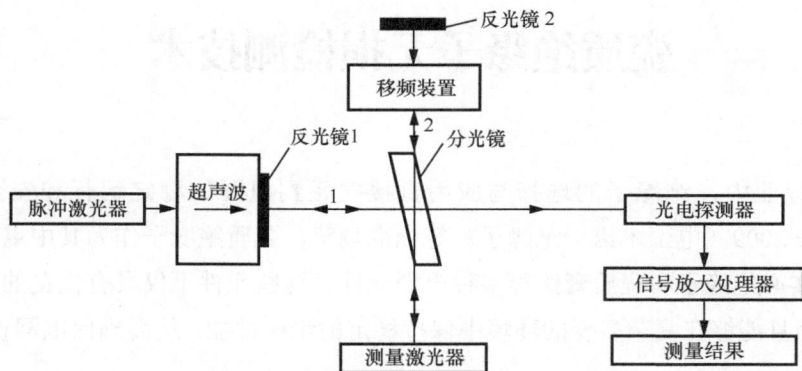

图 2-56　系统原理图

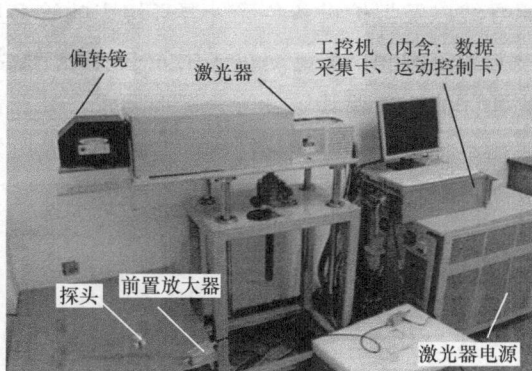

图 2-57　系统实物图

第 3 章

瓷质绝缘子无损检测技术

在电力行业中，绝缘子的选择与应用直接关系到电网的稳定运行和安全性。根据GB/T2900.8—2009《电工术语 绝缘子》等标准规范，瓷质绝缘子作为其中重要的一类，涵盖了瓷质实心绝缘子和瓷质套管等多种电瓷元件。这些元件不仅具有优良的电气性能和机械强度，而且能够在复杂多变的环境中保持稳定的绝缘性能，从而确保电网设备的高效、安全运行。

瓷质实心绝缘子和瓷质套管等电瓷元件在电网设备中发挥着至关重要的作用。它们承担着隔离带电部分、支撑导线以及保护设备免受外界环境影响等多重功能。因此，对这些元件的无损检测技术显得尤为关键和重要。通过采用先进的无损检测技术和设备，可对瓷质绝缘子进行全面的检测和评估，确保其质量符合标准要求，并在使用过程中始终保持优异的性能。无损检测能够在不损害元件性能和结构的前提下，及时发现并排除瓷质绝缘件潜在的安全隐患，不仅提高了电网设备的可靠性和安全性，也降低了维护成本和故障率。

3.1 生 产 工 艺

我国国内生产制造瓷质绝缘子的历史可追溯到 20 世纪 20 年代，逐渐发展出一套比较成熟的湿法可塑成型工艺，国内厂家利用这一工艺生产出的盘形悬式绝缘子强度可达550kN，已经能够在很大程度上满足我国直流 550kV、交流 750kV 输电线路的需求。后来为了继续提高瓷质绝缘子产品的强度，研发了等静压干法成型工艺，以棒形支柱瓷质绝缘子为例，通过传统湿法工艺生产的产品在工序上比较繁琐，而且由于原材料的微观均匀性难以达到标准，在抗弯曲强度上已不能完全适应现代电力工业的需求，而干法工艺不仅工序较为简单，能够更好适应现代工业生产的机械化要求，而且通过这一工艺生产的瓷质绝缘子产品具有机械强度高、产品性能稳定以及材料分散性较小等优势，因此该种工艺在我国瓷质绝缘子企业中逐渐推广开来。就目前来说，空心绝缘子的生产工艺分为两种：一种是传统的整体成型生产工艺；另一种是粘接成型生产工艺。如果瓷质绝缘子规格小于 2.5m，通常采用整体成型工艺进行生产，产品在外形上不存在接口。而对于规格超过 2.5m 的瓷质绝缘子的生产一般通过粘接成型工艺，按照粘接材料的不同还可细分为无机粘接和有机粘接。

3.2　常　见　缺　陷

电瓷产品生产周期长、工序多、工艺控制点多、缺陷分布广，造成缺陷因素多，一旦发生漏检，往往会影响后道工序进行并且会造成很大浪费。电瓷产品缺陷可分为坯体缺陷、瓷件缺陷、釉面缺陷及附件缺陷等。

坯体缺陷：从真空练泥机挤制的泥段、阴干、成型、干燥及上釉等工序产生的缺陷。坯体缺陷包括变形、跳刀、划痕、刀痕、水分含量不均、伞裂、掉伞、主体开裂、釉斑、施釉不均等缺陷。

瓷件缺陷：瓷件烧成过程中形成的缺陷。主要有变形、开裂、生烧和过烧、黑芯和黄芯。

变形：烧成过程中高温阶段出现液相后坯体加速烧结时不均匀收缩产生变形。另外温度过高，瓷体中熔体黏度低，重力作用下无法维持原有形状。

低温开裂：裂口钝，开裂面发黄且粗糙不平开裂。

高温开裂：端门、边缘开裂及底裂。

冷裂：裂纹直而细，不易发现，敲击时有裂声。

生烧：玻璃相较少，断面无光泽且粗糙不平。

过烧：玻璃相多，断面光泽如贝瓷件中黑芯及黄芯为结构疏松型缺陷，强度低，在运行中失效断裂。

黑芯：瓷件断面中心呈黑色，越接近中心，黑芯越强。原因：有机质和碳素在氧化阶段未能完全分解氧化。

黄芯：表现在瓷体断面芯部为浅黄色。原因：坯料中铁杂质较多，三价铁未能完全转变成低价铁。

釉面缺陷包括釉泡、釉裂、剥釉、釉面失光、橘釉、堆抽、釉面针孔、烟熏、斑点等主要缺陷。

支柱瓷绝缘子及瓷套的常见缺陷大致分为制造缺陷、工艺性缺陷和运行缺陷 3 类，主要表现如下：

（1）制造缺陷是指瓷件在制造过程中形成的缺陷，主要有气孔、裂纹、烧块和夹杂等，它主要分布在瓷件内部。

（2）工艺性缺陷是指支柱瓷绝缘子及瓷套在安装、维护检修中不当产生的缺陷，主要有表面破损、胶装缺陷、局部附加应力增大造成的裂纹等。

（3）运行缺陷是指支柱瓷绝缘子及瓷套在服役中产生的缺陷，主要有内部微裂纹以及垂直于轴向和瓷件表面的裂纹等。

3.3 检 测 技 术

3.3.1 支柱瓷绝缘子超声波检测

采用超声波检测技术探测支柱瓷绝缘子法兰口部位的缺陷，是一种不错的选择。

3.3.1.1 探头的选择

（1）频率。在保证系统灵敏度的情况下，探头频率一般在 2～5MHz 选择。

（2）角度。选择折射角为 7°～18°的小角度纵波斜探头，推荐选择折射角为 9°的纵波斜探头。

（3）晶片尺寸。晶片尺寸的选择在保证系统灵敏度情况下，须使探头在检测面上有足够的移动范围，推荐晶片尺寸为 8mm×8mm、8mm×10mm。

（4）探头形状。根据绝缘子检测面曲率半径，选择相应接触面的探头，使探头与检测面紧密接触。

3.3.1.2 扫描速度的调节

利用专用试块按 1∶1 声程进行调节，将小角度纵波探头紧贴专用试块，调节旋钮使底波 100mm 和一次反射波 200mm 分别对准相应水平刻度即可。

3.3.1.3 灵敏度的选择

（1）利用试块的 5mm 深人工切槽回波调整检测灵敏度。使支柱瓷绝缘子直径相应声程的 5mm 深人工切槽回波达 50%高，此时作为基准灵敏度。

（2）当被测支柱瓷绝缘子与人工缺陷试块声程不同时，需将已在专用试块上调整好的灵敏度增减 ΔS：

$$\Delta S = 40 \lg (S_A / X_F)$$

式中　ΔS——补偿由于声程不同而引起缺陷波变化所需的增益或衰减值，dB；

　　　S_A——被测支柱瓷绝缘子的最大直径声程，mm；

　　　X_F——人工缺陷声程，mm。

（3）扫查灵敏度至少比基准灵敏度提高 6dB。

3.3.1.4 检测方法

将纵波小角度探头放置在法兰与第一伞裙之间（见图 3-1），沿支柱瓷绝缘子周向移动进行检测。

3.3.1.5 缺陷指示长度的测量

发现高压支柱瓷绝缘子存在缺陷，用 6dB 法或端点 6dB 法进行测长。相邻两缺陷在一直线上，其间距小于其中较小的缺陷长度时，应作为一条缺陷处理，以两缺陷长度之和作为其指示长度（间距不计入缺陷长度）。

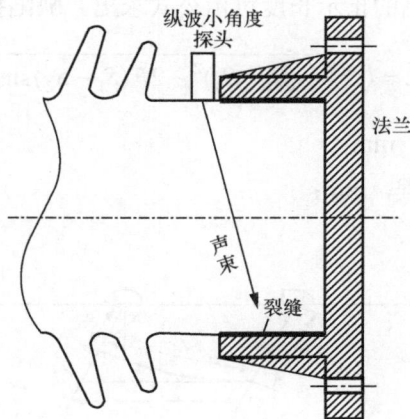

图 3-1　纵波小角度探头检测支柱绝缘子

1．径向缺陷的测长

a．计算法。如图 3-2（a）、（b）所示，（a）图中缺陷的指示长度可由公式求出

$$L=L'\times(F-R)/R$$

式中　L ——缺陷指示长度，mm；

　　　L' ——探头间弦长，mm；

　　　F ——缺陷深度，mm；

　　　R ——绝缘子半径，mm。

图 3-2（b）图中缺陷的指示长度可公式求出

$$L=L'\times(R-F)/R$$

b．作图法。在比例图中确定缺陷深度的起点和终点，然后测量和确定其指示长度。径向缺陷的测长示意如图 3-2 所示。

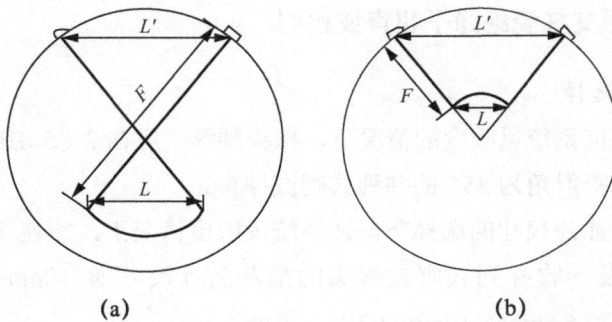

（a）　　　　　　　　　　　（b）

图 3-2　径向缺陷的测长示意图

2．轴向缺陷的测长

如图 3-3 所示，图中缺陷的指示长度可由公式求出，缺陷指示长度为

$$L = \sqrt{F^2 + (S_1 - S_3)^2 - 2F(S_1 - S_2)\sin\beta}$$

式中　F ——探头移动距离，mm；

　S_1、S_2 ——缺陷两端的声程，mm；

　　　β ——探头折射角度。

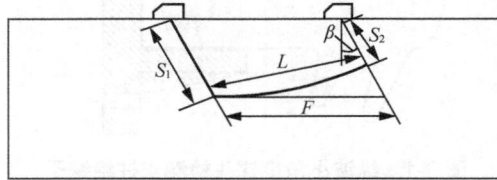

图 3-3　对平行于绝缘子轴向缺陷的测长

3.3.1.6　缺陷记录

（1）缺陷反射波幅大于 5mm 深人工切槽–6dB 的反射波幅。

（2）缺陷指示长度采用 6dB 法测量，应注意缺陷实际深度、水平距离与检测面弧长的差异，必要时进行修正。

3.3.1.7　不允许存在以下缺陷

（1）反射波幅达到或超过 5mm 深人工切槽的缺陷。

（2）反射波幅大于 5mm 深人工切槽–6dB 的表面缺陷，且缺陷指示长度超过 10mm 的缺陷。

（3）反射波幅大于 5mm 深人工切槽–6dB 的内部缺陷，且缺陷指示长度超过 20mm 的缺陷。

（4）缺陷处底波与正常底波比较有明显降低。

3.3.2　空腔柱形支柱瓷绝缘子超声波检测

3.3.2.1　探头的选择

（1）频率。在保证系统灵敏度的情况下，探头频率一般在 2～5MHz 范围内选择。

（2）角度。选择折射角为 85°的并列式爬波探头。

（3）晶片尺寸。晶片尺寸的选择在保证系统灵敏度情况下，须使探头在检测面上有足够的放置位置，一发一收并列式爬波探头的推荐晶片尺寸为 10mm×10mm（2 片）、9mm×9mm（2 片）和 6.5mm×10mm（2 片）3 种。

3.3.2.2　探头形状

根据高压支柱瓷绝缘、瓷套检测面曲率半径，选择相应曲率的探头，使探头与检测面紧密接触。

3.3.2.3　扫描速度的调节

利用专用试块的 5mm 深人工切槽按 1：1 调节，将爬波探头的前沿紧贴专用试块 5mm 深人工切槽处，使回波使对准水平刻度 20，再使爬波探头前沿距专用试块 5mm 深人工切槽 40mm，使回波调节对准水平刻度 60，此时检测范围为探头前 0～40mm 的距离。

3.3.2.4　灵敏度的选择

（1）距离-波幅曲线的测绘。爬波探头的前沿紧贴专用试块 5mm 深人工切槽处，使回波波高调至 95%，记下"衰减器"dB 值，探头每向后移动 10mm，记下相应 dB 值直至探头移动 40mm，以爬波探头前沿距试块 5 mm 深人工切槽的长度为横坐标，以相对应 dB 值为纵坐标，在显示屏上绘制出距离-波幅曲线，在整个检测范围内曲线应处于满屏的 20% 以上。

（2）扫查灵敏度至少比距离-波幅曲线提高 6dB。

3.3.2.5　检测方法

爬波探头放置在法兰与第一伞裙之间，沿支柱瓷绝缘子径向旋转进行检测，检测方法如图 3-4 所示。

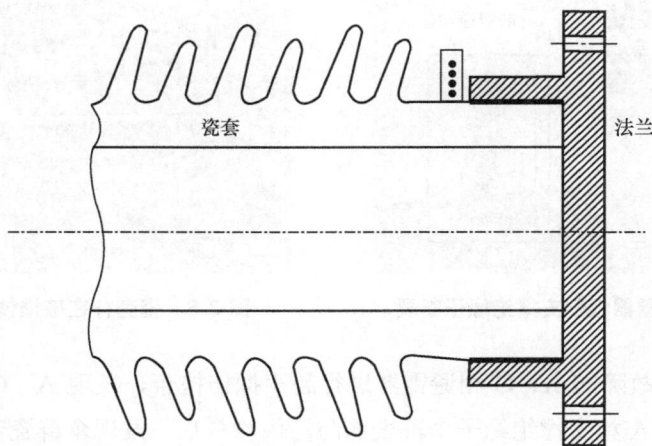

图 3-4　爬波检测空腔绝缘子

3.3.2.6　缺陷指示长度的测量

发现瓷套存在缺陷，用 6dB 法或端点 6dB 法进行测长。

3.3.2.7　不允许存在以下缺陷

（1）反射波幅达到或超过 5mm 深人工切槽的缺陷。

（2）反射波幅大于 5mm 深人工切槽-6dB，且缺陷指示长度超过 10mm 的缺陷。

3.4 检 测 案 例

在当今的电力系统中，支柱瓷绝缘子、瓷套以及穿墙瓷套管等关键组件的无损检测技术已广泛应用于实际故障分析的过程中。接下来，我们将通过几个具体实例，来探讨这些技术在故障诊断中的实际应用及其显著效果。

3.4.1 避雷器支柱瓷绝缘子断裂故障检测

图 3-5 是一起避雷器根部支撑绝缘子断裂的故障。图 3-6 是瓷套存在破损情况。避雷器底部断裂的支撑绝缘子拆除，对断裂面进行检查，发现断裂面一半部分断口较平整光滑，为快速解理面；另一半部分断口为疏松不平整的断裂起始区，如图 3-7 所示。

图 3-5　避雷器根部支撑绝缘子断裂

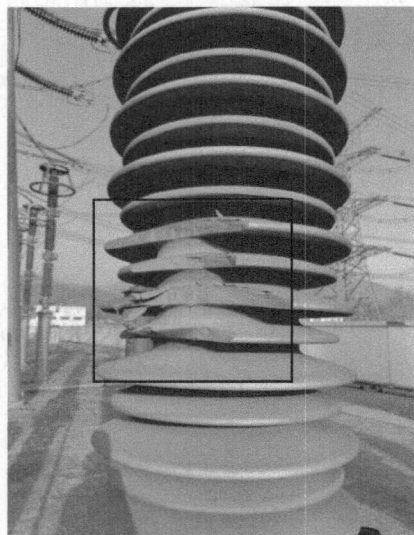

图 3-6　瓷套存在破损情况

对未发生断裂故障的 A、C 相避雷器进行超声探伤检查，发现 A、C 相支撑绝缘子内部存在异常，刮除 A 相支撑绝缘子伞群表面防污闪涂料后，发现伞群瓷套表面存在裂纹缺陷，如图 3-8 所示。

如图 3-9 所示，对三支避雷器底座支撑瓷套内壁进行渗透检测，内壁裂纹情况如图 3-9 所示，裂纹主要集中在距离瓷套底部 50mm 区域范围内，呈周向分布，其中 B 相裂纹最密集且内壁釉面发生多处崩裂；其次为 A 相，部分裂纹已扩展至瓷套外部，发生伞裙开裂；C 相外观检查未发现瓷套表面裂纹缺陷，采用超声爬波检测发现内部存在裂纹缺陷，在对其内壁进行检查后，发现距底面端部 20mm 处存在少量周向裂纹缺陷，同时在超声检测过程中，测得声速为 5600m/s，支撑绝缘子材质为普通瓷。

图 3-7　支撑绝缘子断裂面

图 3-8　A 相支撑绝缘子伞群表面裂纹

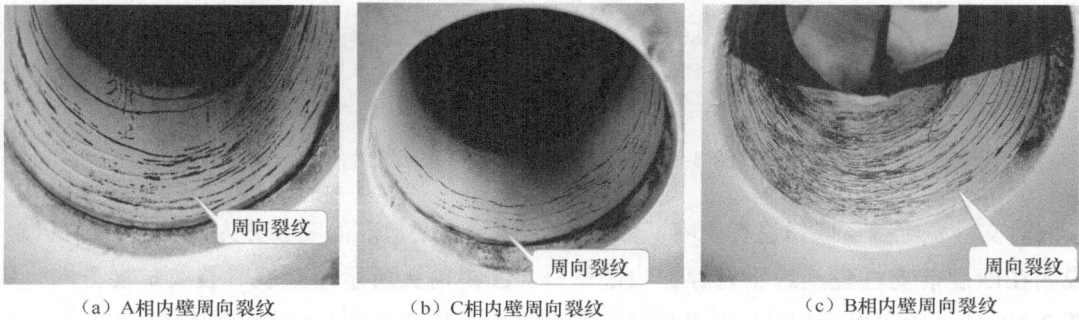

（a）A相内壁周向裂纹　　　　　（b）C相内壁周向裂纹　　　　　　（c）B相内壁周向裂纹

图 3-9　断裂绝缘子内部釉面图

图 3-10 分别为康继 I 线 A、B、C 相支撑绝缘子相连盖板及支撑绝缘子底面示意图，图中均可观察到盖板表面长时间水渍侵蚀后在盖板表面留存的痕迹，图 3-10（d）中绝缘子内壁釉面存在水渍痕迹。最终分析支撑绝缘子断裂原因，是支柱绝缘子支撑部件结构设计存在缺陷，上下金属法兰面未采取有效密封措施，在长时间雨雪天气作用下，水汽渗入绝缘子和金属结合部位，当气温降低至冰点以下，渗入的水汽结冰体积膨胀，在金属法兰的约束下，瓷件受到随温度变化的内应力，易使瓷件端部 50mm 范围内产生裂纹缺陷。长时间累积往复作用下，瓷件内部裂纹缺陷数量逐渐增多并扩展，最终导致瓷件断裂。

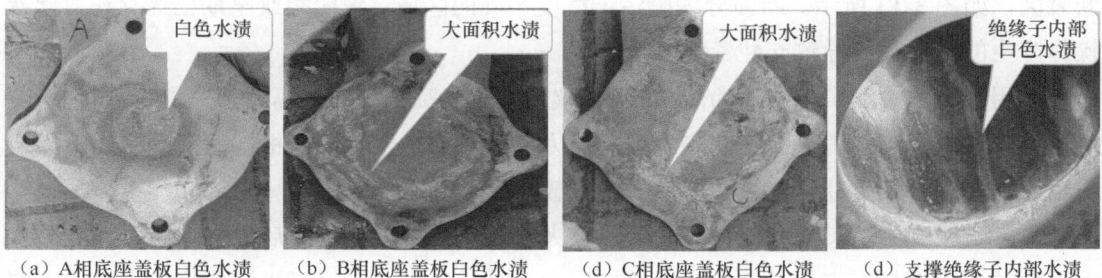

（a）A相底座盖板白色水渍　　（b）B相底座盖板白色水渍　　（d）C相底座盖板白色水渍　　（d）支撑绝缘子内部水渍

图 3-10　绝缘子盖板底座水渍图

3.4.2 支柱瓷绝缘子断裂事故

如图 3-11 所示为一起支柱瓷绝缘子断裂事故，运维人员完成隔离开关操作后，支柱瓷绝缘子突然发生断裂。

图 3-11 支柱瓷绝缘子断裂现场图片

对支柱瓷绝缘子断口进行观察，如图 3-12 所示。断口表面明显分为新、旧不同区域，说明在断裂前支柱瓷绝缘子已存在内部缺陷，图中箭头所示为断裂时裂纹扩展方向。从图 3-12（b）中可以看到法兰胶装痕迹，说明缺陷产生在瓷体与法兰胶装部位。

图 3-12 断后图片

对断口形貌进行观察，可判断出裂纹产生于Ⅰ区域，Ⅱ区域为扩展区，Ⅲ区域为最终断裂区，如图 3-13 所示。断面分为受污染程度不同的区域，说明裂纹早期已经存在，此次操作产生的应力最终导致支柱瓷绝缘子断裂。

采用超声波检测瓷件声速为 6190m/s，仪器显示为高强瓷质。隔离开关进行分合操作，操作的时候会在支柱瓷绝缘子上产生周向应力，并且支柱瓷绝缘子根部法兰处应力最大。在运行过程中水平支柱瓷绝缘子承受的动态载荷主要有：

（1）气候变化引起法兰处应力。低温及大温差使法兰金属收缩后的剪切应力和胶装水泥形变的应力叠加，产生长期的交变机械应力，是导致支柱瓷绝缘子产生疲劳裂纹的主要原因。

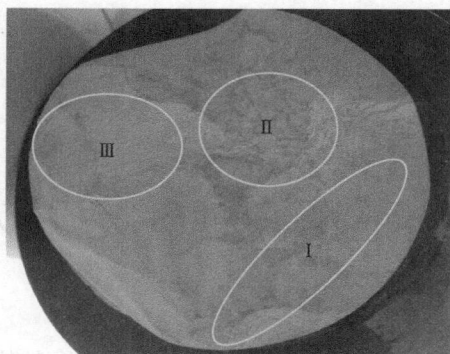

图 3-13　断口形貌

（2）其他外力冲击。据运行人员介绍扩建工程中施工产生的地面振动较大，可能对设备产生影响。在断裂支柱瓷绝缘子外表未发现撞击痕迹，可排除施工异物打击情形。

结合无损检测以及对支柱瓷绝缘子断口的分析，得出原因为长期的交变应力以及操作时产生的周向应力，在法兰结合部位上部产生原始疲劳裂纹，裂纹在后期疲劳应力作用下不断扩展，达到临界尺寸时，在外力作用下突然断裂。

第4章

复合绝缘子无损检测技术

随着高分子合成技术的发展，一部分高分子材料所具有的绝缘、耐候等优异特性为研究开发新型绝缘子创造了条件。自20世纪60年代起，美、英、德、法、日等发达国家已经开始研究利用高分子聚合物制造户外复合绝缘子。最先采用的绝缘材料主要是脂肪族环氧树脂、二元和三元乙丙橡胶、聚四氟乙烯及室温硫化硅橡胶等，既有单用，也有并用（如硅橡胶与三元乙丙橡胶共混）。但由于这些材料制造的复合绝缘子使用一定时间后都会出现因老化而漏电起痕等问题，即使是绝缘、耐候、憎水等性能比较优越的室温硫化硅橡胶涂覆在陶瓷绝缘子表面上，也会因机械损伤及腐蚀开裂而漏电起痕。20世纪70年代以后出现了以合成材料为芯棒，绝缘性及耐候性良好的高温热硫化型硅橡胶材料为伞裙组成的复合绝缘子，经使用证明，它的电绝缘及耐紫外线、耐臭氧、耐风霜雨雪、抗污染性能都满足使用要求。

我国电网于20世纪80年代初开始使用复合绝缘子。在吸取国内外经验教训的基础上，我国电力行业从一开始就针对高温硫化硅橡胶复合绝缘子进行了开发与研制。20世纪80年代末，先后完成了硅橡胶复合绝缘子的开发、成果转让与工业化生产的工作。20世纪90年代初，为遏制我国华东、华北、东北等污闪多发地区的大面积污闪事故，复合绝缘子被大量引入电网，我国电网使用复合绝缘子的数量迅速增加。

随着中国电力行业的蓬勃发展，复合绝缘子的设计、制造及应用技术已经取得世界领先地位。大规模新电压等级的电网建设，除了带来绝缘子用量的大幅度增长以外，对绝缘子的性能提出了新的更高的要求，比如直流输电线路的大规模建设要求绝缘子在直流电压下长期安全稳定运行；随着电网规模的扩大，输电线路的运行维护工作日益繁重，也对绝缘子提出了新的要求。目前国内企业生产的产品覆盖交、直流全系列电压等级，使用范围遍布全球。

根据使用场所的不同，一般将复合绝缘子分为线路用复合绝缘子和电站用绝缘子。

线路用复合绝缘子主要应用于各电压等级的输电线路上，起到固定导线、提供对地、相间绝缘的作用。其形式多为棒形悬式复合绝缘子和相间间隔棒等，在结构上有连接金具、引拔棒和硅橡胶伞裙等组成（见图4-1、图4-2）。

电站用复合绝缘子又分为支柱复合绝缘子和空心复合绝缘子。

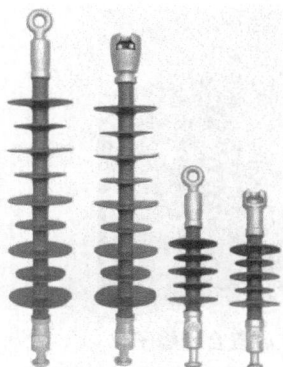

图 4-1　棒形悬式复合绝缘子　　　　　图 4-2　相间间隔棒

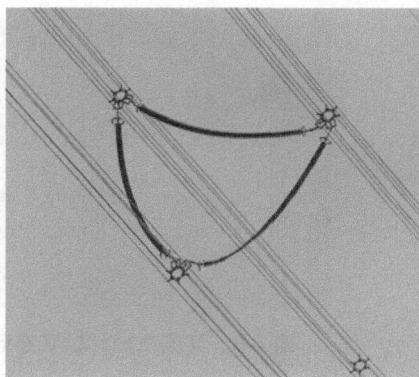

1. 支柱复合绝缘子

支柱复合绝缘子是用作带电部件刚性支持并使其对地或另一带电部件绝缘的复合绝缘子。其主要用于母线、电抗器、隔离开关和直流断路器等产品，起到支撑和绝缘的作用（见图 4-3～图 4-5），其主要由端部金属附件、硅橡胶伞裙和绝缘芯体组成。其中绝缘芯体有引拔棒、真空注胶棒、瓷棒等多种形式。

图 4-3　支柱复合绝缘子　　图 4-4　电抗器用支柱复合绝缘子　　图 4-5　隔离开关用支柱复合绝缘子

2. 空心复合绝缘子

空心复合绝缘子至少由绝缘管和伞套两个绝缘部件构成。伞套既可由安装在管上的单伞构成（带或不带护套），也可由一段或分若干段直接压接到管上构成。空心复合绝缘子永久地装有紧固装置或端部附件，且从一端到另一端是贯通的。其主要用于 GIS、罐式断路器、穿墙套管、避雷器、电缆端子、电压互感器、电流互感器和敞开断路器等产品，内部充绝缘气体，起到支撑和外绝缘的作用（见图 4-6～图 4-8），其主要端部金属附件、硅橡胶伞裙和环氧树脂玻璃钢管组成，其中玻璃钢管多采用玻璃纤维浸渍环氧树脂湿法缠绕成型。

复合绝缘子承担着机械负荷、电气绝缘的作用。相比于传统陶瓷、玻璃绝缘子，复合绝缘子具有良好的抗震性能、耐湿污性能，强度高，质量轻，运行维护方便，不易破碎等优势。

图 4-6　某国产±1100kV 穿墙套管用空心复合绝缘子

图 4-7　800kV GCB 用空心复合绝缘子　　　图 4-8　敞开断路器用空心复合绝缘子

机械性能优良。复合绝缘子的机械性能主要由内部的玻璃纤维增强树脂管/棒等提供，可根据不同设备使用的机械性能要求，调整树脂配方及纤维层结构进行设计。破坏机械应力达到 120MPa 以上。

抗震性能优良。玻璃纤维管/棒阻尼比是瓷的 2 倍，阻尼比越大，抗冲击能力、抗震性能越好，大大减少复合绝缘子在安装、运输过程中的意外破损，可安全用于九度烈度地震区。

防爆性能优异。复合绝缘子伞裙护套由高温硅橡胶材料成型，在发生内部过压后，气体压力从相对薄弱点释放，不会爆炸，更无散射的碎片，对周围电力设备不会造成危害。

耐污闪、雨闪、冰闪性能优异。由于硅橡胶材料良好的热容性和憎水性，使污闪污秽分布均匀，在雨雪环境下，不易形成连续的雨帘或冰凌，不易发生闪络现象。在相同污秽条件下，其污闪电压可以达到相同泄漏距离瓷绝缘子的两倍以上。

耐紫外老化能力强。复合绝缘子的外绝缘材料主链 Si-O 键的键能为 445kJ/mol，而紫外线经过大气臭氧层过滤，能量仅为 300～412kJ/mol，不会出现结构性损伤，具有强的耐紫外老化性能。

耐风沙性能优。复合绝缘子耐风沙性能取决于高温硫化硅橡胶的耐磨耗性能。高温硫化硅橡胶采用纳米级气相法二氧化硅作为补强材料，提升了硫化后硅橡胶耐磨耗性能。

耐温差性能好。复合绝缘子通过选用合适的偶联剂，设定合理的工艺参数，保证绝缘子外部硅橡胶伞套与棒体间界面有效黏结，耐温差性能好。

与各种绝缘介质相容性好。复合绝缘子玻璃钢可通过不同材料的配置，可耐受各种设备内绝缘介质，如变压器油、硅油、聚异丁烯油等。

质量轻。复合绝缘子的质量只有同等电压等级瓷绝缘子的 $1/3 \sim 1/7$，因此运输、安装、维护十分方便，作为套管类外绝缘时对套管的基础要求相应降低，经济性突出。

运行维护简便。硅橡胶优异的耐污闪性能提高了电力系统运行的可靠性，在污秽地区无需像瓷及玻璃绝缘子一样定期清扫，大大降低了污秽地区绝缘子的维护费用。

4.1　生　产　工　艺

复合绝缘子生产过程主要包括伞裙成型和法兰装配。

4.1.1　伞套成型工艺

4.1.1.1　绝缘子伞套成型工艺

行业内常见的伞套成型方式主要分为伞套模压、粘接成型，挤包穿伞成型，注射成型。

1. 伞套模压、粘接成型

该工艺常见于传统的绝缘子生产过程，该成型工艺主要是使用平板硫化机单伞模压成型，然后再通过粘接剂按照一定的伞型排列顺序逐片粘接到环氧玻璃纤维缠绕管（或引拔棒）上。

这种工艺方法实施过程相对复杂，效率低下，每一片伞裙都必须占用一定的硫化时间，粘接质量受人为因素影响较大，不同伞裙之间存在环形接缝，这也是外界潮气微小颗粒进入或沉积于绝缘子内的隐患。该工艺在复合绝缘子行业发展初期曾经被长期采用，在部分小批量验证性产品生产中也存在少量生产，曾为复合绝缘子的发展作出了重要贡献，但随着国内硅橡胶射机的出现，这种工艺就逐渐被淘汰，取而代之的是注射成型工艺。

2. 挤包穿伞成型

该工艺多应用于部分厂家的悬式绝缘子、棒形绝缘子类产品，其生产过程是将芯棒通过挤包机，先在芯棒外成型好护套（采用室温硫化硅橡胶或高温硫化硅橡胶做护套）然后使用穿伞机，把已成型的伞裙粘接在护套上，伞裙采用高温硫化硅橡胶，用室温硫化硅橡胶粘接，最后完成端部金具的安装连接。

相较整体注射成型，挤包穿伞工艺灵活多变，可按照要求生产各种规格型号的产品，节省原材料，成本低，经济优势明显。但在护套与芯棒和护套、伞裙间存在两种界面，且因为有较多室温硫化硅橡胶的存在，产品耐老化性能较低，所以该工艺在绝缘子生产中未能大范围应用。

3．注射成型

注射成型主要是利用高压设备将硅橡胶注射进绝缘子伞裙模具型腔内，在一定的温度、压力、时间等条件下进行硫化，该工艺可以一次成型多片连续的伞裙，伞裙在成型过程中直接包裹在环氧玻璃纤维缠绕管（或玻纤棒）表面，通过偶联剂与其粘接牢靠。这种工艺效率高质量稳定，在目前行业中应用最为广泛。目前行业中复合绝缘子注射成型工艺主要分为高温硫化液体硅橡胶和高温硫化固体硅橡胶注射成型两类技术路线。400T 液体硅橡胶伞裙注射成型设备和 2800T 固体硅橡胶伞裙注射成型设备如图 4-9 所示。

图 4-9　400T 液体硅橡胶伞裙注射成型设备和 2800T 固体硅橡胶伞裙注射成型设备

两类技术路线在复合绝缘子产品生产中均已成熟地应用，高温硫化液体硅橡胶产品质量高、成型工艺相对简单，但价格成本较高，高温硫化固体硅橡胶产品成本较低，但注射过程中易产生多种成型缺陷，影响制品成型质量。

4.1.1.2　硅橡胶成型工艺控制

伞裙护套的成型过程也就是硅橡胶的硫化过程，目前广泛采用整体注射的方式，胶料进入模具型腔内部后，在一定时间内保持高温高压状态，完成硫化过程。这个过程中，模具的结构设计及工艺控制非常重要，硅橡胶伞裙注射成型工艺参数的控制主要包括模具温度、注射速度、硫化时间、注射量、注射量、注射压力、排气和塑化。

（1）模具温度指模具型腔附近位置的实际温度值，该参数对于产品成型至关重要。适当的提高注射温度可提高产品成型效率，但过高的温度会造成胶料发生前期硫化影响制品的成型质量；过低的温度又会影响产品硫化效率及硫化质量，影响硅橡胶与基材的粘接质量。

（2）注射速度指生产设备把硅橡胶胶料注射进入伞型模具型腔的快慢程度，可以分多段设定不同的注射速度，一般的注射过程设定进入模腔的速度分别为慢速、快速、慢速的注射参数，初始阶段的慢速设计一般为降低胶料初始进入模腔的流动以减少胶料在模腔内的裹气，中间段的高速注射是为了提高注射速度，防止胶料发生前期焦烧，对于液体硅橡胶产品，中间段提高注射速度主要为了提高产品生产效率。

（3）硫化时间指硅橡胶胶料完全进入模具型腔之后，到模具开模准备取出产品的这段时间，这个时间的确定不仅要依据胶料自身的硫化曲线特性，还需要考虑制品的外形尺寸特别是热传导方向的厚度尺寸，既要保证胶料在发生硫化前完全进入模腔，又要保证高效的成型效率。针对液体硅橡胶，因其理论硫化效率高，硫化时间的长短还要考虑因其模具温度的不均衡而需适当地延长硫化时间。

（4）注射量。注射机单次注射进模具型腔内胶料的体积大小，注射量过小会导致胶料硫化不密实、不充分甚至制品缺料，但过大的注射量会造成制品的毛刺超宽、分型面积胶、个别产品受压损伤及胶料浪费，在多段对接生产时，较多的注射量还会造成定位伞受力变形产生质量缺陷。

（5）注射压力。注射机在注射过程中射出胶料的最大压力值，也可以分段设定不同的注射压力。

（6）排气是指注射过程中或注射结束后，通过控制模具开合达到模具型腔内高压气体迅速排出的过程。因为模具本身精度的问题，所以模腔不可能完全是密封的，因此在注射过程中一般不需要设置排气动作。但注射结束时，模腔里一定还会有残余的高压气体，必须进行 1～3 次的排气。液体硅橡胶制品不需要进行排气操作。

（7）塑化指混炼后的胶料由设备完成排气、加热、软化的过程。液体硅橡胶制品不需要进行该项操作。

4.1.2 绝缘子法兰装配

目前行业中复合绝缘子法兰装配主要分为压接式、粘接式、过盈配合+粘接式等。

法兰压接式主要用于棒形悬式复合绝缘子端部金具的连接，此外还有部分棒形支柱绝缘子法兰的连接。目前应用最为广泛的法兰压接形式是同轴多向压接式，同轴多向压接式是指将金具内径制成与芯棒外径相匹配的圆柱形腔，利用压接设备在金具外表面施加一定的压力，使金具产生塑性变形并压紧在芯棒表面，从而使复合绝缘子具备较强的机械负荷。该方法因快速的生产速度和成熟的生产工艺在线路绝缘子中广泛采用。

法兰过盈配合+粘接式在部分电站型复合绝缘子制造厂家大量应用，其适用产品有低电压等级的空心复合绝缘子及复合芯棒支柱绝缘子等。其生产工艺为：在产品设计阶段将法兰与缠绕管（芯棒）过盈量预留好，生产时清洗法兰，加热并用压板夹紧，在产品待装配区域涂上粘接剂，施加较大的力使法兰与管材（芯棒）之间夹紧，待法兰冷却后收缩在管材上，使两者相互咬合以保证产品机械性能，随后粘接剂固化最终完成产品装配。相较于法兰粘接式，该工艺生产效率较高，但在绝缘子长期运行中可能存在材料蠕动、气密性难以保证等潜在质量隐患，因此还未完全在产品生产中广泛推广应用。

法兰粘接式装配工艺目前在多数电站型复合绝缘子产品中广泛应用，它适用于几乎所有复合绝缘子的法兰装配。利用该工艺生产时，首先需要在产品设计阶段将法兰内径与缠绕管（芯棒）外径设计好凹凸的配合间隙，将法兰在加热装置中进行预热，然后将法兰与缠绕管（芯棒）进行机械装配，在法兰与缠绕管（芯棒）的凹凸间隙内注入配置好的环氧树脂型法兰粘接剂，并继续在加热装置中加热固化完成产品法兰装配。该方法以可靠的产品质量、成熟的生产工艺在电站型复合绝缘子法兰装配中广泛应用。

4.2 常见缺陷

4.2.1 制造缺陷

固体硅橡胶复合绝缘子在伞裙成型中易产生各种类型的质量缺陷，在大尺寸产品中表现更为突出，其典型缺陷、可能原因及解决方案见表 4-1。

表 4-1　　　　　　　　　　　　复合绝缘子伞裙成型中的典型缺陷

序号	缺陷项目	图片	常见的可能原因	一般解决措施
1	气泡		（1）胶料配方中的门尼黏度过大； （2）模具排气设计：模具注射口与制品的尺寸不太匹配，模块没有设计排气结构或排气结构设计无效	（1）结合产品实际，适当调整增加胶料门尼黏度数值； （2）优化模具结构设计：增加模块排气结构、加强模具整体强度、保证模具温度均衡
2	粘模、断伞		（1）模具清理、模具内表面状态； （2）胶料脱模性不足； （3）脱模剂效果不佳； （4）模具温度精度不足影响胶料硫化效果	（1）生产过程中采用更加合理规范的模腔清理手段； （2）模腔损坏者需重新进行模腔抛光镀铬，恢复并保持最佳模腔状态； （3）使用更加高效的胶料脱模剂（目前应用较为广泛的为含氟水溶性脱模剂）； （4）优化模具结构形式及加热形式，保证更为均衡的模具温度，生产过程中进行模具各部位温度的精准调控； （5）调整胶料配方，适当增加胶料内脱模剂含量
3	伞裙变形		胶料操作时间、产品注射时间及模具温度三者间的配合不当	（1）适当降低模具温度、延长硫化时间； （2）必要时调整胶料配比，适当提高胶料操作时间
4	粘接不良		（1）偶联剂预处理不当； （2）胶料硫化不充分	（1）偶联剂需按合理剂量进行稀释，待涂刷的基材需进行有效清洁，去除油污杂质； （2）偶联剂涂刷基材后按规定的温度和时间进行热烘； （3）适当提高模具温度或延长硫化时间，或采取手段保证空心复合绝缘子内部温度，保证制品硫化充分

另外，相较于传统的陶瓷、玻璃绝缘子，交界面的存在是复合绝缘子中的薄弱点，不恰当的工艺、低劣的偶联剂都会使复合绝缘子交界面存在粘接缺陷。如果入网运行的绝缘子中存在这样的缺陷，其使用寿命将远远低于质量合格的绝缘子，一方面缺陷绝缘子会发生闪络或界面击穿等电气损坏，在电场和多种自然因素的作用下，很容易加速绝缘子的老化；另一方面，护套内外仍存在水分浓度差，水分子易于浸入交界面，护套对芯棒的保护效应被大大削弱，芯棒中的环氧树脂材料会在交界面的水分作用下发生水解反应，使芯棒的机械性能不断降低，在恶劣天气下可能引发复合绝缘子脆断的严重事故。

4.2.2　运行缺陷

4.2.2.1　复合绝缘子投运前的检查

1. 外观检查

复合绝缘子表面缺陷总面积不得超过绝缘子总面积的 0.2%。不应有以下缺陷：

（1）单个面积大于 $25mm^2$ 或深度大于 1mm 的表面缺陷。

（2）伞根部有裂痕，特别是靠近端部装配件的伞。

（3）伞套与端部装配件结合处分离或粘接不足。

（4）伞与护套之间的界面分离或有粘接缺陷。

（5）伞套表面有凸起超过 1mm 的合模缝。

2. 渗漏检查

对于内部填充 SF_6 气体绝缘介质空心复合绝缘子应进行气体检漏；对于内部填充绝缘油应检查有无渗油现象。

3. 均压装置检查

均压装置应安装正确，无损伤或变形。

4.2.2.2　复合绝缘子运行维护

1. 巡视检查

（1）日常检查。

a. 伞套是否破裂、烧伤，法兰锈蚀，有无异物和表面积污情况。

b. 均压环是否变形、扭曲、锈蚀或发生脱落、倾斜等异常情况。

c. 对于内部填充绝缘介质空心复合绝缘子，应检查压力表示值是否在正常范围或发生渗油现象。

（2）特殊巡视。

a. 特殊气候条件下，复合绝缘子表面的局部放电或覆冰情况。

b. 在覆冰（雪）特殊天气条件下，复合绝缘子是否有覆冰（雪）桥接现象。

c. 在大雨特殊天气条件下，复合绝缘子是否有雨水桥接现象。

d．遭受台风、龙卷风灾害后，复合绝缘子是否损坏或异物附着。

e．当变电站发生地震、泥石流等地质灾害后，应对复合绝缘子及法兰进行检查。

（3）通电检查。

a．硅橡胶伞套表面是否有明显的蚀损或电弧烧伤痕迹。

b．伞套是否出现硬化、脆化、粉化、开裂等现象。

c．伞裙是否变形。

d．法兰连接部位是否有明显的滑移，密封是否破坏。

e．憎水性下降或丧失。

f．污秽度检测（必要时）。

2．带电检测

按照相应设备检验周期对以下项目进行检测：

（1）对内部充 SF_6 气体绝缘介质空心复合绝缘子红外成像检测。

（2）对复合绝缘子应进行温升检测，检测和分析方法参照 DL/T 644《带电设备红外诊断应用规范》进行。

（3）复合绝缘子应进行憎水性检查，按照 DL/T 1474《标称电压高于 1000V 交、直流系统用复合绝缘子憎水性测量方法》进行。

3．维护

（1）一般要求。一般运行维护内容包括：

a．伞套表面憎水性尚未永久丧失，雨雾天气未出现明显放电。

b．发生外绝缘闪络后，应对复合绝缘子进行检查；若伞套、法兰无明显损伤，可不更换。

c．当伞裙破损已伤及或可能伤及伞裙根部及护套时，不允许修补。

（2）更换。复合绝缘子出现以下情况之一，应予更换。

a．伞套脆化。

b．憎水性永久消失。

c．护套或伞裙根部受损会危及芯体。

d．伞裙大面积破损。

e．伞裙和护套出现蚀损。

f．绝缘子法兰连接部位密封失效，出现裂缝和滑移。

g．闪络后伞裙表面被电弧严重灼伤。

h．水泥厂、化工厂等重污秽地区，伞裙表面有硬垢、腐蚀，造成憎水迁移性丧失。

i．红外热成像检测发现有明显发热点。

j．法兰严重锈蚀和氧化。

k．发现有家族缺陷的复合绝缘子。

4.3　检　测　技　术

无损检测相比传统检测手段具有检测速度快、抽样数量大的优势，是控制粘接质量的重要手段，对于具有一定偶发性与非关联性的绝缘子交界面粘性缺陷尤为适用。由于复合绝缘子使用较晚，目前针对复合绝缘子的无损检测手段多是检测陶瓷绝缘子方法的延续。常用复合绝缘子检测基本思路为检测内部空气间隙的物性改变或检测间隙处可能出现的放电。从而通过检测到空气间隙，视为此处存在交界面粘性受损的情况。

常见的复合绝缘子检测方法如下：

（1）直接观测法。检测人员使用望远镜在塔下观察护套、伞裙、金具等部位有无开裂、粉化、漏电痕迹等。

（2）紫外成像法。利用紫外成像可以带电检测复合绝缘子表面的碳化通道和电蚀损，该方法检测时，要求在夜间、正常温度环境下检测。2020 年宏博测控为内蒙古数十个变电站进行整站检测，其中有一项就是每天夜间对站内设备进行紫外检测。

（3）憎水性检测。使用绝缘子憎水性测试仪产品，对复合绝缘子表面的憎水性等级进行检测并判断其 HC-1 至 HC-7 的级别，是目前较为主流的检测绝缘子憎水性等级的方法。

（4）红外成像法。红外成像法可以检测局部放电、泄漏电流流经绝缘物质时的介电损耗或电阻损耗引起的绝缘子局部温度升高，一般使用 FLIR 红外测温仪进行检测。

（5）超声波检测法。超声波检测的实现是基于超声波在从一种介质进入另一种介质的传播过程中会在两介质的交界面发生发射、折射和模式变换的原理，使用超声波巡检仪产品进行复合绝缘子故障检测，可直观、高效检测出故障点。

（6）X 射线检成像法。利用射线穿过物质，并被其衰减来实现检测的，此技术的演化经过了低劣的微光图像获取，有噪声的电离放射线荧光屏成像和高分辨率清晰的数字图像设备等几个阶段。

（7）微波反射法。利用微波在硅橡胶与缺陷以及缺陷与芯棒交界面处的折反射进行缺陷检测。

4.3.1　红外成像法

红外测温及成像技术可有效检测电力设备的发热状况，目前已经得到普遍应用。该技术适用于复合绝缘子的运行检测，对局部热点检测十分有效。运行经验表明，红外技术对于明显导通性缺陷、材料严重老化、芯棒断裂缺陷检测效果良好，但对芯棒界面气隙、表面裂纹，只有湿润或发展到一定深度后才引发电晕，检测效果难以保证。由于局部放电往往伴有热效应，但只有局部放电水平比较显著时，复合绝缘子发热现象才比较明显。红外检测的优点是检测距离远、可在地面进行检测，减轻了工作量，提升了操作安全度，其缺点是易受环境因素及污秽等能引起复合绝缘子表面温度变化因素的影响，且存在一定的检测盲区。

随着无人机在民用领域应用日益广泛，无人机巡检输电线路技术已发展成一种高效、低成本、低风险的空中巡检技术，是提升输电线路运行可靠性的重要手段之一。当下，采用无人机进行线路巡检、线路架设和污秽清理等已进入推广应用阶段。

旋翼无人机是一种机动性强、稳定性高、敏捷安全、操作简便的飞行平台。针对复合绝缘子温度检测，采用无人机搭载红外检测设备的方案替代原有的人工手持，可兼顾检测准确、高效、安全和灵活。大疆 M210RTK 多旋翼无人机为飞行平台，搭载热成像传感器和可见光传感器，研制出适用于无人机搭载的红外温度检测装置。该装置集成了红外测温、可见光成像、频率调节、无线遥控等功能。

4.3.2 超声波检测法

超声波检测法是广泛应用于材料探伤的常用方法，也是很早用于复合材料无损评价的方法之一。其原理是利用复合材料本身或其缺陷的声学性质对超声波传播的影响来检测材料内部和表面的缺陷，如气泡、分层、裂纹、脱粘、贫胶等。超声波探伤具有灵敏度高、穿透性强、检验速度快、成本低和对人体无害等优点。

超声波是频率大于 20kHz 的弹性振动波，最常用的频率是 0.5～10MHz。超声波在异质材料之间传播时，由于异质材料的声学性质不同，超声波从一种物质透射进入另一种物质时，会在异质界面处返回一个界面回波，即异质界面特征回波。超声波在界面被反射的程度决定于两种介质的声阻差（介质的声阻等于介质的密度和声速的乘积），声阻差越大则反射程度越大。声波在空气中的传播速度为 340m/s，在玻璃纤维芯棒中为 2570m/s，在硅橡胶护套增加 0.6 m/s。复合绝缘子试件的伞裙护套和芯棒声学性质差异较大，伞裙护套与芯棒之间的界面特征回波明显，可以应用上述检测原理进行检测。

4.3.3 X 射线成像法

X 射线发现至今已逾百年，其在医药、航天、机械等行业已广泛采用。该技术目前的代表方向为直接数字成像，具体分为电脑直接成像技术（computer radiography，CR）和数字平板直接成像技术（director digital panel radiography，DR）两种。采用效率更高的 X 射线 DR 技术对出厂产品和在网运行一定年限的复合绝缘子进行透视检测，在不对被检绝缘子进行解体的情况下，几秒钟就可得到复合绝缘子任意检测位置的对比度高的内部结构直观展现图，所获 X 射线成像图上复合绝缘子内部结构直观可见、缺陷类型及其位置清晰可辨、护套厚度芯棒直径等可测。从事检测的人员只需简单培训即可进行现场检测并根据 X 射线成像图进行诊断。该技术不受场地、环境限制，同时所用的 X 射线数字平板直接成像系统还可应用于 GIS、罐式断路器等输变电设备的检测。

4.3.4　微波反射法

为了检测复合绝缘子内部缺陷，可以基于微波反射法来进行复合绝缘子检测。该方法将微波发射到复合绝缘子内部，利用微波在不同介质内发生折反射的性质，检测反射波信号，判断绝缘子内部是否存在缺陷。微波反射法其实就是利用微波在硅橡胶与缺陷以及缺陷与芯棒交界面处的折反射进行缺陷检测。微波检测有其自身的特点：微波在非金属材料中穿透能力强；不需要表面接触、不需要耦合剂，大大提高了检测的便捷性和应用范围；微波检测依据的不是材料的密度分布，而是电磁特性，所以可以检测到传统密度分布检测方法检测不到的缺陷。目前国内外关于微波无损检测的研究和应用已取得了大量的成果，但是对于将微波应用于复合绝缘子检测的研究还处在可行性探索的阶段。汉肯等人用网络分析仪对树脂平板进行检测，证明可以检测到预设缺陷。陆荣林等用上海材料所的毫米波设备对罗克维茨 M 的理论进行了验证。证明了罗克维茨 M 提出的公式在微波检测领域的正确性，即微波波长 λ 与目标缺陷的尺寸半径 a 满足公式 $Ka \approx 1$（式中 $K = 2\pi/\lambda$）。卡杜米等使用近场微波检测内置缺陷的复合绝缘子样品，识别出内部缺陷，其对气孔识别能力较好，对金属缺陷的识别能力较差。

4.4　检　测　案　例

4.4.1　红外成像法

无人机红外检测装置可分为飞行平台、红外测温、辅助测量及无线通信。

（1）飞行平台采用大疆 M210RTK 多旋翼无人机，内置高性能 ERTK 模块，采用双冗余 IMU 设计和气压计，提升安全性，提供敏捷、稳定、安全的飞行性能，抗电磁干扰能力强，即使输电塔产生强大的磁场，无人机也能确定方向，并能在近距离检查输电塔时维持稳定的飞行状态。

（2）红外测温部分可通过搭载 XT2 红外云台测量绝缘子温度和采集红外图像。XT2 云台采用 FLIR 非制冷氧化钒热成像传感器，可同时录制、传输热成像，分辨率可达 640×512，灵敏度小于 50MK，采用 19mm 镜头，可保证无人机在距离绝缘子 10m 即可取得细节丰富、清晰的红外影像。

（3）辅助部分主要是可见光传感器，可采集、录制可见光影像，巡检人员可在安全距离处通过 Z30 高倍率变焦相机查看绝缘子细节。

（4）无线通信部分基于数传图传系统实现整个装置的远程无线控制。其任务主要包括测量数据的实时发送和地面遥控指令的及时响应。通信模块采用 OcuSync2.0 图传系统，信号传输距离最远可达 7～8km。遥控器可在 2.4GHz 与 5.8GHz 双频段间自动切换，大幅增强抗干扰能力和图传稳定性。

本文以单回路直线杆塔巡检为例，对无人机巡检的一般作业流程进行介绍。

（1）明确红外巡检任务，确定红外巡检对象，如金具、复合绝缘子、瓷质绝缘子等。

（2）收集巡检线路资料，确定巡检线路名称、电压等级、杆塔类型、巡检杆塔范围等。

（3）进行现场勘察，了解巡检线路情况、地形（平原、丘陵、山地等）、地貌（林区、河流等）、气象环境、植被分布、周边障碍物、构筑物、空中管制情况、起降场。

（4）制定飞行作业计划，确定无人机红外巡检系统、作业人员要求、安全要求、气象要求、维护保养要求等。红外巡检尤其要做好现场资料记录，包括地形地貌、作业现场情况、相机参数设置、实际飞行情况（实时记录）、飞行过程记录、起降场地、空中管制情况、飞行作业时间等。

（5）进行旋翼无人机红外巡检作业，根据现场作业情况调整无人机拍摄位置、拍摄角度，拍摄照片质量需满足要求。

（6）对红外影像进行数据处理和分析，对同类型设备目标点间的温差、不同类型设备间的温差进行分析对比。

（7）输出分析报告，若出现异常情况，则及时上报相关情况。

为了更清楚深刻地了解巡检流程，下面对实际单回路单基直线杆塔无人机红外巡检拍摄步骤进行阐述，单回路单基直线杆塔无人机红外巡检作业示意如图 4-10 所示。

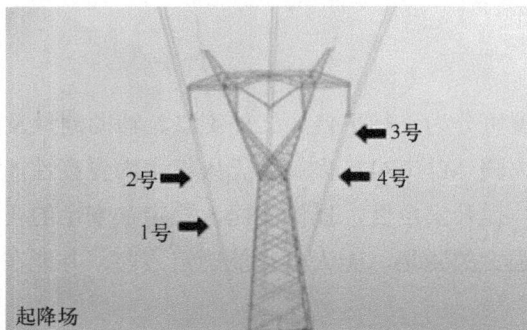

图 4-10　单回路单基直线杆塔无人红外巡检作业示意图

（1）操控无人机从起降场起飞，飞行至左相绝缘子外侧 5～8m，1 号巡检作业点（绝缘子本体大号侧）附近。

（2）对左边相、中相绝缘子本体进行拍照。为排除地面、杆塔对绝缘子伞裙、金具的遮挡影响，体现芯棒温度，拍摄红外照片不少于 2 张。

（3）操控无人机飞行至 2 号（绝缘子本体小号侧）位置，重复步骤（2）。

（4）操作无人机垂直上升至最高杆塔高度加 10m 高度，飞行至杆塔另一侧与线路边线水平距离 15m 处，再垂直下降至绝缘子高压端等高位置。

（5）操作无人机飞行至右相绝缘子外侧 5～8m，3 号巡检作业点（绝缘子本体大号侧）附近。

（6）对右边相、中相绝缘子本体进行拍照。为排除地面、杆塔对绝缘子伞裙、金具的遮挡影响，体现芯棒温度，拍摄红外照片不少于 2 张。

（7）操控无人机飞行至 4 号（绝缘子本体小号侧）位置，重复步骤（6）。

目前，无人机巡检作业已成为输电线路智能巡检的重要方式，然而无人机在巡检过程中拍摄的大量数据资料，其信息还存在不清晰、不规范、不全面、不一致、较混乱等问题，因此有必要对现场采集的大量离散型数据进行标准化编码和归类，建立完整、详实的数据归集分析体系。在对现场采集的数据进行标准化归集的基础上，通过红外分析软件进行数据智能分析，构建大量信息丰富的红外图谱数据库，实现部位和缺陷的标准化描述和标注，而后生成报告输出，最终为实现绝缘子的全寿命周期管理提供基础数据。随着图像识别处理技术的发展，红外数据处理的智能化水平也逐渐提高，已可做到自动识别部分目标设备并进行缺陷分析。

后期数据处理的具体流程如下：

（1）将红外数据进行归类整理，筛选出合格的红外影像照片。

（2）将红外数据进行重命名，与拍摄设备对应起来。

（3）将需要分析的数据导入照片到 Flirt tools。

（4）调整外部参数，如辐射率、反射温度、距离、相位。

（5）获得输电线路设备上的目标位置温度、设备其他位置参考温度。

（6）对同类型设备目标点间的温差、不同类型设备间的温差进行分析对比。

（7）输出分析报告，若出现异常情况，则及时上报相关情况。

4.4.2　超声波检测法

超声对于材料内部的裂纹非常敏感，利用超声技术可以直接检测到材料内部的裂纹等各种缺陷，超声检测已被成功地用于无损探伤等。其原理是基于超声波从一种介质进入另一种介质的传播过程中，会在两种介质的交界面发生折射、反射和模式变换。超声波发生器发射的始脉冲进入复合绝缘子介质，当复合绝缘子有裂纹时，将会在时间轴上出现裂纹的反射波，由缺陷波的大小和位置就可判断复合绝缘子中缺陷情况。本部分引用谢从珍、张尧等人的研究结果介绍超声波检测法检测复合绝缘子内部缺陷的办法。

1. 大面积脱粘采用射频幅度法

当脱粘面积超过晶片面积时采用射频幅度法。脱粘试验如图 4-11 所示可见纤维棒上面有一道黑色划痕此划痕一直延伸到整个橡胶层里面，导致两种材料，在粘接时严重脱粘。当超声波传入时，其间存有大面积空气，使得超声波被阻隔后从橡胶底面直接返回且波幅特高。脱粘检测波形如图 4-12 所示。

图 4-13、图 4-14 是粘接良好时的测量及测得的波形幅值，其幅值与图 4-12 比较相差十余分贝。粘接良好时，超声波穿过粘接层进入芯棒，因为纤维材料对高频超声衰减很大，

导致反射波幅度降或底波全无的现象，在检测过程中如果出现反射底波全无，说明这个位置不仅是粘得非常好，而且是第 2 种材料的圆切点和声轴中心点是垂直的，声波已穿过第 2 种材料声波已穿过第 2 种材料了，对于脱粘面积的定量检测可采用半波法。移动探头使得原来的波形下降一半，就是脱粘的边沿，称为半波法。

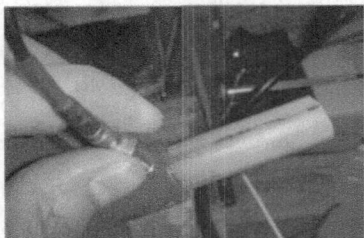

图 4-11　脱粘测试

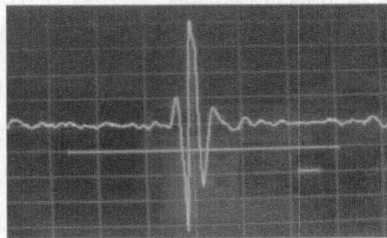

图 4-12　脱粘波形图

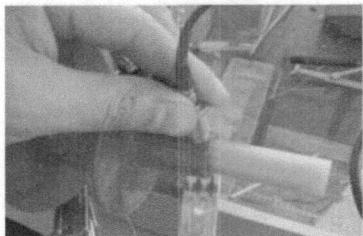

图 4-13　粘接良好部位测量

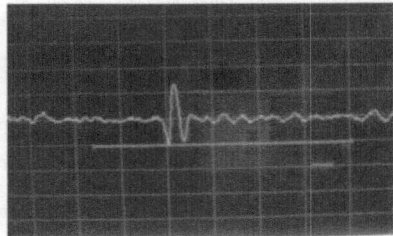

图 4-14　粘接良好波形图

2．识别分析气孔、夹渣的射频反射法

缺陷面积小于晶片面积时采用射频反射法检测。无气孔夹渣的波形和人工打有单个气孔，因气孔的阻抗均比橡胶和纤维棒的阻抗高，故其反射波是最强的。无气孔夹渣的波形和使用砂轮打磨后 0.5m 气孔如图 4-15 所示。有气孔的波形如图 4-16 所示。

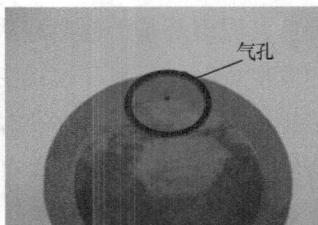

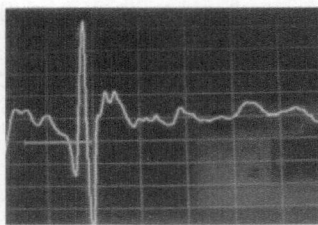

图 4-15　使用砂轮打磨后 0.5m 气孔和无气孔夹渣的波形

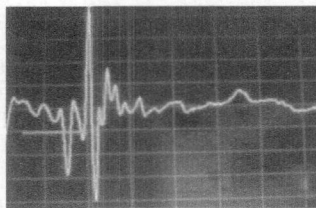

（a）正对准气孔所测波形　　　（b）未对准气孔所测波形

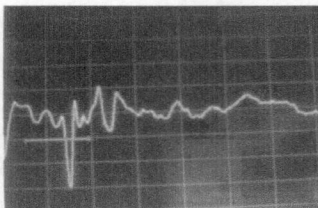

图 4-16　有气孔的波形

实际检测中气孔反射波的幅度不仅取决于气孔的大小还取决于芯棒透声特性，因为纤维棒的透声特性决定了底波幅度的高低。脱粘和粘接良好的复合绝缘子剖查如图 4-17 所示。通过与剖查结果对比超声射频检测法可以筛选出生产线中脱粘的复合绝缘子。

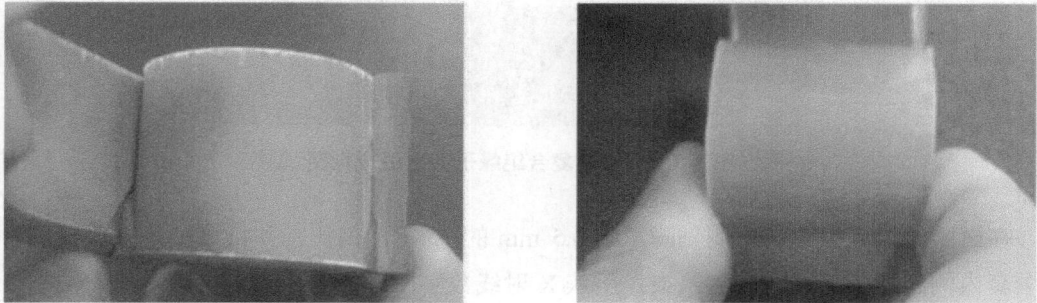

（a）粘接良好的复合绝缘子　　　　　　　　　（b）脱粘的复合绝缘子

图 4-17　粘接良好的复合绝缘子和脱粘的复合绝缘子

虽然利用超声波检测的方法可判断复合绝缘子护套与芯棒界面之间是否存在脱粘、脱粘的面积和气孔缺陷，但不能检测出脱粘的不同程度的分级，尚待进一步研究。

4.4.3　X 射线成像法

X 射线数字平板直接成像（direct digital panel radiography，DR）技术是一种 X 射线直接转换技术，它使用不可弯曲的硬质平板探测器接收 X 光，再由平板探测器上覆盖的晶体电路把 X 射线光子直接转化成数字化电流后，直接将图像信息呈现在计算机上，该技术所用设备体积小，只需较短的时间（30s 左右）就可以观察到信噪比好、分辨率高的 X 射线成像图，具有较高的检测速度和效率。

采用 X 射线成像法可以高效地对工业制件进行透视检测，在不破坏复合绝缘子的情况多层介下，可获得复合绝缘子任意检测位置对比度较高的内部结构直观展现图，如可对护套内侧缺损、芯棒微小缺损、护套厚度不达标、护套与金具胶结不紧密等问题进行检测。

这里引用闫文斌等人的研究成果介绍运用 X 射线透视检测技术对复合绝缘子伞套区、芯棒区、伞套与芯棒胶结面、金具区段等 4 个区域的模拟缺陷进行检测的情况。以伞套与芯棒胶接面为例，首先将试验复合绝缘子截段，将伞套与芯棒剥离，剥离后重新套装，但不胶接，以模拟伞套之间可能存在的胶接不紧密如接缝等。该试验截段缺陷复合绝缘子的 X 射线成像如图 4-18 所示，所示结果与模拟缺陷相符，图中框内即为试验复合绝缘子截段剥离端与未剥离端的套接缝，验证了 X 射线对复合绝缘子内部缺陷进行可视化检测的可行性。

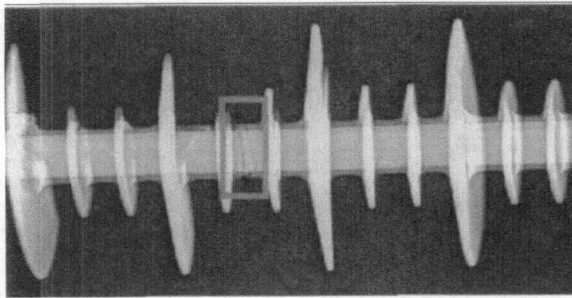

图 4-18　缺陷复合绝缘子 X 射线成像图

在试验绝缘子段伞套内侧刻画深约 0.5 mm 的 V 字形刻痕，并将该段芯棒截去，以模拟伞套内侧因加工工艺造成的缺损，所获 X 射线数字图像如图 4-19 所示。

图 4-19　缺陷复合绝缘子 X 射线成像图

可见，X 射线成像图上复合绝缘子内部结构直观可见，缺陷位置清晰可辨，护套厚度芯棒直径等可测。X 射线成像具备对护套内侧缺损，芯棒微小缺损，护套厚度不达标，护套与金具胶接不紧密存在间隙，护套内部气道、芯棒断裂等内部缺陷的检测和诊断能力。

4.4.4　微波反射法

通过向复合绝缘子发射微波，若复合绝缘子中存在气孔、导电缺陷或脱粘，则微波反射波形将发生改变，从而实现对缺陷的检测，类似于超声探伤的方法。通过搭建复合绝缘子缺陷微波检测系统，可检测发现芯棒内部毫米级的金属杂质和气泡，利用探头移动可实现缺陷定位。微波法能检测芯棒中的微小气泡，而且可进行非接触检测，有希望应用于带电检测；但微波法的缺点是无法穿透金属，因此绝缘芯棒和金具压接处的状况无法用微波法获取。

当微波在复合绝缘子内部传播，经过不同材质的波阻抗不相同，会在界面处（如护套-芯棒界面）产生折反射，反射波强度取决于各介质的介电常数等参数。可采用波阻抗模型计算反射率。

王黎明等人搭建了针对复合绝缘子内部界面缺陷的微波检测平台，首先对加入不同类型缺陷复合绝缘子样品进行试验，优化了测试系统参数，然后对某现场出现异常温升（86℃）的复合绝缘子进行了检测。该复合绝缘子红外成像检测发现高压端第 1 和第 3 大伞裙出现了明显的发热（见图 4-20）。在样品表面同一圆周上的 24 等分点位置进行测量，得出该圆周的测试曲线，测试不同位置则可得到对应位置的测试结果［见图 4-21（a）］。从图中可看出，不同位置反射信号主要集中在 6.4～7.4V，但位置坐标 16、17 间信号强度有明显的大幅度变化，表现出样品内部存在缺陷的数据特征。该位置位于第 2 和第 3 个大伞裙之间，相应的截面图［见图 4-21（b）］显示实际存在空气孔隙缺陷，缺陷厚度约 0.4 nm。其他无缺陷部位的对应检测曲线则波动较小，没有明显的大波动峰存在。

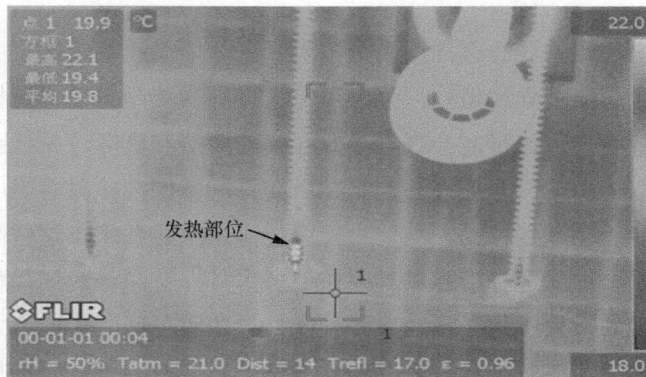

图 4-20　现场温升绝缘子高压实验基地红外检测图

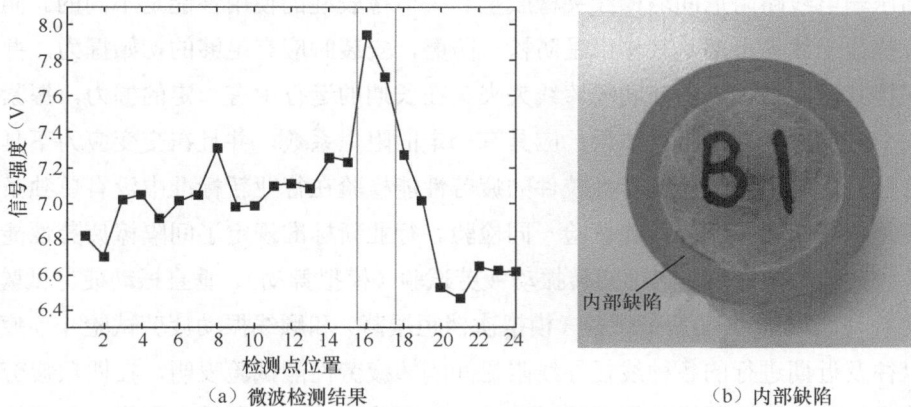

（a）微波检测结果　　　　　　　　　　　　　　　　（b）内部缺陷

图 4-21　现场温升绝缘子样品微波检测结果和内部缺陷

研究表明，可以利用微波反射法对复合绝缘子内部缺陷进行检测，缺陷类型包括气蹭芯棒表面放电痕迹等，微波检测对检测距离比较敏感，近场微波检测精度可达 0.4 mm。

第 5 章

输电线路间隔棒橡胶元件无损检测技术

多分裂导线输电线路的导线必须用间隔棒隔开，才能防止相互鞭击并获得稳定的电气性能。由于微风会引起架空导线振动，强风可能诱发其次档距振荡，这样既可能使紧固件松动而间接地使导线磨损，更可能会直接导致导线的疲劳和破坏，使线路安全运行受到严重威胁。因此需采取措施减振，把振幅控制在所允许的范围内，只有当间隔棒具有性能良好的阻尼元件，才能达到减振目的。高聚物橡胶能满足上述要求，这些阻尼元件在多分裂导线输电线路长期安全可靠运行中起着重要作用。另外，分裂导线间隔棒的构造必须足以耐受短路电流所产生的最大压力，已完成各种规格导线阻尼间隔棒向心力试验表明，阻尼间隔棒线夹橡胶垫和关节橡胶柱具有较好的承力性能，向心力试验完成后，阻尼间隔棒从试验装置卸下，线夹橡胶垫和关节橡胶柱无损伤、无变形。

特高压输电线路阻尼间隔棒线夹橡胶垫和关节橡胶柱的使用性能是不同的。阻尼间隔线夹橡胶垫位于线夹上部，其作用是防松、防磨，安装时应有足够的初始握力，并需要能长时间保持其压应力，以便使间隔棒线夹夹头在长期的运行中有一定的握力，握紧导线不松动；关节处的橡胶柱起阻尼作用，应具有一定的阻尼系数，并且在交变应力下具有良好的耐疲劳性能。阻尼间隔棒配套橡胶件的疲劳性能检验在行业新标准中没有单独条款进行规定，而是随着间隔棒疲劳性能试验一同检验。行业新标准规定了间隔棒疲劳性能的相关技术条件和试验检验方法，包括扭转振动疲劳试验（模拟舞动）、垂直振动疲劳试验（模拟微风振动）、水平方向振动疲劳试验（模拟次档距振荡）和顺线振动疲劳试验 4 项疲劳试验项目。以往及近期进行的各种线径导线阻尼间隔棒疲劳性能试验表明，在四项疲劳性能试验后，线夹橡胶垫和关节橡胶柱无明显磨损、间隔棒线夹处的导线未损伤、间隔棒各部件无松动、线夹没有产生滑移。证明各种线径导线阻尼间隔棒线夹橡胶垫和关节橡胶柱的耐疲劳性能良好，能够满足工程安全运行的需求。

两处配套橡胶件的共同要求：具有耐冬夏气温急剧变化下各项性能的稳定性；具有良好的抗臭氧性能和耐天候老化性能；能长期在高场强的露天条件下，其强度、硬度等主要力学性能指标参数不会经风吹日晒雨淋而发生显著劣化；应具有适当的导电性。

橡胶的物性指标之间既相互联系，又相互制约，同种橡胶的某项物性指标略高，则其他项的物性指标可能低些。根据不同的使用性能，阻尼间隔棒线夹橡胶垫应具有较好的刚度、略高的硬度、比较慢的应力松弛速度和较小的压缩永久变形等性能，这可能导致其阻尼性能略差；关节橡胶柱应具有较好的阻尼性能和耐疲劳性能，则橡胶的刚度、硬度、压缩永久变形指标可能略低。由于阻尼间隔棒线夹橡胶垫和关节橡胶柱的使用性能不同，最好采用不同配方的橡胶来达到各自的最佳使用性能。然而，受低价中标方式和创利驱动，供应商在生产阻尼间隔棒配套橡胶件时，线夹橡胶垫和关节橡胶柱往往采用同一种配方橡胶，虽各项性能指标有可能达到现行行业标准对合成橡胶元件性能指标的要求，但两种元件均达不到最佳使用性能，不能有效保证阻尼间隔棒的整体使用性能，影响使用寿命。我国对阻尼间隔棒配套橡胶元件所进行的研究大多集中在配方、工艺方面，试验方法方面的研究不多，而对于阻尼间隔棒线夹橡胶垫的静态力学使用性能和关节橡胶柱的动态力学使用性能的研究则更少。国家电网有限公司十分重视线路运行的安全性和可靠性，倡导使系统全寿命周期费用最省的理念。为了保证阻尼间隔棒橡胶元件的产品质量及使用性能，保证阻尼间隔棒的整体性能最佳，提高特高压输电线路运行的安全性和可靠性，研究阻尼间隔棒配套橡胶件的使用性能势在必行。

5.1　生　产　工　艺

目前对阻尼间隔棒橡胶件的技术要求，依据 HG/T 4236—2011《阻尼间隔棒橡胶件》，规定了阻尼间隔棒橡胶件的要求、试验方法 、检验规则，并规定使用何种材质的橡胶，目前橡胶元件采用的三元乙丙橡胶较多，也有采用三元乙丙 / 氯化聚乙烯并用胶的，前期还采用硅橡胶等材料。

间隔棒采用的三元乙丙橡胶，是乙烯、丙烯和非共轭二烯烃的三元共聚物，EPDM 最主要的特性就是其优越的耐氧化、抗臭氧和抗侵蚀的能力。由于三元乙丙橡胶属于聚烯烃家族，具有极好的硫化特性。在所有橡胶当中，EPDM 具有最低的比重，它能吸收大量的填料和油而对其特性影响很小，因此可以制作成本低廉的橡胶化合物。三元乙丙橡胶基本上是一种饱和的高聚物，耐老化性能非常好、耐气候性好、电绝缘性能优良、耐化学腐蚀性好、冲击弹性较好。这种橡胶均具有主链饱和结构，可共混，三元乙丙橡胶主链由化学性稳定的饱和烃组成，仅在侧链中含不饱和双键，故基本上属于一种饱和型橡胶。由于分子结构内无极性取代基，分子间内聚能低，故分子链可在较宽的温度范围内保持柔顺性。因此，乙丙橡胶的化学结构使其硫化制品具有独特的性能。

橡胶元件生产工艺流程大致为配料、混炼、预成型和硫化四个工序，也是保障橡胶元件质量的关键节点工艺，如图 5-1 所示。

配料　➡　混炼　➡　预成型　➡　硫化

图 5-1　阻尼间隔棒应用橡胶元件生产工艺流程图

实际需对橡胶元件生产关键工序点进行质量管控。配料中需确认配合剂的种类，无漏配、错配，小粒的总重量、增塑剂、炭黑等重量符合公差要求。混炼后对其进行外观、物理机械性能的检验，外观表面无气泡、皱褶，切断面无配合剂斑点等，机械性能满足DL/T 1098《间隔棒技术条件和试验方法》等标准要求。预成型后质量外观质量要求是光滑平整，无气泡、凹陷、裂纹、杂质等，尺寸满足图样要求。

间隔棒橡胶元件生产工艺中，最重要的是配料中原材料的选择。目前行业标准未对阻尼间隔棒配套橡胶件胶料成分进行严格的规定，为了降低成本，不免有阻尼间隔棒配套橡胶件生产厂家在胶料中添加填料，以起到增容积降成本的目的。这些填料有无机填料、再生胶、粉碎的硫化胶粉等。虽然，这种胶料生产的阻尼间隔棒配套橡胶件在短时内各项检验性能有可能达到行业标准要求，但是其长期使用性能不一定得到保证。过多的无机填料会使橡胶材料内部应力集中点增多，导致破坏过程加速，使阻尼间隔棒配套橡胶件的疲劳性能得不到很好的保证，因此，有必要规定胶料的含胶量，保证胶料的品质和硫化后的使用性能。

橡胶是一种典型的高弹性材料，其物理化学加工性能复杂，很难给出一个精确全面的定义，橡胶各单元加工过程涉及橡胶"流体"在外加条件（变形速率、温度、压力）下，于一定流动场（拉伸或剪切）中流动或变形，它的加工行为表现也就是橡胶"流体"在外加条件下弹性反应相结合的结果，实际上橡胶"流体"的黏度、弹性表现、断裂特性同橡胶的加工性密切相关。在混炼中，加工性意味着配合剂是否容易混入，并均匀分散在橡胶中，并按一定比例分布在橡胶各相中，为了取得橡胶与配合剂的均匀性，在实际混练中加入一般采用密炼机进行加工。

橡胶的硫化过程就是由线性分子结构，在温度、压力、时间的作用下，变成网状结构的过程，由于橡胶采用硫化体系的不同，得到的分子结构也不同，硫磺硫化得到分子结构为多硫键和单硫键，分子结构的稳定性较差，而用过氧化物硫化的分子结构为碳氢键，具有较大的分子结构键能，所以耐老化性能远远高于硫磺硫化体系。在配方设计中，应考虑橡胶件耐老化特性，兼顾了橡胶加工的工艺性，通过橡胶制品反复测试，取得大量技术数据，保证了橡胶件大批量生产时质量的稳定性。

5.2 常见缺陷

5.2.1 耐低温性能差

间隔棒用橡胶件应具有优良的耐低温特性，也是间隔棒橡胶件的关键特性，因为高分子聚合物当作用的外力一定时，在不同温度下分别呈现出粘流态、高弹态、玻璃态3种力学状态。橡胶的高分子链有两种运动单元，即分子链的整体与链中的个别链段，在某一温度范围内，虽然整个分子链不能移动，但因链的内旋转作用，使链的某些链段产生位移，因而分子的形状可以发生变化，伸展或卷曲，施加应力时会产生缓慢的形变，除去应力后又会慢慢恢复原状，具有良好的弹性，这就是橡胶的高弹态，随着温度的降低，分子链段移动越来越困难，因而高聚物的硬度逐渐增加，弹性逐渐减小，达到玻璃化温度后，整个大分子及链节完全冻结，只有分子在原有位置上振动高聚物的弹性消失，这就是橡胶的玻璃态。在橡胶的配方中，使用低凝固点软化剂，可使橡胶件的高弹态在宽阔的温度范围内保持，所以要求间隔棒橡胶件应具有尽量低的玻璃化温度，即有良好的耐寒性能。

5.2.2　耐应力及热氧老化性能差

间隔棒的阻尼橡胶块及线夹橡胶块都承受着压应力，以及风荷载等造成的疲劳压应力，再加上常年处在高温及紫外线的户外环境下，在二者双重作用，若橡胶产品质量欠佳，也极易使橡胶件老化，造成橡胶件抗氧剂等助剂的含量逐渐减少，抗氧化性能下降，进而使分解温度降低。橡胶外表面中填充剂等小分子物质挥发得较为严重，此外会造成橡胶件外表面明显硬化，甚至造成表面开裂，这主要与老化引起的主链断键有关。

5.3　检　测　技　术

目前对间隔棒橡胶元件的质量检测，主要涉及橡胶元件的理化性能，依据 HG/T 4236《阻尼间隔棒橡胶件》阻尼间隔棒橡胶件的规定，开展外观、尺寸、硬度、拉伸强度、扯断伸长率、压缩永久变形、耐寒系数、耐臭氧老化等试验项目，无产品缺陷无损检测的技术要求。

橡胶材料最让人忧虑的是采用了材质不符合质量要求的橡胶，尤其采用了不符合设计材质的橡胶，例如设计为三元乙丙橡胶，实际却使用了丁腈橡胶，而丁腈橡胶耐低温性能较差，在寒冷的北方使用该橡胶根本无法保障设备安全运行。所以鉴别橡胶种类就显得尤为重要。鉴定胶种往往需要差式扫描量热仪、傅里叶红外光谱等检测手段，检测比较烦琐，且需对产品进行破坏性取样，属非无损检测技术范畴。

近二十年中，得益于超快光电子技术、低尺度半导体技术和飞秒激光的发展，太赫兹无损检测技术得到了长足的发展，太赫兹检测技术具有传统的光谱检测技术没有的优势，太赫兹光谱中具有丰富的物理化学信息，能够有效地运用这样的特征进行材料属性的检测，太赫兹技术可以对被检测物体进行一定的光谱分析，这种方法最常运用的就是对炸药与毒品等波段特征较强的物质。运用太赫兹技术对橡胶材质进行一定的检测，可以利用其技术优势对橡胶内部的分子结构与形态等进行一定的检测，从而能够更好地研究橡胶材料的构成与其特有的性能。

利用太赫兹光谱检测技术对常用三元乙丙橡胶、氯丁橡胶与丁腈橡胶进行检测，装置如图 5-2 所示。

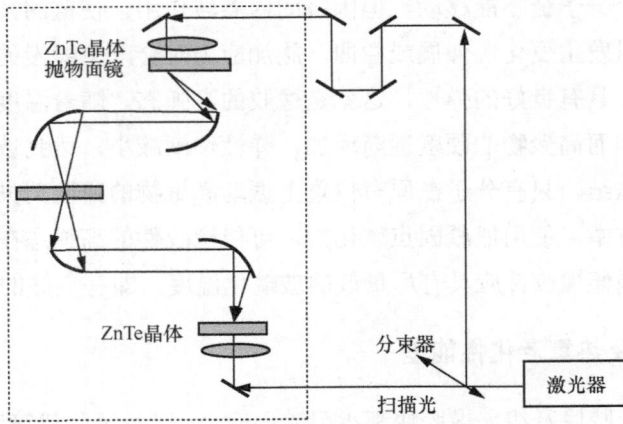

图 5-2　太赫兹检测装置

对光谱放大器的波长进行调整，调整为 800nm，其脉宽调整为 100 满量程，频率调整为 1Hz。为使实验结果能够更具准确性，防止水蒸气影响及试样厚度的影响，可以在充满氮气的环境中进行实验，其次橡胶试样厚度均保持在 0.6mm 左右。

如图 5-3 所示，从光谱图中可以清楚地看出三种不同橡胶材料在波段中吸收光的效果有着明显的区别，丁腈橡胶与三元乙丙橡胶并没有吸收高峰，而氯丁橡胶与前两种橡胶有一定的区别，呈现出了一定的吸收高峰，共同的特点是三种材料的吸收方式都为共振吸收，造成上述现象的主要原因是橡胶中的小分子与聚合物之间产生了微小的反应。

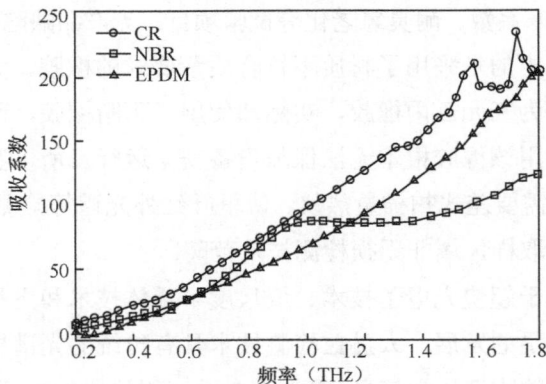

图 5-3　实验测定的三种不同橡胶的光谱图
CR—氯丁橡胶；NBR—丁腈橡胶；EPDM—三元乙丙橡胶

在测量橡胶材料对于光的折射中，实验结果如图 5-4 所示，可以清晰地看出不同的橡胶材料对于光的折射是不同的，三元丙丁橡胶的折射率会随着频率增加，而其他两种橡胶材料则呈现相反的结果，因此可以看出橡胶材料的不同，其内在的性质也是不一样的。

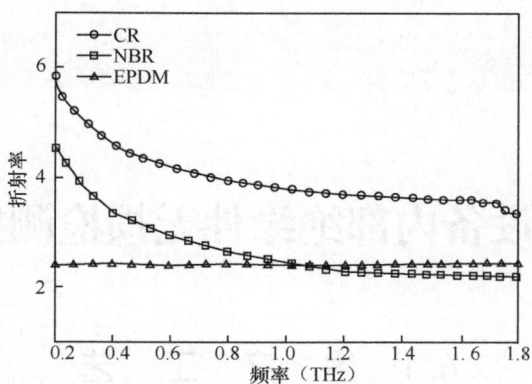

图 5-4　实验中橡胶材料的折射光谱

　　通过对不同橡胶材料的实验分析，可以发现橡胶材料的不同，对光的折射程度也是不一样的，对橡胶材料的折射率进行分析，能够运用橡胶材料的不同性质将其运用到更加合适的领域中去。运用太赫兹的光谱技术进行橡胶材料的检测，具有高效率的特点，并且对于橡胶材料的分析结果也较为准确，可以将其技术运用到各种领域中去。

第6章

GIS 设备内部绝缘件无损检测技术

6.1 生 产 工 艺

6.1.1 应用场景及功能作用

气体绝缘金属封闭开关设备（gas-insulated metal-enclosed switchgear，GIS）是 20 世纪 60 年代随着现代城市的建设和发展，开发出来的新型开关设备，它是以 SF_6 落地罐式断路器为基础，将隔离开关、接地开关、电流互感器、电压互感器、避雷器、母线、套管等电气元件组合而成的成套电气开关设备和控制设备。GIS 由于具有占地面积小、布置紧凑合理、运行可靠性高、环境适应性强、运行维护少、集成度高等特点，在电力系统中被广泛使用。图 6-1 为典型的特高压输变电工程中 1100kV GIS 设备。

图 6-1 典型的特高压输变电工程中 1100kV GIS 设备

GIS 中装用了大量的绝缘件，主要包括各种绝缘子、绝缘拉杆、灭弧喷口等绝缘件，图 6-2 是典型的 GIS 盆式绝缘子在 GIS 母线上的示意图，图 6-3 是最典型的三相分箱式气隔盆式绝缘子（电工术语中称为隔板）。盆式绝缘子主要由中心金属嵌件、环氧树脂本体、外侧金属法兰组成。其主要作用为绝缘隔离的作用与物理支撑，同时需要具备中心导体的通流与装配配合的密封功能。喷口主要装配于端口位置，作用为辅助灭弧。绝缘拉杆装配于机构与断路器之间，作用为传动与绝缘。

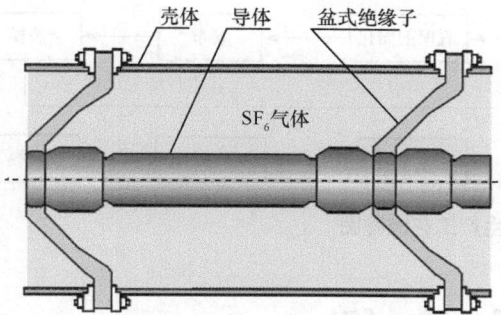

图 6-2　典型的 GIS 盆式绝缘子在 GIS 母线上的示意图

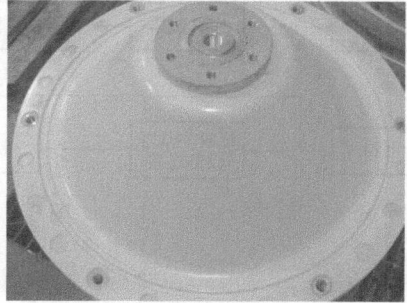

图 6-3　典型的 GIS 盆式绝缘子

6.1.2　盆式绝缘子、喷口（聚四氟乙烯）、绝缘拉杆加工工艺

6.1.2.1　盆式绝缘子加工工艺

GIS 绝缘子主要的加工工艺就是环氧树脂真空浇注生产工艺，即以环氧树脂浇注绝缘子目前最主要的材料是以环氧树脂为基体，在环氧树脂的基础上添加固化剂、填料、其他辅料等，通过添加不同的填料、辅料等来改变环氧树脂的电气、机械、热性能等，使其适合 GIS 所使用的电气环境。

环氧树脂真空浇注的基本生产工艺流程，主要有模具清理、中心导体等嵌件前处理、配制浇注料、嵌件装模、浇注、固化和脱模、出厂试验等。

6.1.2.2　喷口（聚四氟乙烯）加工工艺

灭弧喷口作为高压开关设备灭弧装置中控制电弧、创造高速气吹条件的核心绝缘部件，在高压开关设备开断电流过程中起着极为重要的作用。灭弧喷口材料一般由聚四氟乙烯（PTFE）和无机填料复合而成，PTFE 具有良好的化学稳定性、绝缘性能和成熟的生产工艺等特点，是制备喷口的首选。

灭弧喷口采用无机填料填充 PTFE 高分子基体的成型技术，其成型过程包括原材料预混合、喷口半成品毛坯压制、烧结以及毛坯外形加工等过程。

工艺过程一般分为原材料预处理、原材料混合、压制成型、烧结、机加工等。

6.1.2.3　绝缘拉杆加工工艺

绝缘拉杆是 GIS 中断路器和隔离开关中传输操动机构能量驱动动触头运动的绝缘部件。其在传动过程中主要沿轴向承受拉伸和压缩应力。不仅要求绝缘拉杆具有优良的电气绝缘性能，且需具有优良的机械力学特性。绝缘拉杆的材料配方主要是玻璃纤维增强环氧树脂、芳纶增强环氧树脂两种。工艺上主要分为引拔工艺、真空浸胶工艺及层压工艺。工艺流程均为纤维制备、注胶、固化成型、机械加工。

以真空浸胶管为例，工艺流程如图 6-4 所示。

```
┌─────────┐    ┌─────────┐    ┌─────────┐    ┌─────────┐    ┌─────────┐    ┌─────────┐
│ 模具清理 │───▶│ 模具预热 │───▶│ 涂脱模剂 │───▶│ 脱模剂固化│───▶│  卷布   │───▶│  装模   │
└─────────┘    └─────────┘    └─────────┘    └─────────┘    └─────────┘    └─────────┘

┌─────────┐    ┌─────────┐    ┌─────────┐    ┌─────────┐    ┌─────────┐    ┌─────────┐
│  混料   │───▶│ 模具与浇注│───▶│  浇注   │───▶│ 一次固化 │───▶│ 二次固化 │───▶│  脱模   │
└─────────┘    │ 设备连接 │    └─────────┘    └─────────┘    └─────────┘    └─────────┘
               └─────────┘
```

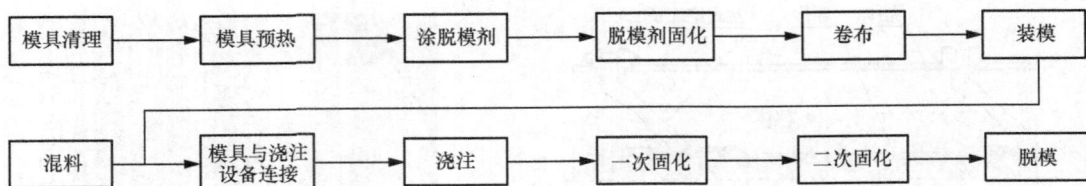

图 6-4　绝缘拉杆生产工艺流程图

6.2　常　见　缺　陷

6.2.1　盆式绝缘子常见缺陷

1. 表观质量缺陷

异物：存在于浇注件物料之内，且颜色明显区别于浇注物料的颗粒状物质。

气孔：深度在 0.2mm 以上的表面缺陷。

2. 尺寸形状缺陷

由于有机反应过程存在固化收缩，实际尺寸会存在一定的微小波动。

3. 内部缺陷

金属嵌件与树脂粘接不良、内部裂纹、气泡、异物等缺陷。一般可以通过着色探伤、X 光探伤等方式进行检测。

6.2.2　喷口（聚四氟乙烯）常见缺陷

喷口常见缺陷主要有毛坯开裂、混料不均、毛坯杂质、内部气隙。

6.2.3　绝缘拉杆常见缺陷

拉杆绝缘件常见的两种制造缺陷为密实度不足和内部裂纹。

6.3　检　测　技　术

6.3.1　盆式绝缘子射线检测数字成像技术

6.3.1.1　检测原理

环氧浇注绝缘件采用 DR 射线检测数字成像技术，将工件置于检测平台上，检测平台可以做正反向转动。射线机和成像板分别固定于 C 型臂两端，C 型臂可以围绕其圆心转动。通过 C 型臂和转盘的组合运动，可以实现环氧浇注件不同部位的射线检测。

6.3.1.2　检测工艺要点

环氧浇注绝缘件内部存在缺陷类型有金属夹杂物、高密度非金属夹杂物、气泡、条状气泡、裂纹等，以及镶嵌件和内部半导体移位等。DR 射线检测数字成像应注意以下要点：

（1）应减少射线穿透厚度，一般情况下应保证射线触指照射到工件表面，避免采用穿透双壁单影检测工艺。

（2）环氧浇注件裂纹开口较小，射线检测裂纹检出角不宜大于 8°，环氧浇注件应采用分区步进的方法进行检测，并用裂纹检出角来控制每次步进观察的尺寸。例如壁厚 60mm 情况下，每次步进长度不宜大于 16mm。

（3）对于盆式绝缘子，一般分为中心导体位置、盆体、盆沿 3 个区域。每个区域的检测工艺不同，如图 6-5 所示，中心导体区域应重点关注导体与环氧之间是否存在收缩间隙。盆沿区域应注意半导体位置偏移，镶嵌件周围是否存在裂纹。

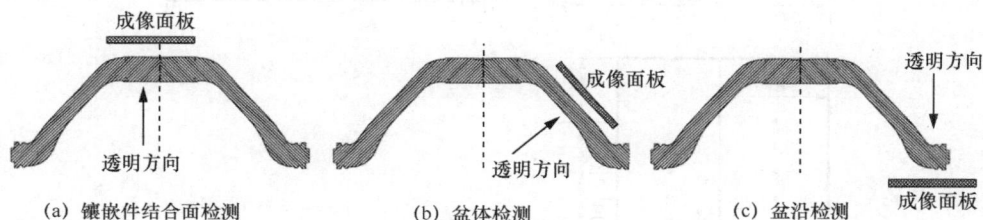

图 6-5　盆式绝缘子透照布置方式示意图

（4）应尽可能选择焦点尺寸较小的射线机，如 225kV 微焦射线机，应避免采用大能量、大焦点射线机，提升射线检测灵敏度。

6.3.1.3　检测标准

盆式绝缘子射线检测没有国标和行标，可执行 T/CSEE 0307—2022《高压开关环氧绝缘部件 X 射线数字成像检测技术导则》。

对于检测人员，标准要求从事 X 射线数字成像检测人员应按 GB/T 9445《无损检测 人员资格鉴定与认证》的规定进行资格鉴定与认证，上岗前应进行辐射安全与防护学习并经考核合格。图像评定人员的矫正视力每年检查一次，且能够辨别 400mm 远处高为 0.5mm、间距为 0.5mm 的印刷字符。图像评定人员在评定前应对灰度分辨率进行适应能力的训练，应在 36 个灰度块中分辨出 4 个连续的变化。

对于检测设备和器材，标准固定检测设备系统分辨率不应小于 3.0lp/mm。射线接收装置的 A/D 转换位数不应小于 14bit，动态范围不应小于 4000：1。X 射线机焦点尺寸宜小于或等于 1.0mm×1.0mm。检测系统中图像对比信噪比不应低于 2.0。检测设备供应商应提供探测器坏像素表和坏像素校正方法。探测器校正应按照探测器系统规定的图像校正方法执行。显示器分辨率不应小于成像设备分辨率。

标准规定，对比试块用于对检测系统的测试和与丝型像质计的对比试验。可按照最大

检测厚度 $T_1 \pm 10\%$ 和最小检测厚度 $T_2 \pm 10\%$ 制作阶梯试块，每个阶梯上有 8 个平底孔，平底孔尺寸（直径×深度）分别为 0.2mm×0.2mm、0.4mm×0.4mm、0.8mm×0.8mm、1.2mm×1.2mm、2.0mm×2.0mm、2.8mm×2.8mm、3.6mm×3.6mm、5.0mm×5.0mm。对比试块示意如图 6-6 所示。

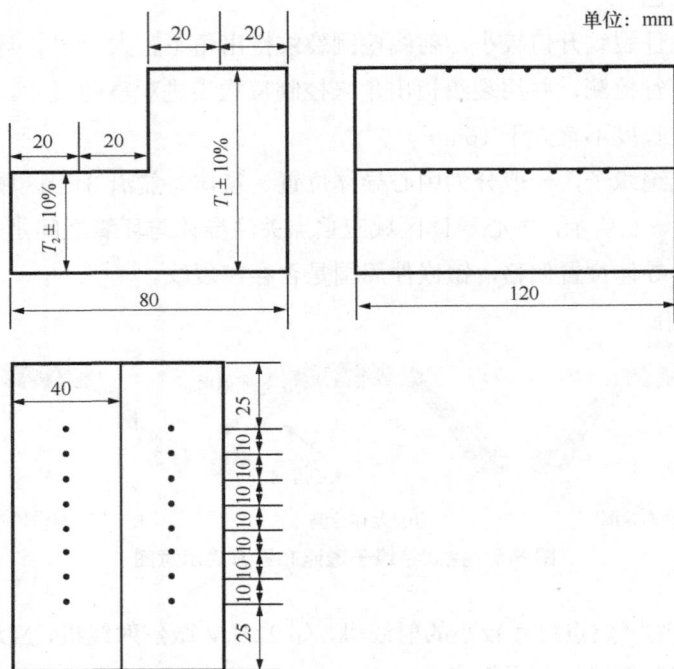

图 6-6   对比试块示意图

对于检测工装，制造阶段检测和现场检测应有相应的支撑或旋转平台，以满足不同位置的多角度检测。

检测灵敏度共 8 个级别，划分见表 6-1。检测灵敏度按照 NB/T 42105《高压交流气体绝缘封闭开关设备用盆式绝缘子》或设计文件质量控制要求设定。根据检测灵敏度的级别选择对比试块模拟缺陷尺寸。在对比试块上放置铝合金像质计，调节检测参数，确定模拟缺陷尺寸对应的像质值。

表 6-1 　　　　　　　　　　　　　　　　检测灵敏度级别

等级	A	B	C	D	E	F	G	H
模拟尺寸	0.2mm	0.4mm	0.8mm	1.2mm	2.0mm	2.8mm	3.6mm	5.0mm

透照方式要求最佳放大倍数宜根据图像分辨率要求及像素尺寸等技术条件，通过改变焦距和物距选择。裂纹或基材与镶嵌件结合面等面状对象检测时，主射线束与面状对象夹角不宜大于±8°。透照布置应选择同位置最小检测厚度，透照布置方式可参照图 6-7。

图像质量应同时满足灵敏度和分辨率的要求。测定图像质量的像质计为丝型像质计。像质值测定应符合 GB/T 23901.1《无损检测 射线照相检测图像质量 第 1 部分：丝型像质计像质值的测定》的规定，像质值应满足 GB/T 23901.1 中 5.1 的规定。图像不清晰度分辨率测定应符合 GB/T 23901.5《无损检测 射线照相检测图像质量 第 5 部分：双丝型像质计图像不清晰的测定》的规定。图像质量工艺验证应在每种绝缘材料的第一次透照时或专门进行。验证图像质量的透照布置应摆放丝型和双丝型像质计。

对原始图像采用滤波等图像处理时，应有相关文档记录。图像处理可使用锐化、连续帧叠加、伪彩色、反色、浮雕、极化、自动曝光等数码手段，或用缺陷自动识别软件，增强缺陷观察效果。

图像有效评定区域内的灰度值应控制在满量程的 20%～80%。图像灰度分布范围可采用测量图像灰度直方图等方法确定。

图像评定内容应包括气孔、裂纹、间隙、杂质等缺陷以及内部屏蔽环的位置和形状的偏差，并记录位置和尺寸。

缺陷识别步骤包括：

（1）获取原始图像。

（2）通过放大、反色等方式观察原始图像。

（3）采用系统软件对图像进行线性拉伸，改变图像显示的灰度范围，达到人眼识别最佳效果。

（4）采用系统软件的测量功能标定缺陷尺寸。

图像存储宜采用 DICONDE 等不可修改的格式，或采用连续图像及视频。工件名称、工件编号、检测工艺、检测人员代码、检测日期等信息应记入图像文件的描述字段中，且不可更改。工件编号应与图像编号相对应。检测原始图像不得更改，应存储在可以长期保存的媒介中，至少有一份数据备份，并保证数据完整性。检测数据保存期限不得低于 10 年。经过数码处理的图像，存储方式和年限应由合同双方约定。

检测记录应包括工件名称、工件编号、射线机型号、成像面板型号、像质值、透照电压、透照电流、焦距、检测结果、含缺陷绝缘件图像、含像质计检测图像、检测人员、记录人员、审核人员、检测日期等。

检测报告应包括工件名称、工件编号、射线机型号、成像面板型号、像质值、透照电压、透照电流、焦距、检测结果、含缺陷绝缘件图像、含像质计检测图像、检测人员及级别、审核人员及级别、检测日期等，并提供明确结论。

6.3.2　绝缘喷口射线检测技术

6.3.2.1　检测原理

绝缘喷口采用 DR 射线检测数字成像技术，将工件置于检测支架上，支架可以让绝缘喷口以轴线为中心转动。固定成像板和射线机位置，通过转动喷口，完成喷口不同部位的检测。

6.3.2.2　检测工艺要点

绝缘喷口内部存在缺陷类型有夹杂物和气泡、裂纹。DR 射线检测数字成像应注意以下要点：

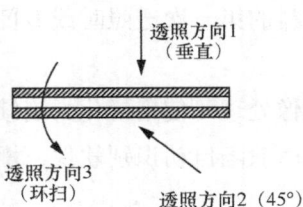

（1）喷口采用周向转动透照，如图 6-7 所示。

（2）喷口部位采用低电压、大电流，提升低密度气孔的检出能力。

（3）应尽可能选择焦点尺寸较小的射线机，如 225kV 微焦射线机或 160kV 小焦点射线机，应避免采用大焦点射线机，降低几何不清晰度，提升检测灵敏度。

图 6-7　绝缘喷口透照方向示意图

6.3.2.3　检测标准

绝缘喷口射线检测没有国标和行标，可参照执行 T/CSEE 0307—2022《高压开关环氧绝缘部件 X 射线数字成像检测技术导则》。

检测灵敏度分为普通级、较高级和高级，推荐灵敏度见表 6-2。

表 6-2　　　　　　　　绝缘喷口和绝缘喷口射线检测像质指数（铝合金像质计）

穿透厚度 t	小于 20mm	20mm～40mm	40mm～80mm	大 80mm
普通级（A 级）	11	9	7	6
较高级（B 级）	12	10	8	7
高级（C 级）	13	11	9	8

6.3.3　绝缘拉杆射线检测技术

6.3.3.1　检测原理

绝缘拉杆采用 DR 射线检测数字成像技术，将工件置于检测支架上，支架可以让绝缘拉杆以轴线为中心转动。固定成像板和射线机位置，通过转动拉杆，完成拉杆不同部位的检测。

6.3.3.2　检测工艺要点

绝缘拉杆内部存在缺陷类型有夹杂物和气泡、条状气泡、裂纹，以及金属连接位置杆体开裂。DR 射线检测数字成像应注意以下要点：

（1）分部位进行检测，杆体采用周向转动透照，杆体与金属件连接边沿应采用垂直一次检测。两者的射线能量不同，如图 6-8 所示。

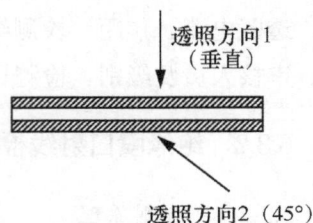

（2）环杆体部位采用低电压、大电流，提升低密度气孔

图 6-8　绝缘拉杆透照方向示意图

的检出能力。

（3）对于金属件端部或下部拉杆杆体开裂检测，射线适应性较差，可采用超声横波和爬波等方法进行检测。

（4）应尽可能选择焦点尺寸较小的射线机，如 225kV 微焦射线机或 160kV 小焦点射线机，应避免采用大焦点射线机，降低几何不清晰度，提升检测灵敏度。

6.3.3.3　检测标准

绝缘拉杆射线检测没有国标和行标，可参照执行 T/CSEE 0307—2022《高压开关环氧绝缘部件 X 射线数字成像检测技术导则》。

对于检测人员，标准要求从事 X 射线数字成像检测人员应按 GB/T 9445 的规定进行资格鉴定与认证，上岗前应进行辐射安全与防护学习并经考核合格。图像评定人员的矫正视力每年检查一次，且能够辨别 400mm 远处高为 0.5mm、间距为 0.5mm 的印刷字符。图像评定人员在评定前应对灰度分辨率进行适应能力的训练，应在 36 个灰度块中分辨出 4 个连续的变化。

对于检测设备和器材，标准固定检测设备系统分辨率不应小于 3.0lp/mm。射线接收装置的 A/D 转换位数不应小于 14 bit，动态范围不应小于 4000：1。X 射线机焦点尺寸宜小于或等于 1.0mm×1.0mm。检测系统中图像对比信噪比不应低于 2.0。检测设备供应商应提供探测器坏像素表和坏像素校正方法。探测器校正应按照探测器系统规定的图像校正方法执行。显示器分辨率不应小于成像设备分辨率。

检测灵敏度分为普通级、较高级和高级，推荐灵敏度见表 6-3。

表 6-3　　　　　　　绝缘拉杆和绝缘喷口射线检测像质指数（铝合金像质计）

穿透厚度 t	小于 20mm	20mm～40mm	40mm～80mm	大 80mm
普通级（A 级）	11	9	7	6
较高级（B 级）	12	10	8	7
高级（C 级）	13	11	9	8

透照方式要求最佳放大倍数宜根据图像分辨率要求及像素尺寸等技术条件，通过改变焦距和物距选择。透照布置应选择同位置最小检测厚度，透照布置方式可参照图 6-8。

图像质量应同时满足灵敏度和分辨率的要求。测定图像质量的像质计为丝型像质计。像质值测定应符合 GB/T 23901.1 的规定，像质值应满足表 6-3 的规定。图像不清晰度分辨率测定应符合 GB/T 23901.5 的规定。图像质量工艺验证应在每种绝缘材料的第一次透照时或专门进行。验证图像质量的透照布置应摆放丝型和双丝型像质计。

对原始图像采用滤波等图像处理时，应有相关文档记录。图像处理可使用锐化、连续帧叠加、伪彩色、反色、浮雕、极化、自动曝光等数码手段，或用缺陷自动识别软件，增强缺陷观察效果。

检测记录应包括工件名称、工件编号、射线机型号、成像面板型号、像质值、透照电压、透照电流、焦距、检测结果、含缺陷绝缘件图像、含像质计检测图像、检测人员、记录人员、审核人员、检测日期等。

检测报告应包括工件名称、工件编号、射线机型号、成像面板型号、像质值、透照电压、透照电流、焦距、检测结果、含缺陷绝缘件图像、含像质计检测图像、检测人员及级别、审核人员及级别、检测日期等，并提供明确结论。

6.4 检 测 案 例

6.4.1 盆式绝缘子检测案例

案例一为某电站用盆式绝缘子 X 光射线检测。

1. 试验概况

某电站用 800kV 支撑绝缘子局部放电过程局部放电值超标，对该零部件进行 X 光探伤无损检测，发现高压端金属嵌件与环氧树脂对接面存在微裂纹缺陷，运行过程中可能受强电场影响产生内部局部放电并逐步发展为放电通道，最终导致绝缘子内部贯穿性击穿炸裂。

2. 检测方法

以国产 HS-XYD-450 型 X 光探伤设备检测为例。设备参数：电压等级 450kV、检点尺寸 0.4/1.0mm，采用数字成像技术，焦点尺寸达到 200μm。

3. 检测步骤

设备参数满足 T/CSEE 0307—2022《高压开关环氧绝缘部件 X 射线数字成像检测技术导则》的相关要求。

针对柱式绝缘子形状、尺寸的产品，选用专用检测工装、制定有针对性的检测参数。

4. 检测结果

支撑绝缘子高压端金属嵌件与环氧树脂对接面存在微裂纹缺陷，运行过程中受强电场影响产生内部局部放电并逐步发展为放电通道，最终导致绝缘子内部贯穿性击穿炸裂。柱式绝缘子粘接不良如图 6-9 所示。

6.4.2 喷口（聚四氟乙烯）检测案例

1. 试验概况

某电站用 800kV 喷口 X 光探伤检测过程发现微裂纹缺陷，运行过程中可能受强电场影响产生内部局部放电并逐步扩展，影像力学性能，最终导致击穿炸裂。

图 6-9 柱式绝缘子粘接不良

2．检测方法

以国产生产的 HS-XYD-450 型 X 光探伤设备检测为例。设备参数：电压等级 450kV、检点尺寸 0.4/1.0mm，采用数字成像技术，焦点尺寸达到 200μm。

3．检测步骤

设备参数满足 T/CSEE 0307—2022《高压开关环氧绝缘部件 X 射线数字成像检测技术导则》的相关要求。

针对喷口形状、尺寸的产品，选用专用检测工装、制定有针对性的检测参数。

4．检测结果

喷口存在微裂纹缺陷（见图 6-10），影响产品力学、电学性能。

图 6-10　喷口检测（可见内部开裂纹路）

6.4.3　绝缘拉杆检测案例

1．试验概况

某电站用 800kV 拉杆 X 光探伤检测过程未发现微裂纹缺陷。

2．检测方法

以国产 HS-XYD-450 型 X 光探伤设备检测为例。设备参数：电压等级 450kV、检点尺寸 0.4/1.0mm，采用数字成像技术，焦点尺寸达到 200μm。

3．检测步骤

设备参数满足 T/CSEE 0307—2022《高压开关环氧绝缘部件 X 射线数字成像检测技术导则》的相关要求。

针对拉杆形状、尺寸的产品，选用专用检测工装、制定有针对性的检测参数。

4．检测结果

产品此项性能符合技术要求。拉杆检测如图 6-11 和图 6-12 所示。

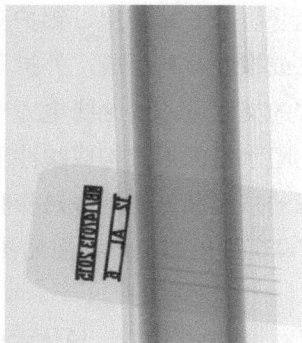

图 6-11　拉杆检测（可见 11 号铝合金像质计）

图 6-12　拉杆检测（可见 8 号铝合金像质计）

第7章

电缆数字射线检测技术

利用 X 射线对电网带电设备实施无损检测，可以节约大量检修时间，防止因设备解体、停电造成的经济损失。另外，影像分析能直观反应设备内部结构，为准确判定设备内部故障情况提供了有力支持。如 GIS 设备吸附剂罩材质判定、GIS 设备断路器合闸电阻部位带电诊断、设备焊缝缺陷及电缆、罐式断路器、金具的检测等，对有效透照厚度相当于 55mm 碳钢的物体均有较好的成像检测能力。

交联聚乙烯（XLPE）绝缘电力电缆在运输、铺设、运行的过程中，由于受外力等因素作用，会造成电缆变形、金属护套损伤，加之近年来电缆击穿、烧蚀故障频发，多起高压电缆铝护套、缓冲层、绝缘屏蔽层中出现大量白色粉末和烧蚀痕迹（缓冲层缺陷），引发电缆绝缘击穿故障，甚至造成停电事故，严重影响电力系统的供电可靠性。通过外观检查很难判断这些损伤是否伤及主绝缘，局部放电检测等现有电力设备常用检测技术也无法有效检出缓冲层缺陷。

利用 X 射线数字成像技术对电缆进行现场检验，能够快速准确、直观地检测电缆内部结构缺陷，评估其损伤程度，便于缺陷的及时处理与修复，最大程度避免了由于电缆损坏而造成的经济和安全损失，为电缆安全运行提供保障。

7.1　电缆本体结构

1. 单芯电缆结构

单芯高压电缆主要由导体、内屏蔽层、主绝缘、绝缘屏蔽、缓冲层、铝护套、外绝缘构成。导体主要采用铝或铜材料，绝缘层由交联聚乙烯或橡胶材料组成，外护套采用橡胶材料。缓冲层介于绝缘屏蔽层与金属外护套之间。通常的交联聚乙烯绝缘电力电缆缓冲层多采用半导电聚酯非织造布阻水布，绕包缓冲层内填充阻水粉的形式构成缓冲阻水层。缓冲层发挥的主要作用是在运行中缓解侧向压力对主绝缘的挤压和补偿绝缘热膨胀，依托其半导电属性提供径向电流通道，并起到纵向阻水的作用。典型单芯电缆截面如图 7-1 所示。

2. 三芯电缆结构

三芯电缆主要由导体、绝缘、填充、内护套、裸铠装、外护套构成。导体主要采用铜或铝材料，绝缘层由交联聚乙烯或橡胶材料组成，内护套和外护套采用 PVC 或 PE 塑料，裸铠装在安装敷设中用于承受机械外力，采用镀锌或涂漆钢带。三芯电缆截面结构如图 7-2 所示。

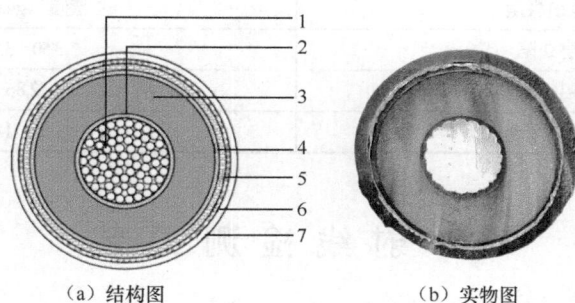

（a）结构图　　　　　（b）实物图

图 7-1　典型单芯高压电缆截面示意图

1—导体；2—内屏蔽层；3—XLPE 绝缘；4—绝缘屏蔽；5—阻水缓冲层；6—铝护套；7—外绝缘

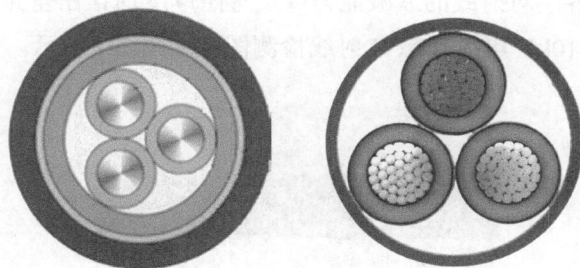

图 7-2　三芯电缆截面结构

3. 电缆各层密度

由电缆结构可知，电缆本体材料密度属性对比度较明显，铜、铝金属的原子系数相差很远，因此其吸收 X 射线的程度也相差很大，而非金属与金属对 X 射线能量的吸收程度相差更大，并且由于电缆结构呈分层统包圆柱形，厚度变化很大，因此理论上电缆结构缺陷可以利用射线检测检出。

高压电缆密度见表 7-1，理论上密度偏差超过 1.5%时即可用射线检测区分，电缆密度从交联聚乙烯的 $0.93g/cm^3$ 到铜的 $8.89g/cm^3$，缓冲层缺陷密度为 $3.50\sim3.90g/cm^3$，各层密度与射线吸收系数相差很大。

表 7-1　　　　　　　　　高压电缆各层密度

高压电缆各层	密度（g/cm^3）
导体（铜）	8.5～8.9
导体屏蔽	1.14
XLPE 绝缘	0.93
绝缘屏蔽	1.17
阻水缓冲层	1.00～1.38

高压电缆各层	密度（g/cm³）
缓冲层缺陷	3.50~3.90
皱纹铝护套	2.86
外护套（黑色阻燃 PE）	1.35~1.45

7.2 射线检测工艺

1. 电缆射线检测图像

电力电缆是一种多层的环状结构，相对较为规则，各层材料各异。理论上看，射线径向通过电缆时，由于各层对射线的衰减能力以及透照厚度均存在差异，造成其在底片上性能灰度不一的影像。110kV 电缆理想 X 射线检测图像如图 7-3 所示。

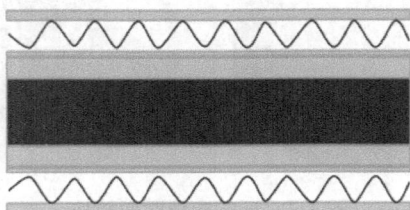

图 7-3　110 kV 电缆理想射线检测图像

从现场应用经验看，电缆本体外力破坏主要包括施工机械损伤、人为破坏以及电缆沟盖板砸伤等几种，铝护套在一定程度上能够减少外力对电缆的伤害。另一方面，一般情况下只要电缆半导电层和绝缘层完好，则无需对电缆进行更换或制作接头，只需简单修复即可。那么，进行 X 射线检测时，只需结合电缆型号和结构观察外力破坏部位各层影像是否完整，即可判断电缆损伤程度。实际透照得到的电缆典型图像如图 7-4、图 7-5 所示。

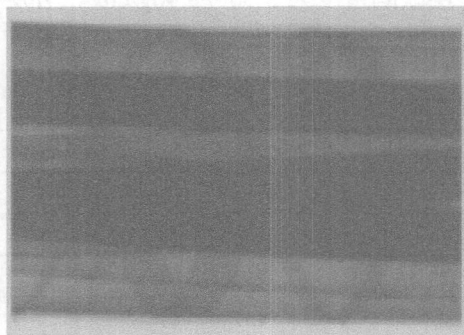

图 7-4　10 kV 电力电缆典型图片

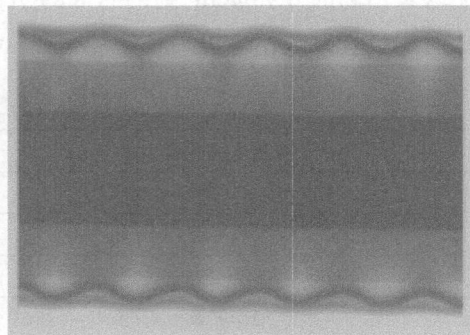

图 7-5　220 kV 电力电缆典型图片

2．电缆射线检测工艺

射线检测时，X 射线穿过物体会与逐层物质之间发生相互作用，因吸收和散射，其强度发生衰减。强度衰减程度取决于相应物质的衰减系数（与密度有关）和射线在物质中的穿透厚度。采用数字射线成像系统对电力电缆进行检测时，其检测工艺以能够清晰区分电缆各层结构为准。采用普通 X 射线机配合某品牌非晶硅平板探测器进行检测时的工艺参数见表 7-2。

需要注意的是，由于不同型号或类型的数字射线成像板对射线的敏感程度会有差异，实际检测时参数需结合焦距变化进行一定的调整。

表 7-2　　　　　　　　　　　　　　　　电缆 X 射线检测参数

电缆电压等级（kV）	管电压（kV）	管电流（mA）	焦距（mm）
10	60～70	5	
35	60～70	5	
110	70～80	5	600～1000
220	70～100	5	

检测时，为确保关注部位的图像正确反映电力电缆各结构层之间的位置关系，一般先通过肉眼观察电力电缆外力破坏或变形方向，粗略选定受损最严重的截面，确保射线束中心、电缆缺陷位置外缘连线和成像板垂直，同时确保射线束与缺陷深度方向垂直，成像板尽量贴近电缆，检测透照位置如图 7-6 所示。

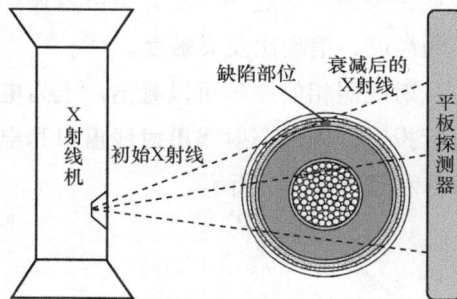

图 7-6　检测透照位置示意

（1）透照电压的选择。透照电压是 X 射线检测中的重要参数，决定了射线穿透工件后传感器接收到射线的量，也就是决定了检测的灵敏度。透照电压过低，射线穿透电缆能量不够，到达成像板的射线能量过小，无法保证成像质量；透照电压过高，衰减系数减小，射线穿透电缆后还具有较高的能量，在传感器上不能形成明显的黑度差，也就不能达到检测需要的成像灵敏度。为了保证影像的清晰度在制定透照工艺时，应尽量选择能量较低的 X 射线，并使成像板贴近电缆。

（2）焦距的选择。焦距对 X 射线检测图像的几何不清晰度、曝光量大小等参数的选择均有很大影响。随焦距的增加，由于辐射场扩散面积增大，到达图像增强器输入屏的射线强度以平方反比定律下降，大大降低了图像亮度，促使图像灵敏度降低。但是焦距过短，造成图像放大倍数增大，图像分辨率有所下降，所以焦距的大小选择首先要考虑焦距对几何不清晰度的影响，NB/T 47013《承压设备无损检测》中，规定了 f 与 d、b 的关系，见表 7-3。

表 7-3 射线检测推荐等级表

技术等级	透照距离 f	Ug 值
AB 级	$f \geqslant 10d \cdot b^{2/3}$	$Ug \leqslant (1/10)b^{1/3}$
B 级	$f \geqslant 15d \cdot b^{2/3}$	$Ug \leqslant (1/15)b^{1/3}$

注 AB 级为中灵敏度技术；B 级为高灵敏度技术。

标准规定在设备进行安装、运行时，一般选择 AB 级标准；对于内部结构复杂，且内部结构相对于成像板比较大的选择 B 级标准。同时，对于结构性缺陷检测，检测图像几何不清晰度不宜大于 2mm。

电力电缆检测焦距最小不宜小于 300mm，在保证射线的穿透能力和现场条件基础上，可尽量增大焦距，相应地提高透照电压。一般在 300～1200mm 范围为宜。

（3）曝光量。曝光量是 X 射线源发出的射线强度 E 与照射时间 t 的乘积，也等于管电流 i 与透照时间 t 的乘积。曝光量是 X 射线透照检测的一个重要参数，它直接影响图像的黑度，两者在一定范围内成线性关系。通过调节曝光量可以调整图像的质量。同时，曝光量还影响着图像的对比度、颗粒度、信噪比及灵敏度。

（4）射线源放置位置。从射线照相的原理可以看出，电力电缆射线检测相当于电缆各层（或缺陷）在成像板上进行投影。因此，射线机射线窗口和电线电缆轴线相对位置十分关键，射线源在不同位置成像示意如图 7-7 所示。

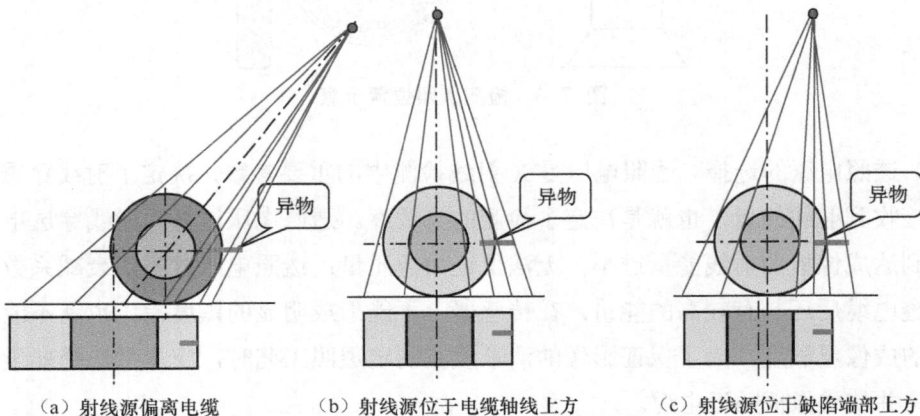

（a）射线源偏离电缆　　　　（b）射线源位于电缆轴线上方　　　　（c）射线源位于缺陷端部上方

图 7-7　射线源在不同位置成像示意图

从图 7-7 可以看到，当射源偏离电缆轴线尺寸较大时［见图 7-7（a）］，缺陷在成像板所成图像上的相对深度会深于实际值。随着偏离轴线距离变小、缺陷在图像中的相对深度会逐渐变浅，和实际相对深度之间的误差会逐渐变小。当射线源位于缺陷深度和内层界面中间某个位置时，缺陷在图像中相对深度能够反映实际值。因此，实际检测时，保证足够大焦距的前提下，射线源中心对准缺陷侧电缆外缘和内层外界面之间的位置，可提升缺陷检测的准确性。

主射线束对电缆破损深度检测时，射线束的角度十分重要。主射线束呈不同角度对相同深度缺陷成像示意如图 7-8 所示。从图中可以看到，当主射线束和缺陷深度方向呈 90°时，成像板上所成图像中缺陷相对深度位置与实际一致，当主射线束和缺陷深度方向所成角度小于 90°时，缺陷相对深度明显变深，可能造成误判。

因此，实际检测过程中，当已知缺陷深度方向时，应确保主射线束和缺陷深度方向尽量呈 90°；当缺陷深度方向未知时，应在缺陷附近位置进行多角度透照，减小缺误判的风险。

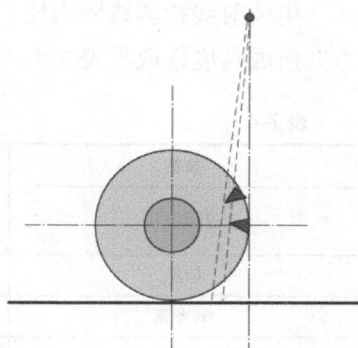

图 7-8　主射线束呈不同角度对相同深度缺陷成像示意图

（5）射线机、成像板及电缆的相对位置。射线机窗口即为射线机射线出射位置。为达到较好的检测结果，应保证射线束中心、电缆缺陷位置外缘连线和成像板垂直，同时保证射线束与缺陷深度方向垂直。另外，尽量让成像板贴近电缆，如确实难以贴近，则必须使得射线机和电缆之间的距离远大于电缆和成像板之间的间距。射线机、成像板及电缆的相对位置如图 7-9 所示。

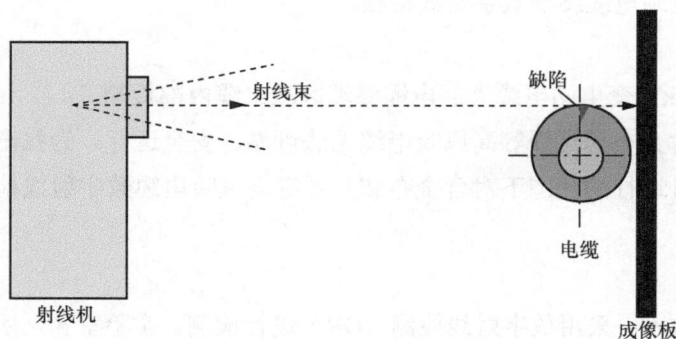

图 7-9　射线机、成像板及电缆的相对位置

（6）电缆射线检测参数选取建议。基于实际检测情况，对于高压电缆的射线检测，可以按照以下几点进行射线参数选择：

1）由于电缆管廊空间较大，可在检测时适当加大透照焦距，而电缆沟井等空间狭小，检测时可减少透照焦距，因此透照焦距可以在 500～1000mm 选择。

2）在保证曝光量的前提下，现场透照宜选择较低的管电压。

3）在满足图像质量、检测速率和检测效率的前提下，现场透照宜选择较低的曝光量。

4）根据现场的工况，推荐如下几组透照参数：①焦距 500mm，管电压 60kV，曝光量 15s×0.5mA；②焦距 750mm，管电压 70kV，曝光量为 15s×0.5mA；③焦距 1000mm，管电压 80kV，曝光量为 15s×0.5mA。

电缆射线检测透照电压、焦距、成像板和电缆间距、射线源位置、射线束与外破深度方向所成角度选取见表 7-4。

表 7-4 X 射线检测参数选取建议

参数	试验分析结果
透照电压	10、35kV 电缆建议管电压 60～70kV；110kV 电缆建议管电压 70～80kV；220kV 电缆建议管电压 80～100kV
焦距	大于 500mm
曝光量	现场透照宜选择较低的曝光量
成像板和电缆间距	编制射线成像工艺时，应尽量使成像板贴近电缆
射线源位置	实际检测时，保证检测时具有足够大的焦距的前提下，射线束中心最好对准缺陷侧电缆外缘位置
射线束与外破深度方向所成角度	当知道缺陷位置时，应确保主射线束和缺陷位置尽量呈 90°，当不知道缺陷在哪个方向时，应在缺陷位置附近不断旋转角度进行多角度拍摄，确保不造成误判

7.3 检 测 案 例

案例为某变电站电缆终端数字射线检测。

1．检验概况

对象：某 220kV 变电站电缆夹层电缆终端区域电缆内部检测。

检测目的：含金布和光纤等高风险电缆无法可靠、安全运行。为找出短路故障的隐患点位，在不解体且运行的状态下对含金布和光纤等高风险电缆数字射线检测，从而达到隐患排查的目的。

2．检测方法

检验方法和技术：采用数字射线检测（DR）进行检测。实验室和站所使用时设备摆放分别如图 7-10 和图 7-11 所示。

依据的标准：按照 NB/T 47013.1—2015《承压设备无损检测 第 1 部分：通用要求》、NB/T 47013.2—2015《承压设备无损检测 第 2 部分：射线检测》、NB/T 47013.11—2015《承压设备无损检测 第 11 部分：X 射线数字成像检测》。

使用的设备、仪器、工具：GE ERESCO 65 MF4 射线机、GE DXR250C-UW 成像板、GE Rhythm Acquire 射线侦测系统。

图 7-10　实验室使用时设备摆放

图 7-11　站所使用时设备摆放

3．检测步骤

样品准备：取故障电缆样本一段，做区间标识标记；实验室检验员注意调整透照角度，确保样本检测区段周向透照成像覆盖。

数字射线检测：使用 DR 数字成像系统，获取图像。

检测参数设置：透照方式为垂直透照，焦距 600mm，参数调整，确保成像清晰，图像与标记点位匹配。

4．检测结果

检测和图像存储：现场做好清楚区段标定，图像存储标记与现场吻合，确保可对照性、可追溯性。检测图像如图 7-12 所示。电缆剖解验证如图 7-13 所示。

结果分析：整体检测周期内，对图像做好分析处理，图像做好问题点位标定，方便电缆维护档案延伸记录、问题点位周期性检测分析、故障处理。

5．结论和建议

结论：数字成像系统可清晰、准确成像，满足带电且不拆解情况下对电缆进行检测验证的需求。

建议：对含金布和光纤等高风险电缆已发现的隐患点位，根据不同程度采取处理措施。对情况严重及时处理，对轻微的进行周期性跟踪检测、评估、处理。

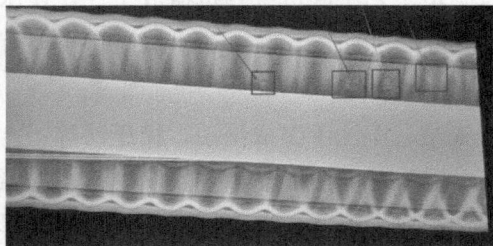

图 7-12　检测图像

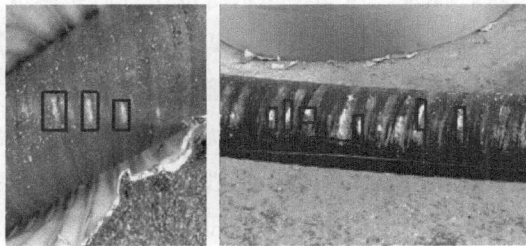

图 7-13　电缆剖解验证图

第8章

变压器绝缘纸板无损检测技术

8.1 生 产 工 艺

20 世纪 30 年代，瑞士魏德曼公司开始使用绝缘纸板取代传统的酚醛纸板应用于电力变压器当中，开启了绝缘纸板工业。绝缘纸板是电气工业用绝缘用纸的总称，是电力变压器、电抗器、互感器等必不可少的绝缘材料。

目前全球绝缘纸板的大型工业主要集中在瑞士、德国和日本等国家，占据了国际市场上绝大部分份额，特别在高端领域，如特高压输变电变压器用绝缘纸板。同时，国外绝缘纸板发展时间较长，技术积累丰富，生产设备先进，研发能力较强，在技术工艺、装备水平等方面均处于领先地位，造成了我国电力工业多年来依赖进口的局面。近年来随着国内电力行业的迅速发展，带动了绝缘纸板等产品的迅速发展，国内绝缘纸板企业不断加大对技术的研发以尽量满足市场需求，目前国内绝缘纸板行业也得到了一定的发展。

国外企业主要有魏德曼（瑞士）、ABB 集团（瑞士）、王子造纸（日本），国内企业主要有湖南广信工业纸板股份有限公司、泰州魏德曼高压绝缘有限公司、泰州新源电工器材有限公司。

变压器绝缘材料包括绝缘纸板、电缆纸、电工皱纹纸等。绝缘纸板生产过程中，首先将原木去除树皮，并去除存在疤痕的部分，主要原因是疤痕的纤维化存在异常，会影响到绝缘品质。其次是将原材料打碎，通过过滤和漂洗，制成纸浆，通过多次抄纸工艺，制成定制尺寸的纸板，一般情况下，每 1mm 厚度的纸板有 10 层左右。焊后通过脱水、滚花等工艺，制成成品绝缘纸板。绝缘纸板需要根据变压器设计的需要做成不同形状的成型件，如垫块、撑条、压圈、垫板等成型件。绝缘成型件按制造工艺不同可分为机械成型件、模压成型件以及异型成型件。模压成型件主要有各种形状和尺寸的角环等；异型成型件主要有引线角环片、均球、均压管、绝缘罩、护套等。

单层绝缘纸板（天然优质木片）经过机加工成型法、湿法手工成型法、模压法等工艺处理得到层压木和层压纸板，成型绝缘件包括压环、静电环、引线支撑件、静电板、支撑撑条、固体绝缘隔板、均压球、均压管。层压纸板在电气性能、长期机械性能、长期化学性能、吸油性能较层压木更加优秀，而层压木在短期机械性能比层压纸板更加突出。层压木具备成本低、能承受低的电气场强的特点。主要应用在变压器铁芯和线圈的夹紧结构和支撑结构、用于配电变压器和小型变压器绝缘件。层压纸板（>8mm）主要应用于各高场强和高机械强度的区域、尺寸稳定性更好。

层压纸板压制工艺包括冷压压制工艺和热压压制工艺，其中冷压压制工艺机械强度要求不高，电控冷压机，主要使用聚乙烯醇（PVA）、酪素胶、聚酯胶，可在常温条件下制备1～3mm 的单张纸板；目前市面上主要采用热压压制工艺，可粘接酚醛树脂胶和酚醛双面上胶纸，需要控制热压温度、压力、时间，在纸板表面同向刷胶（胶膜 0.1mm）后进行晾制、上件、加压、加热、保温（120～140℃）、冷却、卸件等流程后方可完成整个粘接过程。加温阶段使纸板本身的水分和空气挥发掉，同时使树脂能充分地浸到纸板本身的空腔中，可增加黏合强度。热压机一般有 2000T、3500T 等不同型号规格，可根据压制纸板的尺寸及厚度选择热压机的型号规格。保温阶段是树脂进行固化反应的过程，如果温度低，树脂不能充分固化，在使用或加工时就可能出胶层开裂。

制作绝缘成型件的关键工艺是胶粘过程，所采用胶粘剂的主要种类主要包括：

（1）熔融固化型胶粘剂。这种类型的胶粘剂在受热后会融化，从而达到黏接的效果。一些熔点较低的金属材料就可以被制成熔融固化胶粘剂，比如锡、银等材料。

（2）遇水固化型胶粘剂。这种类型的胶粘剂在遇到水以后就会发生一定的化学反应，凝固后形成能够起到黏接作用的物质。遇水胶粘剂在现实的施工中较为常见，比如石膏、水泥就是遇水固化胶粘剂的一种。

（3）挥发固化型胶粘剂。这种类型胶粘剂中的水分或是其他液体，在施工后会在空气中自然地挥发，凝固后达到黏接的效果。

（4）反应固化型属于化学类的胶粘剂，胶粘材料在和一定物质接触后就会发生化学变化，从而形成胶粘物质，达到黏接的效果。

（5）根据粘胶剂的不同性质，还可以将其分为有机粘胶剂和无机粘胶剂。无机胶粘剂包括硅酸盐类胶粘剂、磷酸盐类胶粘剂以及环氧胶粘剂等。有机胶粘剂包括环氧树脂系列的胶粘剂、溶剂型的胶粘剂等。

现市面上主要的粘接剂如下：胶粘聚乙烯醇（PVAL）作为有溶剂胶粘剂，良好的粘接力，生成胶膜强度高，耐热性和耐溶剂优良，价格低廉，黏接速度较慢，主要用于湿法成型绝缘件的局部修补。

聚醋酸乙烯酯是乳液聚合物的分子量，因此机械强度较好，乳液是水，主要用于湿法成型绝缘件的局部。

乳液，即白乳胶（PVAC）为分散介质，成本低且无毒；耐水性不够蠕变较好。适用于修补和厚度大于 8mm 小尺寸的模压绝缘成型件。

酚醛树脂（PE）无溶剂胶粘剂，具有很高的机械强度；很高的电绝缘性能；不溶于水和有机溶剂，对酸性溶液稳定性很高，但对碱性溶液不稳定；固化后胶层性易脆，剥离强度差。适用于机加工绝缘成型件层压纸板的胶粘剂。

酪素胶（CS）有较高的粘接强度；胶层能渗透变压器油；耐水性差；用于层压制品时厚度受限制。适用于湿法成型绝缘件的局部修补和厚度小于 40mm 层压制品的胶粘剂。

环氧树脂胶（EP）工艺性能好；胶接强度高；收缩率小；尺寸稳定；耐介质性能优良；电绝缘性能优异。适用于均压球、均压管等产品局部浇注，可作为层压制品用的胶粘剂。

8.2 常见缺陷及检测技术

8.2.1 常见缺陷

国家电网有限公司对 2006～2015 年间不同电压等级的变压器故障进行了统计，发现绕组类故障占总绝缘故障的 76%，其中油纸复合绝缘局部放电引起的绝缘故障率高达 35%。绝缘放电故障中，角环、压板、围屏等成型绝缘件问题 10 例，占比 50%；因局部场强增大导致绝缘件放电问题 7 例，占比 35%；绕组匝间绝缘问题 3 例，占比 15%。该故障多由绝缘材料质量问题引起。如角环内部原本存在空腔或杂质，导致电场不均匀分布，发生局部放电；垫块在绝缘件厂家加工过程中带入杂质，或加工过程中存在空腔或裂纹。垫块内电场分布不均匀，在杂质、空腔或裂纹处场强集中，造成垫块内部先发生局部击穿，垫块内击穿后，垫块与第一层围屏纸板间的油隙电场恶化，最后油隙被击穿，垫块对围屏纸板持续放电。脱胶缺陷占比高达 45.8%，是射线检测样品中出现概率最高的缺陷。脱胶形成的气隙呈中间厚、两边薄的特征，最厚处达 0.48mm，气隙最长 16.8mm。

换流变压器油纸绝缘在制造、运输、安装、运行和维修等过程中，由于材料加工、机械磨损等原因，绝缘纸板不可避免地会受到自由金属微粒或其他高密度杂质的污染。污染物的存在严重降低了变压器绝缘性能，其金属微粒具有良好的导电性，容易造成局部电场严重畸变，导致局部放电，在外施电场增强或长时间发展后，将诱发绝缘击穿。

8.2.2 检测技术

变压器绝缘纸板无损检测技术手段主要是数字射线检测，按照电网企业要求，绝缘材料生产厂家的出厂前应进行射线检测，高电压等级变压器制造过程中，变压器厂家需要逐件开展绝缘件入厂射线检测。但是由于成品保护需要，防止受潮和金属粒子污染，变压器厂家往往仅开展抽检。

检测难点和要点：绝缘纸板存在夹杂物和气隙两种缺陷，对于密度较小的原子灰（模具修补用）和铝合金颗粒，需要较高的检测灵敏度，GB/T 19264.2《电气用压纸板和薄纸板 第 2 部分：试验方法》，金属颗粒物按照 0.1mm 直径验收。厚度较大的绝缘底板和压板，其内部分层气隙与射线方向垂直，较难检出，需要综合运用其他检测技术手段。

检测标准：GB/T 19264.2《电气用压纸板和薄纸板 第 2 部分：试验方》，T/CSEE 0306—2022《油浸式电力变压器纸质绝缘材料 X 射线数字成像检测技术导则》。检测对象部分，检测对象包括绝缘纸板和绝缘成型件，质量应符合 GB/T 19264.1 的规定。绝缘纸板表面应无可见分层、裂纹、污染斑点、气泡、孔洞等。绝缘成型件表面应平整，无明显凹凸、气泡、污染斑点等，粘胶应均匀，不允许有开裂、气泡、脱胶、分层等现象。检测灵敏度要求，检测灵敏度按照金属异物、密度大于检测对象的非金属异物和气隙性缺陷分别设定。金属异物检测灵敏度应采用与其密度相近的像质计，选用 19 号像质值。非金属异物检测灵敏度应采用铝合金像质计，根据检测对象厚度设定像质值，当检测对象厚度不大于 8mm 时，选用 16 号像质值；厚度大于 8mm 时，选用 12 号像质值。气隙性缺陷检测灵敏度应采用 1mm 直径圆孔。射线透照推荐参数见表 8-1。

表 8-1　　　　　　　　　　　射线透照推荐参数

厚度范围（mm）	≤4	4<t≤8	8<t≤20	20<t≤40	>40
电压（kV）	40~50	50~60	60~80	80~90	90~110
电流（mA）	0.5	0.5	0.5	1	1

缺陷评判：异物包括点状颗粒物、线状异物和片状异物。点状颗粒物尺寸按直径标定，线状异物尺寸按长度标定，片状异物尺寸按最长径标定。缺陷按严重程度依次设定为Ⅰ、Ⅱ、Ⅲ、Ⅳ级，其中Ⅳ级为最严重级别。线状异物和片状异物评定为Ⅳ级。点状颗粒物缺陷等级按 100mm×100mm 评定区内所含缺陷尺寸或个数最大值评定，评定区应为缺陷最严重区域。缺陷尺寸应按照 GB/T 19264.2 规定划分，缺陷等级评定见表 8-2。开裂、气泡、脱胶、分层等气隙性缺陷的尺寸应测定并记录。

表 8-2　　　　　　　　　　　缺陷等级评定表

检测对象	缺陷尺寸（mm）	金属异物个数	非金属异物个数	缺陷等级
绝缘纸板、绝缘成型件	$\Phi<0.05$	≤1	≤3	Ⅰ
	$0.05\leq\Phi<0.1$	≤3	≤5	Ⅱ
	$0.1\leq\Phi<0.25$	≤5	≤7	Ⅲ
	大于Ⅲ级的缺陷			Ⅳ

8.3 检 测 案 例

1. 检验概况

受国家电网有限公司特高部委托，河南电科院开展了豫南、武汉、赣江、雅中、陕北、海南等 6 座新建换流站换流变压器绝缘纸板抽检，涵盖保变、衡变、常变、沈变、山东电工等主要变压器厂家产品，包括 ABB、魏德曼、辽宁兴启等绝缘产品制造厂。

2.检测方法

检测方法采用 225kV 面阵射线层析系统，射线机电压为 70～120kV，电流为 200～500μA，放大倍数为 2～10 倍，扫查角度等分数分别为每 360°扫查拍摄 2048 张图像和每 360°扫查拍摄 4096 张图像，扫查软件为重庆真测随机扫查系统，重建和分析软件为 VG STUDIO MAX 3.2。

3.检测步骤

首先由特高压设备监造人员在生产线上随机封样，进行透明薄膜密封后发至河南电科院。

4.检测结果

通过检测，某制造厂家开裂、脱胶、夹杂物、密度不均匀等缺陷检测出率高达 40%以上，通过对该企业绝缘检测工艺进行调研，发现其近关注铜和钢夹杂物，检测工艺设置存在局限性，灵敏度较差。脱胶缺陷射线检测如图 8-1 所示。高密度夹杂缺陷射线检测如图 8-2 所示。

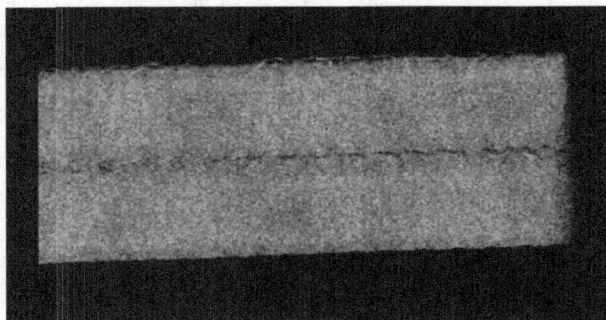

图 8-1　脱胶缺陷射线检测图

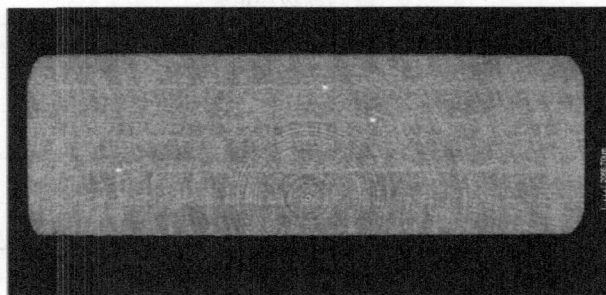

图 8-2　高密度夹杂缺陷射线检测图

第9章

水泥制品无损检测技术

钢筋混凝土具有高强、高韧、抗裂、耐久等诸多优点，广泛用于电缆沟盖板、水泥电线杆、水泥电缆管以及站内道路混凝土等电力基础设施的建设与维修项目中。接下来重点以混凝土电杆为例，简要介绍它们分类、检测项目、常见缺陷、失效原因、检测技术等。

9.1 混凝土电杆分类

混凝土电杆由砂、石、水泥、钢材等组成，它是电力架空线路及照明线路上普遍采用的混凝土预制构件，主要用于 10kV 以下配电线路和 35～220kV 的输电线路及变电站设备支柱电杆，是电网基础设施的重要组成部分。

依据 GB 4623—2014《环形混凝土电杆》，按外形将混凝土电杆分为锥形杆（Z）和等径杆（D），锥形杆又可分为普通锥形杆和法兰式锥形杆；按配筋方式分为钢筋混凝土电杆（G）、预应力混凝土电杆（Y）和部分预应力混凝土电杆（BY），如图 9-1 所示。

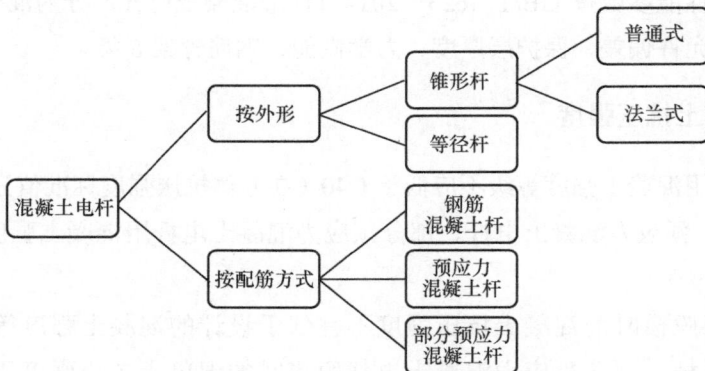

图 9-1 混凝土电杆分类

9.1.1 钢筋混凝土电杆

钢筋混凝土电杆是指纵向受力钢筋为普通钢筋的混凝土电杆，具有安装方便、使用寿命长、维护费用低等优点，缺点是电杆自重大、易开裂、承载力较低。

9.1.2 预应力混凝土电杆

预应力混凝土电杆是指纵向受力钢筋为预应力钢筋的混凝土电杆。预应力混凝土电杆加工时将钢筋混凝土电杆的钢筋先经预拉，在钢筋张紧状态下，与混凝土结成统一整体，待混凝土达到一定强度后，再放松钢筋，钢筋产生弹性收缩变形，而使混凝土得到预压应力。当电杆加上受拉荷重时，这个预压应力就可以抵消一部分或全部的拉力，从而使钢筋与混凝土两者变形一致，充分发挥其强度。

优点是强度大、抗裂性能好、节约钢材和混凝土用量、质量轻、施工运输方便、造价低；缺点是由于施加了预应力，钢筋存在应力腐蚀问题，因此其受腐蚀性能影响高于普通混凝土电杆。

9.1.3 部分预应力混凝土电杆

部分预应力混凝土电杆是指纵向受力钢筋由预应力钢筋与普通钢筋组合而成或全部为预应力钢筋的混凝土电杆。

优点是中和预应力混凝土电杆与普通混凝土电杆的特点；缺点是钢筋仍存在应力腐蚀的问题，生产加工难度大。

9.2 混凝土电杆检测项目分类

混凝土电杆性能参数按 GB/T 4623—2014《环形混凝土电杆》分为混凝土抗压强度、外观质量、尺寸允许偏差、保护层厚度、力学性能、钢筋骨架 6 类。

9.2.1 混凝土抗压强度

混凝土电杆用混凝土强度等级不应低于 C40（立方体抗压强度标准值为 40N/mm² 的混凝土强度等级），预应力混凝土电杆、部分预应力混凝土电杆用混凝土强度等级不应低于 C50。

混凝土电杆脱模时的混凝土抗压强度不宜低于设计的混凝土强度等级值的 60%，预应力混凝土电杆、部分预应力混凝土电杆脱模时的混凝土抗压强度不宜低于设计的混凝土强度等级值的 70%。电杆出厂时，混凝土抗压强度不应低于设计的混凝土强度等级值。

混凝土抗压强度检测分为制样、试验、强度计算 3 个步骤，检测流程如图 9-2 所示。试验过程应连续均匀加荷，混凝土立方体抗压强度计算结果应精确至 0.1MPa。

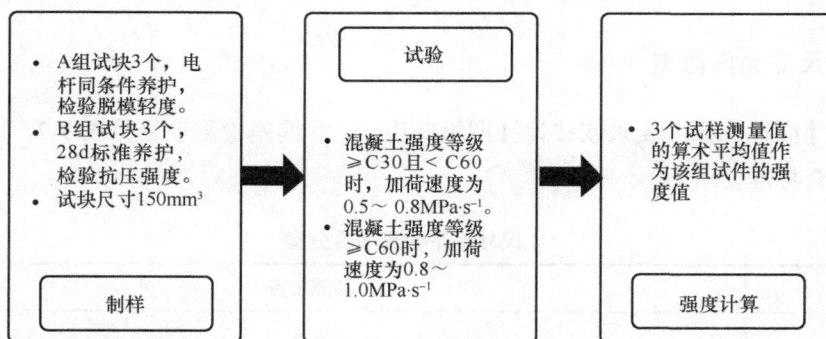

图 9-2　混凝土抗压强度检验流程

9.2.2　外观质量

根据 DL/T 741—2019《架空输电线路运行规程》规定：钢筋混凝土电杆保护层不应腐蚀脱落、钢筋外露，普通钢筋混凝土杆不应有纵向裂纹和横向裂纹，缝隙宽度不应超过 0.2mm，预应力钢筋混凝土杆不应有裂纹。根据 GB/T 4623—2014《环形混凝土电杆》，外观质量检测项目见表 9-1。

表 9-1　外观质量检测项目分类

序号	检测项目	检测部位
1	裂缝	杆身
2	漏浆	模边合缝处、法兰盘与杆身结合面
3	局部碰伤	杆身
4	露筋	杆根、杆顶
5	内表面混凝土塌落	杆身
6	蜂窝	杆身
7	麻面、粘皮	杆身

注 1. 预应力混凝土杆和部分预应力混凝土杆不应有环向和纵向裂缝，钢筋混凝土杆不应有纵向裂缝，环向裂缝宽度不应大于 0.05mm。

2. 边模合缝处不应漏浆。但如漏浆深度不大于 3mm，每处长不大于 100mm，累计长不大于杆长 4%，对称漏浆的搭接长度不大于 100mm 时，允许修补。

3. 钢板圈与杆身结合面不应漏浆，但如漏浆深度不大于 3mm，环向长不大于 1/6 周长，纵向长不大于 15mm 时，允许修补；局部不应碰伤，但如碰伤深度不大于 10mm，面积不大于 50cm² 时，允许修补。

4. 内、外表面不应出现露筋，内表面混凝土不应出现塌落、蜂窝。

5. 表面不应有麻面或粘皮。但如每米长度内麻面或粘皮总面积不大于相同长度外表面积的 5% 时，允许修补。

9.2.3 尺寸允许偏差

电杆尺寸应符合标准要求或按设计图纸制造，尺寸偏差检测项目见表 9-2，检测点位置和数量应符合标准要求。

表 9-2 尺寸偏差检测项目分类

序号	检测项目
1	杆长
2	壁厚
3	外径
4	弯曲度
5	端部倾斜
6	预留孔
7	钢板圈外径
8	钢板圈、法兰盘厚度
9	钢板圈或法兰盘轴线与杆段轴线偏差

注 1. 钢板圈坡口至混凝土端面距离应大于钢板厚度的 1.5 倍且不应小于 20mm，组装杆杆长允许偏差应为±10mm，整根杆杆长允许偏差应为−40～+20mm。

2. 壁厚允许偏差应为−2～+10mm。

3. 外径允许偏差应为−2～+4mm。

4. 钢筋保护层厚度允许偏差应为−2～+8mm。

5. 梢径小于或等于 190mm 的电杆弯曲度不应大于杆长的 1/800；梢径或直径大于 190mm 的电杆弯曲度不应大于杆长的 1/1000。

6. 杆底端部倾斜应小于或等于 5mm，钢板圈端部倾斜应小于或等于 3mm，法兰盘端部倾斜应小于或等于 2mm。

7. 预留孔，对杆中心垂直度误差应小于埋管处杆直径的 1%且纵向两孔间距±4mm，埋管式横向误差不应大于 3mm，固定式横向误差不应大于 2mm，预留孔直径误差不应大于 2mm。

8. 钢板圈厚度偏差−0.6～+1.0mm，杆外径大于 400mm 时，外径偏差±3mm，杆外径不大于 400mm 时，外径偏差±2mm；法兰盘内外径偏差±2mm，螺孔中心距偏差±1mm，端板厚度偏差−0.7～+1.5mm。

9. 钢板圈或法兰盘轴线与杆段轴线不应大于 2mm；杆在其全部长度范围内均应配置螺旋筋，螺旋筋直径宜采用 2.5～6mm。

10. 当锥形杆的梢径大于或等于 190mm、小于 230mm 时，螺旋筋直径不宜小于 3mm；当锥形杆的梢径或等径杆的直径大于或等于 230mm 时，螺旋筋直径不宜小于 4mm。

11. 螺旋筋间距在距两端各 1.5mm 内不宜大于 70mm，其余不应大于 120mm。所有杆段的两端螺旋筋应密缠 3～5 圈。

12. 预应力、部分预应力混凝土杆架立圈间距不宜大于 1000mm，钢筋混凝土杆架立圈间距不宜大于 500mm。架立圈间距偏差不应超过±20mm。当采用滚焊骨架时可不设架立圈。

9.2.4 保护层厚度

纵向受力钢筋的混凝土保护层厚度不应小于 15mm。保护层厚度检测分为试件取样和保护层厚度测量，检测流程如图 9-3 所示，检测点位置和数量应符合标准要求。

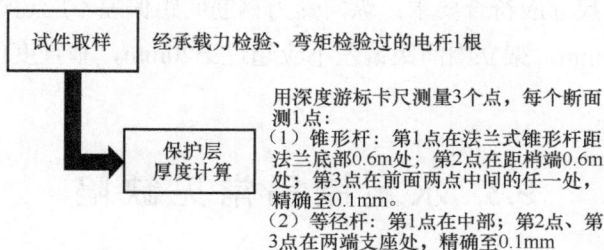

图 9-3　保护层厚度检测流程

9.2.5　力学性能

力学性能检测按 GB/T 4623—2014《环形混凝土电杆》的要求，项目分为抗裂、裂缝宽度、挠度和承载力检验、弯矩检验 4 项。锥形杆采用悬臂式试验方法，等径杆采用简支式试验方法，力学性能检测流程如图 9-4 所示。

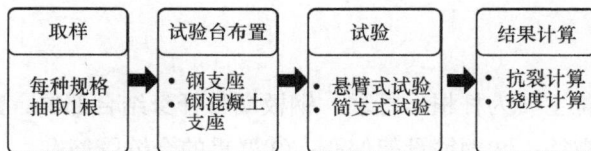

图 9-4　力学性能检测流程

检测过程中在各时间节点准确、及时地测量并记录残余裂缝宽度及挠度值，试验加荷值稳定后的允许偏差为±2%。

9.2.6　钢筋骨架

钢筋骨架按 GB/T 4623—2014《环形混凝土电杆》的要求，纵向受力钢筋应由设计计算确定，沿电杆环向均匀配置，锥形杆不应少于 6 根，等径杆不应少于 8 根，纵向受力钢筋直径不应大于壁厚的 2/5。纵向受力钢筋净距不宜小于 30mm，锥形杆小头不宜小于 25mm。

电杆在其全部长度范围内应配置螺旋筋，螺旋筋直径宜采用 2.5～6mm，螺旋筋间距在距两端各 1.5m 内不宜大于 70mm，其余不应大于 120mm，所有杆段的两端螺旋筋应密缠 3～5 圈，如图 9-5 所示。

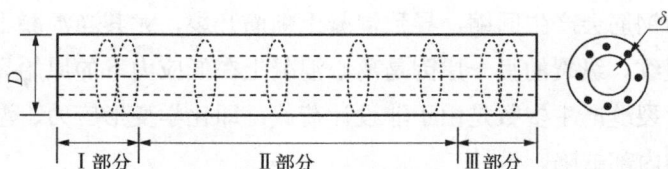

图 9-5　混凝土电杆分段示意图

钢筋骨架各部分尺寸应符合要求：纵向受力钢筋间距偏差不应超过±5mm，螺旋筋间距偏差不应超过±10mm，架立圈间距偏差不应超过±20mm，垂直度偏差不应超过架立圈直径的1/40。

9.3 水泥制品常见缺陷

混凝土电杆缺陷形式主要有漏浆、露筋、裂缝、局部碰伤、弯曲等。

9.3.1 漏浆

漏浆缺陷产生部位主要为模边合缝处、钢板圈（或法兰盘）与杆身结合面和法兰盘杆根部。漏浆产生原因：模板拼接不紧密，导致浆液流出，露出集料；模板强度不够，受压变形后跑模导致浆液流出；模板表面未浸水或未湿润，导致模板吸水，引起浆液流出。

漏浆的危害是导致电杆结构强度不均匀，造成混凝土强度不达标。

9.3.2 露筋

露筋缺陷产生部位主要为杆根、杆顶、钢板圈与杆身结合部位。露筋产生原因：①外力破坏混凝土层导致露筋；②钢筋骨架偏心；③严重的合缝露筋。

露筋的危害是加速钢筋锈蚀，降低电杆的抗弯性能，影响电杆结构强度。

9.3.3 裂缝

裂纹的产生是由于原材料质量失控和工艺制度控制不严，使混凝土在硬化过程中产生原生微裂纹，原生微裂纹在电杆运行期间的外力或环境条件作用下扩展，发展成宏观裂纹。裂纹分为环向裂纹和纵向裂纹。

由于电杆根部为拉应力区且越靠近根部拉应力最大，环向裂缝缺陷发生的部位多集中于杆根，越靠近电杆根部越宽。环向裂缝产生原因：卸载过程中，杆根着地受冲击载荷造成裂缝；运输过程中，电杆安置方式不当，颠簸造成裂缝；预应力不足，特别在较长的电杆中部，受预应力钢丝质量、锚固钢筋等原因影响，在张拉期间形成滑筋、断筋。

纵向裂缝产生原因：纵向裂纹与制造工艺密切相关，制造过程中的钢筋切断长度误差或锚固盘倾斜致使在张拉过程中，较短的钢筋受到较大的拉力，而较长的钢筋拉力不足。断筋后，超张拉的钢筋会产生回缩，导致混凝土顺筋开裂，尤其当混凝土强度较小时，断筋更易产生纵向裂纹。纵裂的另一原因是离心混凝土在低应力下的原始裂缝贯穿扩展形成纵向裂缝，而原有裂缝产生多数是由于非设计荷载，即化学变形应力、温度变形应力的作用和离心混凝土的内部缺陷。

裂缝的危害是引起钢筋生锈，降低电杆抗弯性能；裂缝还会引起体积膨胀，降低电杆强度。

9.3.4　局部碰伤

局部碰伤产生部位主要为杆根、杆身、杆顶。局部碰伤产生原因：装卸、安装过程中受到外力破坏。

局部碰伤的危害是会引起露筋、钢筋锈蚀；降低混凝土强度。

9.3.5　蜂窝

蜂窝产生原因：如果混凝土配比不够合理，在浇筑期间混凝土就已经凝固，就会产生蜂窝现象。在离心期间，如果没有经过合理的时间就完成布料阶段，也会产生蜂窝。

蜂窝的危害是会降低混凝土强度。

9.3.6　弯曲

电杆的环形截面混凝土受到的预压应力不一致会导致电杆弯曲。弯曲产生原因：电杆的预应力钢筋不足、长度不同，纵向钢筋布筋不均匀，钢筋强度、伸长率指标不佳，电杆堆放方式不合理。

弯曲的危害是造成电杆受力不均匀，产生应力集中部位。

9.3.7　其他类型缺陷

其他类型缺陷主要有电杆顶部未封实、法兰盘防腐工艺不合格、镀锌层存在积锌起皮缺陷。

其他类型缺陷的危害是顶部未封实会引起雨水渗入，降低混凝土强度；法兰盘防腐工艺问题主要是采用喷漆代替热镀锌，喷漆的防腐性能比热镀锌差，防腐层厚度薄、不均匀、附着力差；积锌、起皮缺陷会降低镀锌层的附着力，影响防腐效果。

9.4　水泥制品失效原因

9.4.1　外力载荷

大风、降雪等极端天气，覆冰、树木折断倾覆等会突然增加混凝土电杆承受载荷，若电杆设计标准不能满足该载荷，会导致电杆破坏。

9.4.2　老旧电杆设计标准低

老旧电杆多按照 GB/T 396—1994《环形钢筋混凝土电杆》和 GB/T 4623—1994《环形

预应力混凝土电杆》生产制造，上述标准已被 GB/T 4623—2014《环形混凝土电杆》替代，现行标准与 1994 版标准有较多区别。

原标准对杆长 7m 电杆要求梢径最小为 100mm，对 8m 长的电杆要求梢径最小为 130mm，现行标准对 7m 和 8m 长电杆统一要求梢径最小为 150mm，并已淘汰 100mm 和 130mm 的杆型。梢径对电杆的承载能力起着至关重要的作用，对于 7m、8m 长的电杆而言，当梢径为 130mm 时，GB/T 4623—1994 对电杆开裂检验荷载要求分别为 4.16、4.84kN；当梢径到达 150mm 时，开裂检验荷载则要求为 6.94、8.06kN，承载力大大增加。因此，用旧版标准设计的老旧电杆承载能力较低，逐渐不能满足现今使用要求。

9.4.3 电杆老化、风化

老旧电杆存在不同程度的老化问题，包括电杆的风化开裂、拉线的锈蚀等，都会降低其承载能力。

9.4.4 钢筋质量不佳

电杆中的压应力主要由混凝土承担，拉应力主要由内部钢筋承担，由于抗拉强度远小于抗压强度，电杆的承载能力主要由内部钢筋决定。

钢筋使用的低碳钢热轧圆盘应符合相应标准，盘条截面不能分层、有杂质，表面光滑，不允许存在折叠结疤，拉丝使用的盘条在力学性能、工艺性能上也需符合相关标准，质量不佳的钢筋会降低电杆的承载能力。

9.4.5 配筋问题

电杆内部钢筋数量不够或钢筋直径偏小，会导致电杆受拉侧钢筋所受拉应力超出电杆内部钢筋所能承受的极限强度，钢筋局部截面急剧收缩、甚至断裂，增加电杆断裂风险。

若螺旋筋尺寸不满足标准要求，会使螺旋筋内的抗拉力小于螺旋筋内所包裹的混凝土内应力，导致混凝土表面出现裂纹等缺陷。

9.4.6 混凝土原料问题

电杆生产所用的砂、石等质量都要符合相应标准，掺杂有害物质会影响混凝土的坚固性。卵石粒径过大，会造成混凝土与钢筋结合不良，导致混凝土出现疏松、空洞现象，影响混凝土的强度及和易性，使电杆力学性能达不到标准要求。

9.4.7 保养工艺不当

混凝土电杆养护工艺是使已密实成型的电杆进行水化反应，获得所需的物理力学性能及耐久性等指标的工艺措施。

养护工艺不当，如带模蒸养时间短、后期未加强水养等，会影响水泥水化作用的正常进行，造成混凝土结构疏松，影响混凝土的强度及耐久性，使混凝土在硬化过程中产生原生裂纹。

9.4.8　预应力电杆脱模时间过早

预应力电杆脱模时如达不到脱模强度的要求，会使混凝土抗压和抗拉强度降低，钢筋应力敷松过早，混凝土压缩加剧，内部形成微细的顺筋微裂纹，严重影响预应力电杆的抗裂性能，而且在后期运行过程中外部载荷的作用下，裂纹会逐渐扩展，隐性裂纹变成显性裂纹，是运行过程中电杆生成纵裂的隐患因素。

9.5　水泥制品检测技术

自 20 世纪 30 年代，就已经有大量的无损检测方法用于混凝土结构的状态检测评估，并在之后迅速获得发展。其中应用较广的检测方法有超声波无损检测法、脉冲回波无损检测法、雷达扫描无损检测法、红外成像无损检测法、声发射无损检测法等。

（1）超声波无损检测法。超声波无损检测法也称超声脉冲法，指通过测量超声脉冲波在待测混凝土中的传播速度、首波幅度和接收信号主频率等声学参数的相对变化来判定待测混凝土桥梁内部缺陷状态的方法，常用的检测仪器是超声波检测仪。

（2）脉冲回波无损检测法。脉冲回波无损检测法通过向待检测桥梁构件进行机械冲击产生短周期的脉冲波，当该波遇到混凝土内部孔洞、裂纹等情况时，便会进行反射的原理进行检测。该方法不但可以测得内部缺陷的位置和大小，也可以得到构件的厚度等尺寸信息。国内冲击回波无损检测法的已经广泛得到了应用，国产冲击回波检测仪已进入实际应用。

（3）雷达扫描无损检测法。在雷达扫描无损检测法中主要利用雷达波的性质进行检测。其主要原理是当雷达波在桥梁结构的混凝土构件中传播时，当遇到混凝土裂缝、孔洞等内部缺陷时，雷达波的介电常数会产生较大的变化，利用这一特性来判别混凝土桥梁结构的损伤情况。20 世纪末美国发明了适用于公路路面监测的地质雷达仪，同期日本研发了用于测量混凝土桥梁构件内部缺陷的雷达探测仪。

（4）红外成像无损检测法。红外成像无损检测法是通过测量混凝土桥梁的红外成像来检测混凝土内部缺陷的方法。其利用的是混凝土内部缺陷和混凝土的热传导系数的差异，导致混凝土构件的热量分布属性有所不同的原理进行检测。

（5）声发射无损检测法。声发射无损检测法是通过监测混凝土材料在产生缺陷的过程中释放应变能时发射和传播的应力波，从而获得混凝土材料的缺陷信息。声发射无损检测法可以测量混凝土构件的应变、稳定性情况以及重复荷载作用下的结构状态，其最大的优势在于可实时监测缺陷的发展过程并预警，是一种动态的混凝土结构无损检测方法。

在以上这些检测方法中，回弹法、超声回弹综合法、钻心法、拔出法等检测技术已经规范化，射线检测技术及可视化技术在国内外也有所发展并逐渐被重视。目前，我国无损检测的行业规范有《超声回弹综合法检测混凝土强度技术规程》（CECS 02）、《超声法检测混凝土缺陷技术规程》（CECS 21）、《后装拔出法检测混凝土强度技术规程》（CECS 69）、《回弹法检测混凝土抗压强度技术规程》（JGJ/T 23）等。由此可见，回弹法是一种便捷快速地检验混凝土抗压强度的无损检测方法，是目前非破损实体检测混凝土强度的常用方法，另外运用该方法结合超声检测，可以更好地综合考虑混凝土的内部及外部的因素，并提高混凝土强度的检测精度。该项目研究对象电缆水泥保护盖板所采用的钢纤维混凝土是在普通混凝土中掺入适量短钢纤维而形成的一种新型复合材料，虽然超声回弹综合法在普通混凝土中应用已经比较成熟，在钢纤维混凝土中的应用研究却仍存在研究缺失。钢纤维的掺量会影响到超声波检测，因此不能够照搬普通混凝土的质量评定指标。掺加钢纤维后的混凝土抗压强度与超声波波速之间仍然存在着很好的相关性，运用超声波法对钢纤维混凝土进行检测是可行的。但是相关规律会随原材料和工艺条件变化而产生较大波动。因此，还有必要针对水泥盖板纤维混凝土的测强曲线进一步研究，通过试验标定建立混凝土立方体抗压强度、回弹值、声速值三者的相关性，建立纤维混凝土的测强曲线，并开发电缆水泥保护盖板钢纤维混凝土强度的专用检测装置。

9.5.1 混凝土检测

利用混凝土超声—回弹检测技术对混凝土制品表面硬度和内部缺陷进行的测定，利用回弹法检测混凝土的表面强度，并利用回弹结果进行强度修正。基于超声技术通过对采集的超声波信号的声速、振幅、频率以及波形等声学参数进行分析，检测混凝土内部损伤与裂纹情况。

1. 基于回弹法的混凝土表面硬度测试

结构混凝土在检测龄期的表面硬度可采用里氏硬度计测定，也可采用普通混凝土回弹仪测试硬度的估计值。回弹法是混凝土表面硬度的直接测试方法。结构功能性评定时有时需要了解混凝土表面的硬度，如确定抗磨能力的参数。混凝土的硬度可以采用里氏硬度、洛式硬度等方法测定，由于检测机构对于混凝土回弹仪比较熟悉，因此建议使用普通混凝土回弹仪。

普通混凝土回弹仪测定结构混凝土表面硬度相对值的操作应符合下列规定：

（1）测定所用仪器为《普通混凝土回弹仪》中冲击能量为 2.205J 的回弹仪。

（2）在构件表面布置回弹测区，测区面积不小于 $0.1m^2$。

（3）清除测区表面的附着物。

（4）将回弹仪垂直于测区表面进行回弹值的测试；每个测区的回弹测点为 10～16 个，

测点应避开小的孔洞和钢筋。

（5）计算该测区的回弹平均值 R_{ac}，精确至 0.1；当该测区为 16 个测点时，舍弃最大 3 个和最小 3 个回弹值。

（6）以 R_{ac} 作为该测区表面硬度的相对值。

当需要根据表面硬度对同一品种混凝土进行分类时，批量构件检测时，可在品种相同的混凝土上布置若干测区，进行回弹测试，按测区计算表面硬度估计值，将表面硬度估计值之差不大于 2 的测区归为同一硬度类别。

回弹法测试基本原理如图 9-6 所示。

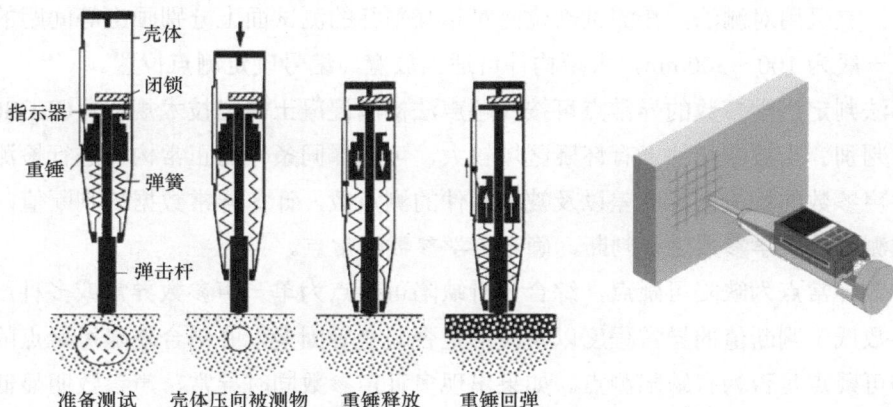

图 9-6　回弹法测试基本原理

2. 超声法检测混凝土内部密实性

超声法测试基本原理如图 9-7 所示。

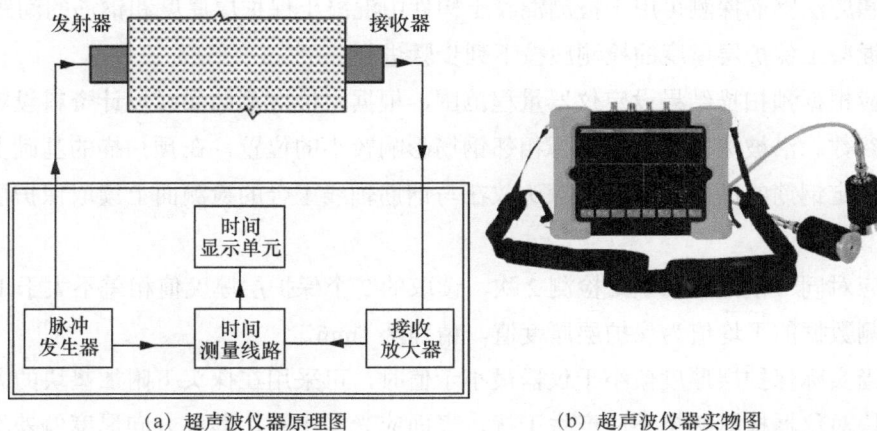

（a）超声波仪器原理图　　　　（b）超声波仪器实物图

图 9-7　超声法检测原理及仪器

超声法检测混凝土内部密实性时被测部位应满足下列要求：

（1）被测部位应具有可进行检测的测试面，并保证测线能穿过被检测区域。

（2）测试范围应大于有怀疑的区域，使测试范围内具有同条件的正常混凝土以便进行对比。

（3）总测点数不应少于 30 个，且其中同条件的正常混凝土的对比用测点数不应少于总测点数的 60%，且不少于 20 个。

检测结合面质量时应根据结合面位置确定测试部位，被测部位应具有使声波垂直或斜穿过结合面的测试条件。

检测时应根据构件的实际情况选择测试方法和布置测点。当构件具有两对相互平行的测试面时，宜采用对测法，在测试部位两对相互平行的测试面上分别画出等间距的网格，网格间距一般为 100～300mm，大型构件可适当放宽，编号确定测点位置。

概率法判定声学参数的异常点可按《超声法检测混凝土缺陷技术规程》CECS02 有关规定进行判别。当被测构件上有怀疑区域较大，可选择同条件的正常构件进行检测，按照正常构件声参数的均值和标准差以及被测构件的测点数，计算异常数据的判断值，以此判断值对被测构件声学参数进行判断，确定声学参数异常点。

声参数异常点为缺陷可疑点，综合分析缺陷可疑点为单一声参数异常或多种声参数异常、声参数低于判断值的异常程度以及波形是否畸变等因素，并结合缺陷可疑点的分布，判断缺陷可疑点是否为有缺陷测点。如果出现多种声参数同时异常、声参数明显低于声参数判断值、波形明显畸变或者缺陷可疑点相邻成片等现象，则将缺陷可疑点判定为不密实区域，并以此确定构件不密实区域的位置和范围。

9.5.2 钢筋检测

电磁感应法钢筋探测可用于检测混凝土构件中混凝土保护层厚度和钢筋的间距。

钢筋混凝土保护层厚度的检测应按下列步骤进行：

（1）应根据预扫描结果设定仪器量程范围，根据原位实测结果或设计资料设定仪器的钢筋直径参数。沿被测钢筋轴线选择相邻钢筋影响较小的位置，在预扫描的基础上进行扫描探测，确定钢筋的准确位置，将探头放在与钢筋轴线重合的检测面上读取保护层厚度检测值。

（2）应对同一根钢筋同一处检测 2 次，读取的 2 个保护层厚度值相差不大于 1mm 时，取二次检测数据的平均值为保护层厚度值，精确至 1mm。

（3）当实际保护层厚度值小于仪器最小示值时，可采用在探头下附加垫块的方法进行检测。垫块对仪器检测结果不应产生干扰，表面应光滑平整，其各方向厚度偏差不应大于 0.1mm。垫块应与探头紧密接触，不得有间隙。所加垫块厚度在计算保护层厚度时应予扣除。

钢筋间距的检测应按下列步骤进行：

（1）根据预扫描的结果，设定仪器量程范围，在预扫描的基础上进行扫描，确定钢筋的准确位置。

（2）检测钢筋间距时，应将检测范围内的设计间距相同的连续相邻钢筋逐一标出，并应逐个量测钢筋的间距。当同一构件检测的钢筋数量较多时，应对钢筋间距进行连续量测，且不宜少于 6 个。

钢筋检测基本原理如图 9-8 所示。

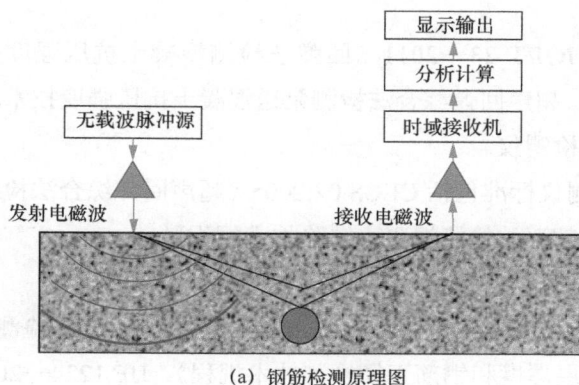

(a) 钢筋检测原理图

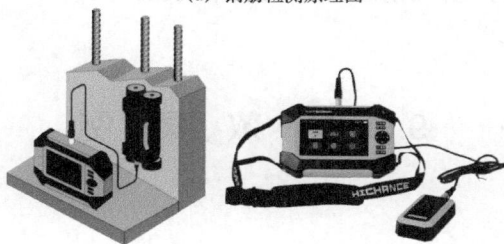

(b) 检测仪器实物图

图 9-8　钢筋检测基本原理

钢筋直径的检测应按下列步骤进行：

混凝土中钢筋直径宜采用原位实测法检测。当验证表明检测精度满足要求时，可采用钢筋探测仪检测钢筋直径。采用钢筋探测仪检测钢筋直径时应结合钻孔、剔凿的方法进行，钢筋钻孔、剔凿的数量不应少于该规格已测钢筋的 30%且不少于 3 处，不足 3 处时应全数检测。

采用钢筋探测仪检测钢筋直径时，被测钢筋与相邻钢筋的间距应大于 100mm，且周边的其他钢筋不应影响检测结果，并应避开钢筋接头及绑丝。每根钢筋重复检测两次，第 2 次检测时探头应旋转 180 度，两次读数应一致，读数精确至 1mm。

钻孔、剔凿时，应采用游标卡尺进行量测，读数应精确至 0.1mm，并应根据剔凿检测结果和钢筋产品标准，推定被测钢筋的公称直径。当钢筋探测仪测得的钢筋直径与的钻孔、剔凿量测公称直径之差不大于 1mm 时，未剔凿部分可采用钢筋探测仪检测结果。

9.5.3 判定依据

1．通用标准

通用标准包括 GB/T 50344—2019《建筑结构检测技术标准》、GB/T 50784—2013《混凝土结构现场检测技术标准》。

2．回弹仪

回弹仪标准包括 JGJ/T 23—2011《回弹法检测混凝土抗压强度技术规程》、DB11/T 1446—2017《回弹法、超声回弹综合法检测泵送混凝土抗压强度技术规程》。

3．混凝土超声波检测仪

混凝土超声波检测仪标准包括 CECS 02:2005《超声回弹综合法检测混凝土强度技术规程》、CECS 21:2000《超声法检测混凝土缺陷技术规程》。

4．混凝土钢筋检测仪

混凝土钢筋检测仪标准包括 JGJ/T 152—2019《混凝土中钢筋检测技术规程》、DB11/T 365—2016《钢筋保护层厚度和钢筋直径检测技术规程》、JJF 1224—2009《钢筋保护层、楼板厚度测量仪校准规范》。

9.6 失 效 案 例

9.6.1 问题简述

2019 年 6 月 29 日，某电力公司下属输电运检分中心在开展所辖线路接地电阻测量和隐患排查工作中，发现某 1000kV 线路Ⅱ线 212 号塔基础立柱存在明显裂缝，随后立即组织人员对某 1000kV 线路Ⅰ、Ⅱ线基础进行全面排查，并开展混凝土强度回弹法检测。

（1）排查塔位 706 基，其中 239 基存在不同程度裂缝现象。线路施工三标段经两次排查，发现存在裂缝塔位 63 基，其中较严重塔位 13 基。

（2）对 15 基存在明显裂缝的基础进行回弹法强度测试，其中 11 基强度偏低。

另外，设备运维单位还组织第三方机构进行了混凝土裂缝（深度、宽度）、混凝土强度、碳化深度的检测，从初步检测结果看，裂缝主要是在表面（顶面、立柱浅部侧面），裂缝深度为 28～195mm，强度推定值最小 14.0MPa，部分基础混凝土强度低于设计值。

2019 年 7 月 14 日至 16 日，国家电网有限公司技术监督办公室组织国网经研院、中国电科院有关结构、岩土专业技术人员，会同该电力公司相关运维检修人员，现场查看了某 1000kV 输电线路及邻近的其他线路近 10 基铁塔基础，重点对其中 3 基裂缝较明显、强度疑似较低塔位基础进行了局部开挖，查验测量裂纹深度，并开展了混凝

土回弹法强度、钢筋分布、保护层厚度、碳化深度等
试验测试。

1. 基础裂缝特征

基础顶部裂缝呈放射状，如图 9-9 所示，一般从保护
帽内（可能从地脚螺栓）向表面延伸，分布相对较均匀。
Ⅱ线 212 号塔 A 腿基础为开挖板式基础，如图 9-10 所示，
其四个侧面存在 12 条裂缝，其中 1 号裂缝较为严重，该
裂缝在侧面延伸至顶面以下 1.5m 处，其余裂缝延伸较浅。

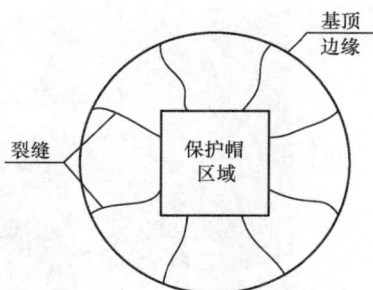

图 9-9　基顶典型裂缝分布示意

(a) 南侧面及顶面

(b) 西侧面及顶面

(c) 北侧面及顶面

(d) 东侧面及顶面

图 9-10　212 号塔 A 腿基础裂缝位置分布图

Ⅱ线 217 号塔 B 腿基础为灌注桩基础，如图 9-11 所示，其表面存在多条裂缝，其中 2
号裂缝较为严重。

223 号塔基础为灌注桩基础，如图 9-12 所示，4 个塔腿基础表面裂缝分布均匀存在多
条裂缝。

2. 混凝土强度

本次对 212 号 A 腿、217 号塔的 B 腿基础进行了回弹法强度测试，其中根据检测强度
值（约为 15MPa）以及测试后表面有弹击微凹陷等特征，该基础混凝土设计强度等级为 C30，
综合判断 217 号塔的 B 腿混凝土强度偏低。217 号塔 B 腿基础混凝土回弹仪弹击微凹陷如
图 9-13 所示。

图 9-11　217 号塔 B 腿基础裂缝分布图

图 9-12　223 号塔基础裂缝分布图

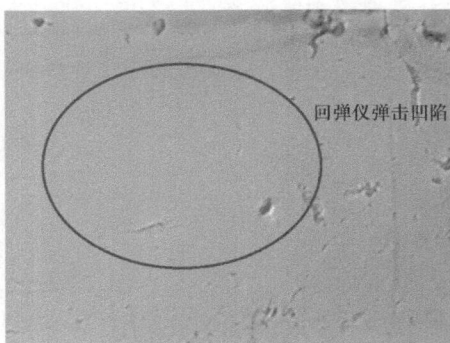

回弹仪弹击凹陷

图 9-13　217 号塔 B 腿基础混凝土回弹仪弹击微凹陷

另外，基础运行时间较短，实测混凝土碳化深度小，非裂缝构成和混凝土强度偏低的影响因素。

3．基础钢筋

212 号 A 腿基础（见图 9-14）立柱截面设计尺寸 1600mm×1600mm，钢筋保护层厚度设计值为 70mm，立柱截面设计主筋 40 根 Φ28 钢筋，均匀分布。实测的钢筋数量符合设计要求，但主筋分布、保护层厚度不均。

217 号塔的 B 腿桩基础（见图 9-15）设计截面尺寸 ϕ1800mm，主筋设计为 38 根，测试数量为 38 根，符合设计要求。

主筋位置

箍筋

图 9-14　212 号塔 A 腿基础立柱浅部钢筋分布

图 9-15　217 号塔 B 腿基础浅部钢筋分布

9.6.2　监督依据

《国家电网公司输变电工程标准工艺（三）—工艺标准库》（2016 年版）0201010000 基础工程，对架空线路结构工程各种基础类型提出了工艺标准及施工要点。

9.6.3　问题分析

1. 基础裂缝

综合分析，该线路Ⅱ线存在不同程度的裂缝现象是多重因素耦合作用的结果。

（1）线路上部结构对基础的荷载作用对裂缝形成的影响较小，非主因，有关立柱钢筋混凝土截面及抗裂设计属于安全可控的范畴。一是存在各基础裂缝顶面分布相对较均匀，且立柱侧面均未见横向裂缝等现象，而铁塔对基础的作用是竖向与水平向联合作用，荷载呈现非竖向轴对称，如因上部荷载作用导致裂纹，则顶面裂缝应非对称分布；二是有些转角塔、耐张塔、双回钢管塔等基础承受更大荷载，而基础裂缝现象较轻，且单回直线塔基础裂缝分布也存在差异；三是裂纹基本是从基顶中心向外呈放射状，与一般因基础受剪、受拉承载导致的裂缝分布特征不一致。

（2）裂缝的形成是原材料与施工因素综合影响的结果。

1）混凝土长距离运输。该线路全线采用商品混凝土，而其附近的某±800kV 线路全线采用现场集中搅拌混凝土，通过本次外观检查及运检单位的回弹强度检测，总体上后者的基础混凝土要优于本线路，分析原因主要在于该段线路位于沙漠腹地，交通条件恶劣，且距离搅拌站较远（约 80km），运输时间需 2～3h，商品混凝土质量难以保证，容易产生离析、凝固等问题。

2）入模混凝土材料配合比不当、骨料级配较差。从 217 号塔 B 腿基础凿出的混凝土块（见图 9-16）判断，入模混凝土材料配合比不当、骨料级配和规格疑似不符合要求，基础细骨料（砂子）粒径偏小，水泥含量较高，易产生收缩裂纹。

3）混凝土养护不善。混凝土浇筑捣实后，适当的温度与湿度是保证水泥水化的重要条件，养护不当如洒水保湿不及时、温度过低或过高时成品保护不到位等均会导致混凝土表面收缩裂缝的产生，也会影响水泥水化造成混凝土强度降低。

4）气候干燥、昼夜及年温差大加剧了裂缝发展。从部分基础局部开挖看，裂缝主要分布在浅部，是易受环境影响的部位，该地区气候干燥，混凝土表面水分蒸发过快以及内外水分蒸发程度不同，养护不善的情况下，易导致混凝土收缩变形开裂；另外，3 标段基础主要在夏季施工，地脚螺栓高导热性，白天不遮挡，夜间不保温的情况下，昼夜温差可达50℃以上，易导致地脚螺栓周围产生裂缝；该地区年温差可达 80℃，内外温差大，也会加剧表面裂缝发展。

（a）上层保护帽   （b）下层保护帽

图 9-16　217 号塔 B 腿基础凿出混凝土块

2．混凝土强度

混凝土强度偏低主要原因可能在于混凝土运输时间过长、后期养护不当，以及入模混凝土的水灰比、颗粒级配等材料配比不符合要求。

二次浇筑、浇筑时间长。在施工三标现场开挖查看时发现，部分基础上下部混凝土表观、粗骨料差异明显，初步分析施工过程中可能存在二次浇筑问题。部分基础混凝土存在离析现象，217 号塔的 B 腿基础浇筑过程中疑似浇筑时间长，浅部混凝土粗细骨料、胶结料分布均匀性较差。

9.6.4　处理措施

处理措施如下：

（1）采用混凝土裂缝用环氧树脂等灌浆材料对裂缝进行修复及混凝土加固，具体灌浆材料选用要考虑强度、环境工作温度、修复固化温度等参数的适用性。

（2）对存在较严重的结构性裂缝时，采用外包钢、外部贴钢等加固方式，提高结构的抗裂性。

（3）对于混凝土强度明显疑似偏低的基础，尚可能存在地脚螺栓锚固强度、局部抗压强度不足等问题，建议经设计校核分析，可采用植筋、加大截面等方式进行加固。

（4）加强后续裂缝开裂程度、形态等观测，并开展重点塔位塔腿的变形监测，影响正常使用时及时加固修复。

根据现场情况分析，基础浅部表面裂缝及混凝土结构强度未对线路安全运行产生影响，处于承载安全状态，但对耐久性及正常使用构成影响。

9.6.5　工作建议

该典型问题暴露出施工单位对混凝土后期养护不当，以及入模混凝土的水灰比、颗粒级配等材料配比不符合要求，同时监理单位监督不到位。在今后的工程建设过程中，对于交通条件恶劣且距离搅拌站较远的地段，可考虑采用现场集中搅拌混凝土，避免因混凝土运输时间过长所产生的离析、凝固等问题；要求施工单位在基础混凝土浇筑过程中，严格执行标准工艺要求，控制好水灰比、颗粒级配等材料配比，做好混凝土后期养护；监理单位做好施工监督检查工作。

第10章

涂料无损检测技术

10.1 典型设备和工艺

10.1.1 手工涂装

手工涂装主要包括刷涂、刮涂和滚刷涂 3 种。刷涂是最古老的手工涂装方法，即使在涂装技术日新月异的今天，仍然被广泛应用。刷涂施工简便，所用工具简单，适用于各种材质和形状的被涂物，对涂料品种适应性强。缺点是劳动强度大，生产效率低，涂膜外观欠佳。刮涂也是一种常用的手工涂装方法，主要用于刮涂腻子，修饰被涂物凹凸不平的表面。刮涂的工具主要有刮刀、腻子盘和打磨工具。滚刷涂是用圆柱形滚刷粘附涂料，借助滚刷在被涂物表面的滚动进行涂装，可替代刷涂，适用于大面积的涂装，广泛应用于船舶、桥梁和建筑等的涂装。滚刷主要由刷辊和支撑机构两部分组成。

10.1.2 浸涂、淋涂、辊涂和帘幕涂

1. 浸涂

浸涂是将被涂物浸入涂料中，使被涂物表面粘附涂料，然后滴去多余的漆料形成涂膜。浸涂设备简单，易实现机械化，生产效率高，涂料损失小，适用于形状复杂的被涂物。

浸涂设备通常包括浸涂槽、搅拌装置、去余漆装置、涂料加热和冷却装置、输送悬挂装置以及必要的防火装置。浸涂槽分为连续作业的船形槽和间歇作业的矩形槽。槽体的尺寸取决于被涂物的尺寸，在满足浸涂时被涂物不碰撞槽壁的条件下，应尽量减小槽体的容积和开口面积，以减少涂料的投料量和溶剂挥发。为了防止槽内涂料的颜填料沉淀和保证涂料均匀，必须配备搅拌装置。搅拌装置主要有泵循环搅拌装置和机械搅拌装置两种。因为浸涂槽中一次投入的涂料量较大，要长期反复使用，所以浸涂工艺要求涂料的稳定性高，沉降速度慢，溶剂挥发少。一般烘烤型涂料和水性涂料比较适宜采用浸涂工艺，如沥青烘漆、醇酸树脂烘漆、水性丙烯酸树脂烘漆等，而快干型涂料、固化剂固化涂料和填料较多的涂料不适宜采用此工艺。涂料的黏度对浸涂工艺影响较大，而且由于黏度与温度关系密切，所以涂料温度也必须严格控制。浸涂余漆的去除主要采用自然滴落法和静电去余漆法。

静电去余漆速度快，可改善被涂物上下涂膜厚度不一致的缺陷。

2．淋涂

淋涂是涂料从喷嘴喷淋至被涂物的表面，然后自上而下流淌将被涂物表面覆盖，滴去余漆形成涂膜。淋涂与浸涂差别不大，都是借助涂料自身的重力流平，特点也相似。淋涂一次投入的涂料量较少，适用于大型板状、中空之类的被涂物，而这类被涂物因为容易飘浮不适于浸涂。淋涂设备分为间歇作业用的固定式设备和连续作业用的通过式设备。

通过式淋涂设备由室体、涂料槽、溶剂槽、喷淋装置、涂料泵和通风防火装置组成。室体分为进口区、淋漆区、滞留区和出口区。进出口区的长度通常为 1.5～2.0m，淋漆区和滞留区的长度取决于淋漆时间和被涂物通过的速度，淋漆时间一般为 1～2min，滞留时间为 8～20min。涂料槽设在室体下部，主要用于贮存涂料和接收从被涂物表面滴落的涂料。涂料由涂料泵从涂料槽送至喷淋装置，靠自身的重力或泵压流经喷嘴喷淋至被涂物表面。为了防止挥发的溶剂气体向外扩散，在室体的进出口处的两侧设置吸入式风幕，利用吸入的气流阻挡溶剂气体的外溢。

3．辊涂

辊涂是在转辊上形成一定厚度的湿涂层，随后转辊在转动中与被涂物接触，将涂料转涂到被涂物表面。辊涂适于平面状的被涂物，如板材、纸、布等，特别适用于金属卷材涂装。辊涂的设备是辊涂机，主要由涂敷机构和转向支撑机构组成。涂敷机构也称涂敷头，由取料辊、涂敷辊和涂料盘组成，以取料辊从涂料盘内粘附涂料并转移给涂敷辊，由涂敷辊将涂料涂敷在卷材表面，还可再设一个调节辊调整涂膜厚度。

4．帘幕涂

帘幕涂是涂料呈连续的幕状落下，覆盖在从幕下通过的被涂物表面的方法，适用于平面状的被涂物，其具有涂装效率高、涂料利用率高、涂膜外观好等优点。帘幕涂的设备包括涂料箱、涂料循环装置、帘幕头和输送机构等。帘幕头是涂料帘幕的流出机构，它与高位涂料槽连接，使涂料在一定压力下流出帘幕头，形成帘幕。帘幕头的底部装有两条精度很高的刀刃，形成一条狭缝，涂料从中流出，缝宽可以调节。

10.1.3　空气喷涂

空气喷涂的原理是将压缩空气从喷枪空气帽的中心孔喷出，在涂料喷嘴前端形成负压区，使容器中的涂料从涂料喷嘴喷出，并迅速进入高速压缩空气流，使液-气相急剧扩散，使涂料形成微粒，呈漆雾状飞向并附着在被涂物表面，涂料微粒迅速集聚成连续的涂膜。空气喷涂是 20 世纪 20 年代为适应快干涂料而开发的涂装工艺，如今已有了很大的改进。空气喷涂具有涂装效率高、适应性强、涂膜质量好等优点，至今仍是应用最广泛的涂装工艺之一，但同时它也有漆雾容易飞散、污染环境等缺点。

空气喷涂装置包括喷枪、压缩空气供给和净化系统、输漆装置和喷漆室等。喷枪是空气喷涂的主要工具，对涂膜的质量影响最大。压缩空气供给和净化系统包括空气压缩机、贮气罐、油水分离器和输气管等。压送式喷枪还需要增压箱或输漆泵等输漆装置。喷漆室可保护环境和保证涂装质量。

10.1.4　高压无气喷涂

高压无气喷涂（简称无气喷涂）是靠密闭容器中的高压泵输送涂料，使涂料在高压下喷出雾化，而无须借助压缩空气雾化的工艺。无气喷涂的原理是对涂料施以高压（一般为11～25MPa），使其从涂料喷嘴喷出，以高达 100 m/s 的速度与空气发生激烈冲撞，使涂料破碎成微粒，在涂料微粒的速度未衰减前，将发生多次碰撞破碎。同时由于压力的骤减，涂料内溶剂急剧挥发，体积骤然膨胀，在这两方面的共同作用下，涂料雾化并黏附在被涂物表面。无气喷涂具有涂装效率高、对涂料黏度适应范围广、涂膜质量好、环境污染小等优点。近来无气喷涂的设备和方法有了新的发展，如静电无气喷涂、热喷型无气喷涂、双组分无气喷涂、空气辅助无气喷涂等。

10.2　常　见　缺　陷

10.2.1　结构底材表面缺陷

一般而言，油污、油脂等与大多数有机涂料不可兼容，即便一些肉眼观察不到的油污也会造成保护涂层与底材之间附着力减弱或导致漆膜涂层出现问题。因此，底材表面的油污都需要在机械表面处理、涂料施工前清理干净。使用化学处理方法是清除油污的最佳选择，例如使用碱性溶液或者添加有乳化剂的溶液清洗。环境中的灰尘、脏物与底材表面几乎没有附着力，但其存在可能会减弱涂层于底材之间的附着力，从而导致涂层可能会发生早期剥落。最佳的除尘方法是真空吸尘。

环境中的水溶性盐如果残留在底材表面未被清理干净，可能会降低涂层与底材之间的附着力，或是加速外界水汽渗透过漆膜涂层，导致底材发生早期锈蚀或底部锈蚀。在底材表面处理之前可以通过高压淡水冲洗的方法清除表面的可溶性盐。

10.2.2　漆膜常见缺陷

10.2.2.1　涂装过程中产生的缺陷及防治措施

涂装过程（含涂装后不久）中产生的漆膜缺陷，一般与被涂物的状态、选用的涂料、涂装方法及操作、涂装工艺及设备和涂装环境等因素有关。现将常见的 37 种漆膜缺陷及其原因和防治方法详述如下。

1．流痕、垂流、流挂

涂布在垂直面上的涂料向下流动，使漆膜产生不均一的条纹和流痕的现象，根据流痕的形状可分为下沉、流挂、流痕、流淌等。

下沉：涂装完毕到干燥期间涂层局部垂流，产生厚度不均匀的半圆状、冰溜状、波状等接触角呈钝角的现象。

流挂：在电冰涂装、浸涂、淋涂等场合产生的严重流痕。涂料在被涂物下端边积留后，照原样固化并牢固附着的现象。

流淌：涂料与溶剂不适应或涂得过厚而产生的大面积流挂现象。

垂流与涂料的比重、湿漆膜的厚度和涂料的黏度有关。比重越大，黏度越低，越易垂流，湿漆膜的垂流与湿漆膜厚度呈三次方关系。

2．颗粒

漆膜中的块状凸起的异物呈颗粒状分布在整个或局部表面上的现象。由混入涂料中的异物或涂料变质而引起的称为涂料颗粒；金属闪光涂料中铝粉在涂面造成的凸起异物称为金属颗粒；在涂装时或刚涂装完的湿漆膜上附着的灰尘或异物称为尘埃。

3．露底、盖底不良

由于漏喷而未涂漆的现象称为露底（俗称缺漆），因涂得薄或涂料遮盖力差未盖住底色的现象称为盖底不良。

4．咬起、溶胀

涂面漆后底漆层被咬起脱离，产生皱纹、裂纹、胀起、起泡等现象称为咬起。轻的场合（如对底涂层有所溶解、层间结合力差）称为溶胀。涂含强溶剂涂料（如硝基漆）时，易产生这种现象。

5．白化、发白

涂装过程中和刚涂装完毕后涂层表面呈乳白色，产生似云那样的变白失光现象，多发生在涂装挥发性涂料的场合，严重时完全失光，涂层上出现微孔及机械性能下降。

6．拉丝

在喷涂时涂料雾化不良，呈丝状喷出，使漆膜表面呈丝状。

7．缩孔、抽缩

受被涂物面存在的（或混入涂料中的）异物（如油、水等）的影响，涂料不能均匀附着，产生抽缩而露出被涂面。由于产生的原因、产生的现象有较大的差别，露底面积大的且不规则的称为抽缩（俗称发笑）；呈圆形（直径多为 0.1～2mm）的称为缩孔；在圆孔内有颗粒的称为"鱼眼"，这种弊病产生在刚涂装完的湿漆膜上，有时在烘干后的干漆膜才发现。

8．陷穴、凹洼

漆膜表面上产生像火山口（或半月形）那样的、大小为小米至小豆粒的凹穴现象。陷穴、凹洼与缩孔和"鱼眼"的差别是不露出被涂面，这种弊病又称凹陷、麻点。

9．气泡

在涂装过程中漆膜表面呈泡状鼓起，或在漆膜中有气泡的现象。烘干型涂料易产生这一弊病。

搅拌引起的气泡或由溶剂蒸发产生的气泡，在涂装成膜过程中未消失而残留在漆膜中，统称为气泡。由底材或底涂层所吸收或含有水分、溶剂或气体，使涂层在干燥（尤其是烘干）过程中呈泡状鼓起的弊病，分别称为水气泡、溶剂气泡或空气泡。

10．针孔

在漆膜上产生针状小孔或像皮革的毛孔那样的小孔的现象，孔径约为 100μm，且直达底层。

11．起皱

在干燥过程中漆膜表面出现皱纹、凹凸不平且平行的线状或无规则线状等现象。

12．色发花、色不匀

漆膜的颜色局部不均匀，出现斑印、条纹和色相杂乱的现象，一般是由涂料和涂装不当，以及涂料组分的分解变质等引起的。

13．浮色、色分离

涂料中各种颜料的粒度大小、形状、比重、分散性、内聚能力等的不同，使漆膜表面和下层的颜料分布不匀，各断面的色调有差异的现象，与色发花的差别是漆膜外观色调仍一样，但湿膜和干膜的色相差异大。

14．金属闪光色不匀（银粉不匀）

在喷涂金属闪光面漆时，因喷涂的厚度不匀，流挂和所用溶剂与涂料不配套而引起铝粉分布不匀、定向不匀，导致漆膜外观颜色不匀的现象。

15．渗色、底层染污

在一种漆膜上涂另一种颜色的漆，底层漆膜部分渗入面层漆膜中而使面层漆膜变色的现象。由底层上附着的着色物透过面漆层产生异色斑的渗透现象称为底层染污。

16．发糊（雾）、光泽不良

有光涂层干燥后没有达到应有的光泽或涂装后不久涂层出现光泽下降、雾状朦胧现象。出现局部的光泽不足和云雾状朦胧现象称为光泽不匀。

17．桔皮

在喷涂时不能形成平滑的干涂膜面，造成桔皮状的小的凹凸现象，凹凸度约 3μm。

18．砂纸纹

面漆涂装和干燥后仍能清楚地见到砂纸打磨纹，且影响涂层外观（光泽度、光滑度、丰满度和鲜映性）的现象。在被涂表面使用锉刀修整留下的纹状伤痕称为锉刀纹。

19．刷痕、滚筒痕

在刷涂和滚涂时，干漆膜上残留有凹凸不平的刷和滚的痕迹（或条纹）现象。

20．"出汗"

在漆膜表面上析出一种或几种组分的现象。如普通硝基漆在 60℃ 以上烘干时，增塑剂呈汗状析出，以及漆膜在打磨后再次出现光彩。

21．丰满度不良

漆膜虽然涂得很厚，但从外表看仍然很薄而显得干瘪的现象。

22．缩边

在涂装和烘干过程中漆膜收缩，使被涂物的边端、角等部位的漆膜变薄，严重时甚至露底的现象。在水性涂料施工时常出现这一弊病。

23．烘干不良，未烘干透

漆膜干燥（自干或烘干）后未达到完全干固，手摸漆膜有发湿之感，漆膜软，未达到规定硬度或存在表干里不干等现象。

24．钣金凹凸

钢板结构件（如汽车车身）由于冲压钣金加工不良及储运、焊装过程中产生凹凸不平，影响涂层外观和装饰性的现象。由点焊产生的坑称为点焊坑；冲压时产生的小的凹凸，在涂装后残留在涂面上且更显眼，称为星状不平。

25．落上漆雾

喷雾过程中漆雾飞溅或飘落在被涂面或漆膜上（成虚雾状），影响漆膜的光泽和外观装饰的现象，如落上异色漆雾则称为漆雾污染。

26．腻子残痕

涂层表面刮过腻子的部位产生残痕印或失光等现象。

27．打磨缺陷

因打磨工序不仔细或不当所产生的涂层缺陷，可细分为打磨划伤、打磨不足、打磨坑等。在湿打磨时由打磨工具或掺入的砂子造成的漆膜划伤，称为打磨划伤；打磨后涂面仍留有底层状态，称为打磨不足，局部打磨产生的凹洼，称为打磨坑。

28．遮盖痕迹

遮盖用的胶带迹照原样残留在涂面上，或分色线呈锯齿形，超过工艺标准的现象称为遮盖痕迹。

29．气体裂纹

在涂层干燥时受酸性气氛的影响，涂面产生皱纹、浅裂纹的现象。

30．色差

刚涂装完的漆膜的色相、明度、彩度与标准色板有差异，或在补涂漆时与原漆色有差异。

31．掉色

在用蜡和纱布擦拭漆面时，布上粘着有涂层的颜色的现象。

32．异物起霜、沾污

由于铁粉、水泥粉、砂尘和漆雾粒等异物的附着，漆面变粗糙、弄脏或带有色素物质的沾污，产生异色斑点等现象。

33．吸收

在涂装时涂料被底材过度吸收，出现无光或像未涂漆那样的现象。如在纤维板上涂漆时，涂上见漆膜，很快就消失。

34．鲜映性不良

涂层的鲜映性（平滑性、光泽）不良的现象，也就是涂层的装饰性差。例如，现今高级轿车的高装饰性涂层的鲜映性应为 0.8～1.0（PGD 值）；稍低一点应在 0.6～0.7 范围内；普通型轿车、轻型卡车和装饰性要求较高的中型卡车涂层鲜映性应在 0.5 左右，如低于上述规定数值，则称为鲜映性不良。

35．过烘干

涂层在烘干过程中因烘干温度过高或烘干时间过长，产生失光、变脆、开裂和剥落等现象称为过烘干。

36．触伤痕、划碰伤、笔划痕

涂层受外界作用产生的伤痕，失去完整性的现象。在涂层未干前因胶管、手等接触留下的伤痕称为触伤痕；被涂物在储运和装配过程中因磕碰、划碰造成的干漆膜的损伤称为划碰伤；用笔作标记在涂面留下的痕迹称为笔划痕。

37．修补斑印

修补部位与原涂面的光泽、色相有差别的现象。

10.2.2.2　使用过程中产生的破坏及防治措施

（1）起泡。漆膜的一部分从被涂面或底涂层上浮起，且其内部充满着液体或气体，其大小由小米粒状到豆粒状或呈大块浮起。泡有的像痱子一样密布，有的局部起泡。

（2）沾污、斑点。在漆膜表面上发生与大部分表面颜色不相同的色斑或粘附着尘埃和脏污等异物的现象。

（3）漆膜剥落。由于附着不好，受外力作用产生漆膜脱落的现象。剥落程度可分为：直径约 5mm 以下的小片脱落，称为鳞片剥落；呈大片脱落的称为皮壳剥落，能成片撕下的称为脱皮剥落。涂膜与涂膜之间的脱离称为层间剥落。

（4）褪色。在使用过程中，漆膜的颜色变浅（彩度变小或明度变大）的现象。

（5）返铜光。局部或整个漆膜表面呈现有铜色彩，即在阳光照射下变成忽绿忽紫的色彩，这是漆膜耐候性不佳的现象之一。

（6）裂缝、开裂。涂膜出现部分断裂的现象。根据裂缝的形态（大小、深度、宽度）可分为发状裂纹、浅裂纹、龟裂、鳄皮裂和玻璃裂纹。

（7）生锈、锈蚀。锈蚀是指金属表面产生氧化物和氢氧化物。作为漆膜弊病的生锈是指漆膜下出现红丝和透过漆膜的锈点（斑），前者称为丝状腐蚀，后者称为疤形腐蚀。

（8）粉化。漆膜表面受大气中的光、氧气和水分的作用，老化呈粉状脱落的现象。

（9）返粘。已干燥过的漆膜表面又出现粘性的现象，又称回粘。

（10）变脆。漆膜弹性变差的现象，这是漆膜开裂或剥落的前奏。

（11）变色。在使用过程中漆膜的颜色发生变化，其色相、明度、彩度明显地偏离标准色板或与周围的颜色不同，统称为变色，向黄相变化的称为变黄。

（12）失光。由于涂装不良导致所得漆膜的光泽低于标准样板光泽的现象和在使用过程中最初有光泽的漆膜表面上出现无光现象，统称为失光。后一种失光有时是可逆的，借助抛光能消除。

（13）无光斑印。在有光的漆面上出现光泽变小的斑印。

（14）风化、侵蚀。风化是漆膜的一种不可逆的破坏现象，伴随着漆膜厚度的降低直至露出底材，是比粉化更严重的漆膜破坏状态。

（15）溶解。漆层在使用过程中受侵蚀性的液态介质的溶解而产生的漆膜破坏，伴随着漆膜的厚度减薄直至露出底材的现象。

（16）发霉。漆膜在使用过程中，其表面上有霉菌生长，致使漆膜破坏的现象。

（17）雨水痕迹。由于下雨或清洗被涂物时，在漆面上残留的水滴，使涂膜表面产生白色痕迹。

（18）膨胀。被涂物在使用过程中与溶剂、油、粘结胶等接触附着后漆面产生膨胀的现象。

（19）啄伤、划伤。被涂物在运输、装配和使用过程中受外力作用产生的漆膜伤痕。点状伤痕称为啄伤，线状伤痕称为划伤。

10.3 检 测 技 术

无损检测技术（non-destructive testing）是通过检测缺陷对材料磁、力、光、电、声等特性参数的影响，来显示被检对象中是否有缺陷存在，进而对缺陷的大小、位置、形状等进行定性或定量的表征。涂层常用的无损检测技术包括射线法、超声法、涡流法、声发射法、红外检测等。将这些无损检测技术应用到再制造涂层缺陷的检测中去，指示涂层中是否存在缺陷，并对缺陷进行定性、定位和定量，这对材料寿命预测和质量控制具有重大的意义。

10.3.1 交流阻抗谱技术

有机涂层/金属体系发生腐蚀，主要是通过电化学腐蚀反应进行的。依据金属/电解质界面的双电层性质，设计了不同的电化学测试技术，常见的包括电化学噪声技术、扫描 Kelvin 探针技术（SKP）和交流阻抗谱技术（EIS）。电化学噪声主要是根据腐蚀发展过程中电化学状态参数（如电极电位、电流密度）的随机非平衡波动而进行无损检测；SKP 技术主要是采用金属探针作为参比电极，在高分辨率和非接触条件下绘制出涂层下金属表面的电位分布图，进而原位确定金属腐蚀反应的阴极区和阳极区。

交流阻抗谱技术是有机涂层最常用的无损检测技术，是依靠小振幅正弦波电位为扰动信号的频率域电化学方法。EIS 检测有机涂层的耐蚀性时，一般测量频率域是 100000～0.01Hz，振幅为 20～50mV（与涂层的厚度有关）。EIS 能根据阻抗谱中时间常数个数和模值大小直观评价有机涂层的防护性能，还可通过等效电路拟合得到的电化学腐蚀参数，定量分析有机涂层的失效过程。选择有机涂层在服役过程中不同腐蚀阶段的等效电路，可以获得涂层电阻 R_c、涂层电容 Q_c、双电层电容 Q_{dl} 和电荷转移电阻 R_{ct} 等腐蚀参数，从而得到更多的电极反应动力学和涂层界面结构信息。

EIS 具有对涂层体系扰动小、测试频率范围宽、能够从多角度提供涂层界面状态和失效过程信息等优点，但是也存在一定缺陷：一是对有机涂层进行测量分析时，需要三电极体系（工作电极、参比电极和对电极）和电化学工作站设备，不利于现场测量；二是测试结果的可靠性与所选择的等效电路存在较大的依赖关系；三是对于复杂的阻抗谱体系，其解析相对困难。

10.3.2　X 射线检测分析技术

射线检测（ray testing）主要是指基于 X 射线、γ 射线和中子射线穿过物质的过程中发生衰减的性质，通过分析被检件对射线的吸收差别来反应材料的内部缺陷，其中 X 射线应用最为广泛。X 射线具有很强的穿透物质的能力。包覆金属的有机涂层厚度一般为数十微米，X 射线可以穿透有机涂层而本身衰减极小。当一束 X 射线穿过有机涂层包覆的金属管道时，射线会因管壁内外不同物质（有机涂层、金属管道和腐蚀产物等）的吸收而降低。射线强度的衰减主要取决于金属材料密度和射线穿过的有机涂层厚度。射线强度的计算为

$$I = I_0(1+n)e^{-\mu_1 x_1 - \mu_2 x_2 - \mu_3 x_3}$$

式中　I_0，I ——分别为穿过有机涂层包覆管道前后的射线强度；

　　　　n ——散射系数；

μ_1，μ_2 和 μ_3 ——分别为有机涂层、包覆管道和腐蚀产物的吸收系数；

　　　　x ——射线穿过厚度。

根据上式可设计有机涂层包覆管道腐蚀与沉积厚度的射线照相及射线自动扫描测量技术。X 射线探伤机通常由操纵台、高压发生器、射线管头、冷却装置、高压及低压电缆、升降拖车和水管等组成，已大量应用于工程现场检测中。X 射线的穿透能力与管电压平方成正比，管电压越高，X 射线越硬，能量越大，穿透能力越强。

X 射线技术设备简单，操作方便，技术成熟，已广泛应用于有机涂层包覆金属腐蚀、

冲蚀和沉积等无损检测分析中，其缺点是所需时间长，且现场辐射剂量较大，对检测者身体有危害，需着防护服操作。Hinder 等采用 X 射线能谱检测分析了多层聚酯聚氨酯有机高分子涂层的层间粘合强度以及层间附着力失效行为，发现聚氨酯底漆表面氮浓度对层间的粘结力和强度有重要影响。周孙选等采用背散射 X 射线穆斯堡尔谱研究了醇酸调合漆包覆低碳钢在含氯化氢气氛中的腐蚀产物，以及不同颜料配比对低碳钢防护性能的影响。结果表明，低碳钢主要腐蚀产物为 B-FeOOH 和 y-FeOOH，X 射线穆斯堡尔谱可半定量分析涂层下金属腐蚀的进程。

10.3.3　超声波无损检测技术

声波频率高于 20 kHz 的机械波称为超声波。超声波测试原理是用超声波探头向有机涂层包覆的工件表面直接发射超声波脉冲，脉冲以恒定速率在均匀介质的材料内部传播，到达被测材料分界面时脉冲反射回探头，通过精确测量超声波的飞行时间来确定被测材料的厚度，以此判断有机涂层的厚度、腐蚀、起泡和剥离等内部缺陷。超声波探伤仪主要由同步电路、发射电路、接收电路、水平扫描电路、显示器和电源等组成。目前，超声波探伤仪已广泛应用于有机涂层包覆金属材料无损检测中。

超声波的传输特性，发现同种涂层影响声波振幅的变化，而不同涂层（或涂层出现缺陷）会影响超声波的传输速率。与其他无损检测技术相比，超声波检测技术具有成本低、灵活方便、效率高、对人体无害等优点。缺点是要求被测试工件表面平滑，对缺陷没有直观性反馈，只有经验丰富的测试人员才能辨别腐蚀缺陷和类别。因此，可联合超声波检测技术与其他无损检测技术对有机涂层包覆金属进行准确检测。阿里戈等采用超声波反射技术实时监测了有机涂层在成膜和服役过程中的物理和化学变化。具体是通过向有机涂层和金属基体间发射横向和纵向超声波，计算超声波反射系数和对比涂层密度，得到涂层体系的横向变形系数和机械模量信息。通过该法还可获得大量的有机涂层物理和结构信息，如玻璃化温度、涂层的溶胀和干燥，裂纹的萌生和分层等。

10.3.4　脉冲涡流检测技术

脉冲涡流检测技术是将低频具有一定占空比的脉冲方波作为激励信号，根据不同工件上脉冲涡流信号所引起检测线圈上的感应电压变化作为检测分析结果的一种无损检测技术，具有扫描频谱宽、精确度高和信号穿透力强等特点。其工作原理是把激励线圈套在被检测的有机涂层包覆管道上，将脉冲方波信号加载在线圈两端，瞬间断开信号后激励线圈会感应生成一个快速衰减的脉冲磁场，进而感应出脉冲涡流和衰减的二次磁场，最终在检测线圈上会感应出瞬态的感应电压。通过分析该感应电压就可得到试件上的缺陷信息（工作示意图如图 10-1 所示）。其检测系统主要由脉冲信号发生器、传感器（激励和检测线圈）、被测试件、前置放大器和数据采集与处理模块组成。

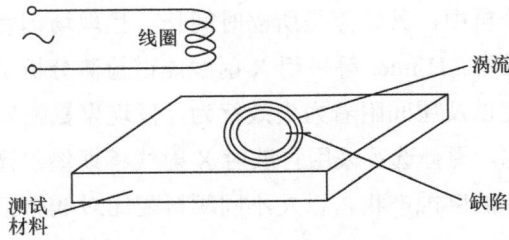

图 10-1 脉冲涡流检测技术示意图

与传统涡流检测技术相比，脉冲涡流检测技术激励和响应的频谱宽，可对感应磁场进行时域的瞬态分析，对影响感生涡流特性的各种物理和工艺因素均能检测，由于涡流检测技术对导电材料表面和近表面缺陷的检测灵敏度较高，相对超声检测来说具有不需耦合剂的优点，适用于检测合金和其他导电涂层的表面和近表面的疲劳裂纹等缺陷。缺点是探伤的材料必须是导电材料，不能检测金属材料深层的内部缺陷；不能同时兼顾探伤深度与表面伤检灵敏度，不能对缺陷做出准确的定性和定量分析。何（He）等采用脉冲涡流技术详细研究了环氧涂层包覆低碳钢下的起泡腐蚀行为，采用传统的红外摄像机可准确定位和分析涂层中气泡和破裂气泡，通过优化信号处理算法，发现依据出峰时间是检测起泡行为的最佳方案。

10.3.5 红外检测技术

高于绝对温度零度的任何物体都会不停地向外界发射电磁波，红外热成像无损检测技术是建立在电磁辐射和热传导理论基础上的一门无损探伤技术。通过利用红外热像设备测试材料表面红外辐射能，将其转换为电信号并将其表面的温度场以彩色图或灰度图显示出来，以判定材料是否存在缺陷（热特性异常的区域）。

红外热波无损检测的基本原理是对检测材料进行主动加热，利用被检材料内部热学性质差异，热传导的不连续反映在物体表面温度的差别上，使物体表面的局部区域产生温度梯度，表面红外辐射能力发生差异，再借助红外热像仪探测被检试件的辐射分布，反映到热像图序列就可推断出内部缺陷情况。对于无缺陷的物体，当热流均匀注入时，热流能够均匀地向内部扩散或从表面扩散，因而表面的温度场分布也是均匀的；当物体内部存在隔热性缺陷时，热流会在缺陷处受阻，造成热量堆积，导致表面出现温度高的局部热区；当物体内部含有导热性缺陷时，物体表面就会出现温度较低的局部冷区。当物体内部存在缺陷时，就会在物体有缺陷区和无缺陷区形成温差，且该温差除了取决于物体材料的热物理性质外，还与缺陷的尺寸、距表面的距离及它的热物理性质有关。因为物体局部温差的存在，必然导致红外辐射强度的不同，利用红外热像仪即可检测出温度的变化状况，进而判断缺陷的情况。

红外无损检测有结果形象直观、便于保存，检测效率高，适用的材料范围广，灵敏度较高，操作安全等优点。缺点是由于被测物体温度场变化迅速，仪器精度和灵敏度受外界影响较大，同时对仪器的设置、环境和被测物体表面等要求严格，这些因素决定了使用红外无损检测方法后，可使用常规无损检测手段进行复检，以提高检测的正确性。此外，红外检测对表具有难于检测低发射率材料和导热快的材料的涂层以及检测费用很高等缺点。楼淼等通过红外热波无损检测技术对现场钢结构表面有机防腐涂层质量进行检测，可有效检测涂层的脱粘缺陷、孔隙以及辨别涂层老化情况。

10.3.6　常见涂层厚度测试技术

1．磁吸引力涂层测厚技术

永久磁体（测头）和导磁钢的吸合力与二者相隔的距离呈一定的比例关系，即涂覆层的厚度。根据此理论制作的测厚仪，只要涂层与被涂底材之间的导磁性差值较大，即可进行测试。由于目前大部分的工业产品都是使用了结构钢材和热轧冷轧板材，因此磁吸引力涂层测厚技术的使用范围较为广泛。该仪器的主要结构包括磁性钢、接力弹簧、刻度尺和自动停机装置。当磁钢吸附到受试件上时，测试弹簧会逐渐被拉长。在磁钢脱开的一刹那，只要拉力超过了吸力，记录着瞬间脱离时的拉力大小就可以得到涂层的厚度。这种新的产品能使这种纪录进程实现自动化。各种型号的测量范围和应用范围都不一样。通常情况下，根据不同的机型，有相应的范围和适用范围，有 0～100μm、0～1000μm、0～5mm 等，其测试精度达 5%，可以达到工业使用的通用需求。该设备操作简单、坚固耐用、无需电源、无需校准、成本低廉，非常适用于工厂进行现场的质量控制。

2．电涡流涂层测厚技术

在感应线圈内，由于高频的交流信号会在感应线圈内产生电磁场，当测头接近导体时，会在导体处形成涡流。当测头与导体的距离越近时，涡流越大，反射阻抗越高。这种反馈效应侧面反映了测头和导电基材的间距，即在导体基质上的不导电涂层的厚度。因为这种测头是用来测定非铁磁体金属基材上的不导电涂层的厚度，因此一般称为非磁性测头。非磁性测头是由诸如白-镍基等新型材质的高频材料做线圈铁芯。它与磁感应原理基本差别在于测头、信号的频率、信号的大小和标度关系等。和磁感应测厚技术一样，电涡流涂层测厚仪的分辨率为 0.1μm，测量误差为 1%，量程可达 10mm。基于电涡流涂层测厚技术，原则上可以对导电体上的非导电体覆层均可测量，如航天飞行器表面、车辆、家电、铝合金门窗等表面的涂层。涂层材料有一定的导电性，通过校准也可以测量，但是需要其电导率之比不小于 3（例如铜上镀铬）。尽管钢铁基材也是导体，但其非涂层厚度测试更适合采用磁感应法涂层测厚技术。

3．磁感应法涂层测厚技术

在应用磁感应原理时，通过测量从测头通过无铁磁涂层的流入磁性基体磁通量大小来表征涂层的厚度，还可以通过测量相应的磁阻值来表征包覆涂层的厚度。厚度越大，磁阻越大，而磁通量越低。采用磁感应原理的方法，理论上可以测量在磁性基材的非磁性涂层的厚度。通常情况下基材导磁率应大于 500 亨/米。若涂层也具有磁性，则要求与基材的导磁率之差足够大（如钢上镀镍）。随着技术的进步，在电路中引入了稳频、锁相和温度补偿等新技术，采用磁阻进行测量信号的调制。同时，由于采用了专利技术设计的集成电路，引进了微型计算机，使得测量准确度和重现性大大增加（接近一个量级），准确度可达 1%，分辨率为 0.1μm，范围为 10mm。磁感应法涂层测厚仪可用于精密测定钢材的涂料、陶瓷、搪瓷防护层，塑料、橡胶涂覆层等，还包括铬、镍等各类有色金属电镀层，以及石化等行业的相关防腐蚀涂层。

4．超声波涂层测厚技术

将探头置于涂层表面，探头发出的超声波脉冲穿过涂层到达基体，这些超声波脉冲从各层界面依次反射，又被探头的超声传感器所接收。分辨率为 1μm，误差一般为 3%。目前只有超声波涂层测厚技术主要用于非金属底材，也可以用于金属底材；涡电流测厚技术主要用于导电底材、非导电涂层；磁感应涂层测厚技术和磁吸引力涂层测厚技术主要用于磁性底材、非磁性涂层。

10.4 检 测 案 例

1．检验概况

对象：涡轮叶片。

检验目的：检查涡轮叶片热障涂层脱落情况。

2．检验方法

检验方法和技术：采用红外热波检测技术。

使用的设备、仪器、工具：红外热像仪选用国产 IR928 型红外热像仪，其光谱范围是 8～14μm，温度分辨率为 0.06℃，空间分辨率为 1 mrad，红外测温仪选用美国产 561 型红外测温仪，测温范围为–40～550℃，显示分辨率为 0.1℃。

3．检验步骤

对涡轮叶片进行加工，制造圆形的人工缺陷来模拟热障涂层的脱落情况。制造的人工缺陷有 5 处，直径分别为 0.8、1.5、2.0、3.0、4.0mm 的圆形缺陷。

使用电磁炉对涡轮叶片进行加热，使其初始温度处于较高的点。然后冷却，自然冷却过程中，利用红外热像仪连续的记录涡轮叶片的红外图像，同时使用红外辐射测温仪记录对应红外图像的温度，直到涡轮叶片的红外图像几乎不可见。然后将红外图像传给计算机并使用 MATLAB 软件对所得到的图像进行处理，进而判断叶片脱落区域。

4．检验结果

涡轮叶片红外温度图像如图 10-2 所示。从采集到的序列图像可以看出，最初温度较高时由于红外辐射强度较大，无法分辨出其中的缺陷。而在叶片温度下降的过程中，因为金属的热导率比非金属的热导率高，热障涂层本身是绝热的陶瓷材料，所以热障涂层脱落部分与空气的热交换要比热障涂层未脱落部分要快，在同一时刻，热障涂层脱落部分的温度会相对偏低，所以在红外图像中热障涂层损伤部分的亮度与完好部分的亮度差异会加大从红外图像序列可以看出，直径 4.0mm 的圆形缺陷最先突显出来，随着温度的下降，直径 3.0、2.0、0.8mm 的圆形缺陷也逐渐显露出来，最后叶片辐射温度达到 47℃时，缺陷的辨识度最高。

5．结论及建议

本次试验中红外热波检测技术可以分辨 0.8mm 的热障涂层脱落，基本可以满足实际生产中的检测需求，同时红外热波检测手段具有检测速度快、准确度高等优点。

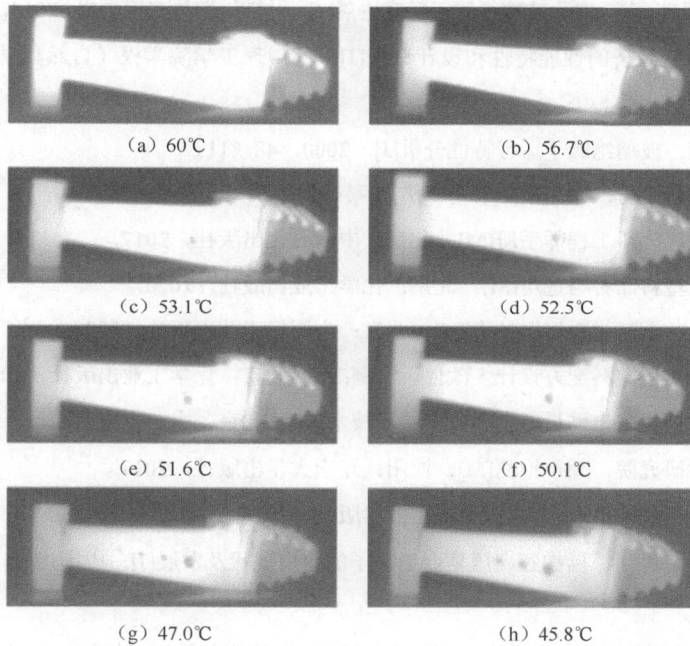

（a）60℃　　　　　　　　　　（b）56.7℃

（c）53.1℃　　　　　　　　　　（d）52.5℃

（e）51.6℃　　　　　　　　　　（f）50.1℃

（g）47.0℃　　　　　　　　　　（h）45.8℃

图 10-2　涡轮叶片红外温度图像

参 考 文 献

[1] 胡赓祥，蔡珣，戎咏华．材料科学基础[M]．上海：上海交通大学出版社，2010．

[2] 王承遇，陶瑛．玻璃材料手册[M]．北京：化学工业出版社，2007．

[3] 颜阳，杨发忠，张泽志．氧化物玻璃研究动态及其进展[J]．云南化工，2005（04）：39-42．

[4] 张悦，许红亮，王海龙．玻璃工艺学[M]．北京：化学工业出版社，2008．

[5] 张启龙，风杰，吴萍，等．钢化玻璃绝缘子研究进展[J]．材料科学与工程学报，2014，32（04）：596-601．

[6] 石艳．钢化玻璃绝缘子的性能特性和设计原理[J]．四川理工学院学报（自然科学版），2005（03）：73-75．

[7] 顾洪连，孙泽惠．玻璃绝缘子运行特性分析[J]．2000，48（11）．

[8] 罗河胜．塑料材料手册．3版[M]．广东：广东科技出版社，2010．

[9] 张丽珍，周殿明．塑料工程师手册[M]．北京：中国石化出版社，2017．

[10] 张玉龙，石磊．塑料品种与选用[M]．北京：化学工业出版社，2020．

[11] 杨东武，秦玉星．塑料材料选用技术[M]．北京：中国轻工业出版社，2008．

[12] 赵明，杨明山．实用塑料配方设计·改性·实例[M]．北京：化学工业出版社，2019．

[13] 国网浙江省电力公司．电网设备金属监督检测技术[M]．北京：中国电力出版社，2016．

[14] 辽宁省安全科学研究院．超声检测[M]．沈阳：辽宁大学出版社，2017．

[15] 屠耀元．超声检测技术[M]．北京：机械工业出版社，2018．

[16] 刘建铭，陈文伟，付函．硅橡胶高压复合绝缘子的应用现状及发展[J]．中国橡胶，2004，14（20）：26-27．

[17] 刘泽洪．复合绝缘子使用现状及其在特高压输电线路中的应用前景[J]．电网技术，2006，12（30）：1-7．

[18] 梁曦东，高岩峰，王家福．中国硅橡胶复合绝缘子快速发展历程[J]．高电压技术，2016，42（9）．2888-2896．

[19] 张锐．吴光亚．张广全．复合空心绝缘子的发展现状与应用前景[J]．电力设备，2007，4（8）：36-38．

[20] 齐兴顺，王钊，邓璐，等．复合绝缘子红外成像诊断研究[J]．电子测量技术，2019，42（22）：3．

[21] 李特，陶瑞祥，张锐，等．典型发热缺陷复合绝缘子红外特征及无人机红外测试参数选择[J]．高电压技术，2022．

[22] 金立军，张达，段绍辉，等．基于红外与紫外图像信息融合的绝缘子污秽状态识别[J]．电工技术学报，2014，29（8）：309-318．

[23] 闫文斌，王达达，李卫国，等．X射线对复合绝缘子内部缺陷的透照检测和诊断[J]．高压电器，2012．

[24] 王黎明，李昂，成立．复合绝缘子微波无损检测方法的关键因素研究[J]．高电压技术，2017，43（1）：7．

[25] 王黎明，李昂，成立，等. 基于微波反射法的复合绝缘子无损检测方法[J]. 高电压技术，2015.

[26] Hinken J H，Beilken D. Microwave defect occupy with extended eddy current system[J]. Journal of Nondestructive Testing，2005，10（10）：1.

[27] 陆荣林，费云鹏，白宝泉. 微波检测原理及其在复合材料中的应用[J]. 玻璃钢/复合材料，2001（2）：40-41.

[28] Qaddoumi N，El-Hag A H，Hosani M，et al. Detecting defects in outdoor non-ceramic insulators using near-field microwave non-destructive testing[J]. IEEE Transactions on Dielectrics and Electrical Insulation，2010，17（2）：402-407.

[29] 白建军，张宏嘉，余彦杰，等. 基于无人机红外检测的复合绝缘子劣化诊断方法[J]. 电工技术，2020（9）：3.

[30] 谢从珍，张尧，郝艳捧，等. 应用超声波探伤仪检测复合绝缘子的内部缺陷[J]. 高电压技术，2009，35（10）：2464-2469.

[31] 王霞，王陈诚，朱有玉，等. 基于微波反射法的复合绝缘子无损检测方法[J]. 高电压技术，2015，41（2）：8.

[32] 陈元坤. 分裂导线的微风振动与次档距振荡研究[D]. 武汉：华中科技大学，2011.

[33] 程在铭，秦体明. 新型500kV输变电金具的研制 500kV十字型阻尼间隔棒研制报告[R]. 长春：水利电力部东北电力设计院，水利电力部四平线路器材厂，1983.

[34] 汪艳萍，张树勇，卫忠玲. 硫化天然橡胶动态力学性能研究[J]. 兰州：内蒙古工业大学学报，2010，29（2）：119-124.

[35] 关维平，杜继红，孟庆国，等. 输电线路间隔棒中耐低温橡胶的研究应用[C]//中国电机工程学会，2013.

[36] 李肇强. 现代涂料的生产及应用. 2版[M]. 上海：上海科学技术文献出版社，2017.

[37] 姬德成. 涂料生产工艺[M]. 北京：化学工业出版社，2010.

[38] 李丽，王海庆，张晨，等. 涂料生产与涂装工艺[M]. 北京：化学工业出版社，2007.

[39] 黄健光，刘宏. 涂料生产技术[M]. 北京：科学出版社，2010.

[40] 陈卫星，侯永刚，石玉. 涂料及检测技术[M]. 北京：化学工业出版社，2011.

[41] 王锡春. 漆膜弊病及其防治（一）[J]. 涂料工业，1988，（6）：49-59.

[42] 刘煜. 铝型材静电粉末喷涂常见缺陷及控制措施[J]. 现代涂料与涂装，2010，13（3）：66-68.

[43] 刘栓，赵海超，顾林，等. 有机涂层/金属腐蚀无损检测技术研究进展[J]. 电镀与涂饰，2014，22（022）：993-997.

[44] 康嘉杰，徐滨士，王海斗，等. 再制造涂层无损检测技术的研究进展[C]//第八届全国表面工程学术会议暨第三届青年表面工程学术论坛论文集（二），2010.

[45] 楼淼，吕香慧，张宇，等. 有机防腐涂层质量的红外热波无损检测[J]. 激光与红外，2012，42（5）：4.

[46] 冯驰，滑翔. 红外热波技术在涡轮叶片涂层检测上的应用[J]. 应用科技，2015，42（1）：4.